iblu pagine di scienza

Nunzia Bonifati, Giuseppe O. Longo

Homo immortalis

Una vita (quasi) infinita

Prefazione di Carlo Alberto Redi

Nunzia Bonifati, Giuseppe O. Longo

Collana *i blu - pagine di scienza* ideata e curata da Marina Forlizzi

ISSN 2239-7477 e-ISSN 2239-7663

Questo libro è stampato su carta FSC amica delle foreste. Il logo FSC identifica prodotti che contengono carta proveniente da foreste gestite secondo i rigorosi standard ambientali, economici e sociali definiti dal Forest Stewardship Council

ISBN 978-88-470-2043-6 ISBN 978-88-470-2044-3 (eBook)
DOI 10.1007/978-88-470-2044-3

© Springer-Verlag Italia, 2012

Quest'opera è protetta dalla legge sul diritto d'autore e la sua riproduzione anche parziale è ammessa esclusivamente nei limiti della stessa. Tutti i diritti, in particolare i diritti di traduzione, ristampa, riutilizzo di illustrazioni, recitazione, trasmissione radiotelevisiva, riproduzione su microfilm o altri supporti, inclusione in database o software, adattamento elettronico, o con altri mezzi oggi conosciuti o sviluppati in futuro, rimangono riservati. Sono esclusi brevi stralci utilizzati a fini didattici e materiale fornito ad uso esclusivo dell'acquirente dell'opera per utilizzazione su computer. I permessi di riproduzione devono essere autorizzati da Springer e possono essere richiesti attraverso RightsLink (Copyright Clearance Center). La violazione delle norme comporta le sanzioni previste dalla legge.
Le fotocopie per uso personale possono essere effettuate nei limiti del 15% di ciascun volume dietro pagamento alla SIAE del compenso previsto dalla legge, mentre quelle per finalità di carattere professionale, economico o commerciale possono essere effettuate a seguito di specifica autorizzazione rilasciata da CLEARedi, Centro Licenze e Autorizzazioni per le Riproduzioni Editoriali, e-mail autorizzazioni@clearedi.org e sito web www.clearedi.org.
L'utilizzo in questa pubblicazione di denominazioni generiche, nomi commerciali, marchi registrati, ecc.vanche se non specificatamente identificati, non implica che tali denominazioni o marchi non siano protettivdalle relative leggi e regolamenti.
Le informazioni contenute nel libro sono da ritenersi veritiere ed esatte al momento della pubblicazione; tuttavia, gli autori, i curatori e l'editore declinano ogni responsabilità legale per qualsiasi involontario errore od omissione. L'editore non può quindi fornire alcuna garanzia circa i contenuti dell'opera.

Coordinamento editoriale: Barbara Amorese
Progetto grafico: Ikona s.r.l., Milano
Impaginazione: Ikona s.r.l., Milano

Springer-Verlag Italia S.r.l., via Decembrio 28, I-20137 Milano
Springer-Verlag fa parte di Springer Science+Business Media (www.springer.com)

Prefazione
di Carlo Alberto Redi

Una cartina di tornasole
La vivacità intellettuale espressa da Nunzia Bonifati e Giuseppe O. Longo nel loro *Homo immortalis* affascina: sono certo che i lettori ne resteranno conquistati! E, al termine della lettura, il sentimento prevalente sarà questa fascinazione.

Il territorio dell'immortalità è vastissimo: prerogativa vagheggiata, sognata, ricercata, bramata, essa è stata corteggiata dall'uomo in tutte le forme artistiche, filosofiche e spirituali a partire dai tempi più remoti. Ma il libro non è riducibile neppure in prima approssimazione a questo tema, per quanto ricco. Se così fosse, si tratterebbe di un'opera scolastica, sia pur apprezzabile. Invece, grazie al vigore intellettuale dei due autori, siamo in presenza di un testo dal quale, come da un ganglio essenziale, si diramano, in una ricca architettura di relazioni culturali, tutta una serie di temi collegati alla "visione del mondo" sostenuta dall'immortalità: temi non certo ancillari a quello madre, che anzi ne è arricchito di spazi di riflessione sempre nuovi, con un movimento a cascata.

Ne deriva un'esuberanza di stimoli, interessi e relazioni intessuti in una visione d'insieme talmente ricca da sostanziare il superamento della vecchia suddivisione delle due (o tre, secondo Jerome Kagan) culture, con ciò ribadendo che di culture ve n'è una sola, così come di scienze ve n'è una sola, anche se declinata in forme diverse: letteraria/umanistica e tecnico/scientifica.

In questo senso il libro presenta una profusione fantasmagorica di intrecci tra arte e scienza, che rendono la lettura suggestiva e piacevolissima e dimostrano (in modo implicito ma chiarissimo per il lettore attento) che la creazione artistico-letteraria riesce ad anticipare qualunque dato o fenomeno rilevato e traguardato dall'attività più strettamente scientifica. Bonifati e Longo sono in grado di realizzare questo intreccio poiché sono capaci di scambiarsi i rispettivi ruoli di scrittura e condividono appieno ciascuna parola, sebbene sia sempre chiaro chi scrive che cosa. E conducono questo gradevolissimo e stimolante esercizio di intramatura tra arte e scienza ricorrendo a citazioni dei massimi ingegni letterari, poetici e drammatici. Grazie a questo *modus ponens*, il lettore avrà modo di apprezzare tanto la scelta dei temi e la ricchezza espositiva quanto l'adeguatezza delle citazioni sparse qua e là nel testo, oppure poste a mo' di incipit dei diversi capitoli o paragrafi. Tra queste citazioni me ne è piaciuta enormemente una di Alda Merini, collocata a esergo del Capitolo 5, dedicato all'Uomomacchina e alle politiche demografiche e sanitarie intese a migliorare l'uomo: "A volte Dio rende infelici gli uomini per vedere fino a che punto sono così imbecilli". Niente di più lapidario e sintetico potrebbe essere detto a proposito dell'eugenetica. Se questa è la cornice, il lettore può intuire la ricchezza dei contenuti con i quali è chiamato a confrontarsi e a esercitarsi nel corso dell'opera!

Con l'uscita dalle caverne, circa 100.000-150.000 anni orsono, la mente umana ha cominciato a porsi questioni tutt'ora irrisolte (a partire da "l'essere è, il non essere non è") e ha intrapreso attività straordinarie: pittura, musica, arti, tecniche. Lasciandosi alle spalle la fantastica avventura dell'Olocene, contrassegnato da una progressione geometrica nell'avanzamento delle conoscenze, l'Uomo entra nell'Antropocene. Attraverso le tappe successive della rivoluzione industriale, del secolo della chimica (l'Ottocento), del secolo della fisica (il Novecento), l'Uomo giunge a dominare il suo ambiente: e ora si affaccia al millennio della biologia. In un paio di secoli la popolazione umana, partendo da meno di un miliardo, ha superato i sette miliardi di individui e prima della fine del secolo supererà i nove.

Prefazione

L'Uomo ha sconvolto il pianeta gravandolo di un'impronta ecologica che nel 1961 corrispondeva all'utilizzo del 70 per cento della capacità totale della biosfera e nel 1999 era arrivata al 120 per cento. Gli umani stanno provocando l'estinzione di un numero incalcolabile di specie animali e vegetali prim'ancora di identificarle e descriverle. L'Uomo, inoltre, ha allestito programmi di eso-biologia, progettando di colonizzare altri pianeti e di prelevare elementi dagli asteroidi.

Dopo la conquista del fuoco e l'invenzione della ruota, siamo giunti con Darwin a elaborare il paradigma dell'evoluzione, concetto ormai entrato nel novero di quelli che connotano tutte le nostre attività, da quelle biomediche a quelle industriali ed economiche, sociali e intellettuali. Siamo giunti a identificare e a sequenziare tutti i mattoncini che costituiscono il materiale ereditario, il genoma, dell'uomo e di molte altre specie animali e vegetali. E abbiamo compreso quanto fosse ingenua l'idea che sequenziando i genomi avremmo trovato i geni che determinano le caratteristiche delle diverse specie: al contrario, abbiamo trovato una manciata di geni (circa 20.000) che sono presenti in tutti i viventi, e che sono variamente declinati nel tempo e nello spazio dello sviluppo embriologico da un codice genetico universale, lo stesso per i batteri, per il lievito e per l'uomo.

Vi è un immenso significato spirituale nell'universalità del codice genetico, nell'essere i viventi tutti figli del medesimo codice genetico che declina quella manciata di geni nella meravigliosa biodiversità che ci circonda. Oggi viviamo il passaggio della Biologia dalla descrizione alla sintesi del vivente: da scienza ontologica e storica la Biologia sta diventando scienza esatta, e acquista la capacità di replicare artificialmente alcuni passaggi della formazione dei viventi. È questo il quadro di riferimento nel quale collocare l'opera di Bonifati e Longo. Non intendo annoiare il lettore con un'analisi puntuale dei contenuti dei singoli capitoli né discutere la scelta dei temi presentati: basterà scorrere velocemente l'indice per apprezzare quanto ci regalano i due autori, quanto ci arricchisce questa lettura, costringendoci da ultimo a interrogarci fino a che punto sia lecito applicare all'uomo le possibilità offerteci dalla tecnica in campi ove la nostra accettazione è pressoché totale, per esempio la clonazione di animali transgenici per la produzione di molecole ad azione farmacologica utili alla salute umana. Si pone insomma il problema se passare dalla clonazione in zootecnia alla clonazione dell'uomo, falsa strada verso l'immortalità.

Credo sia assai meglio approfittare della cortese opportunità che mi viene offerta di poter scrivere queste poche righe per ribadire quanto sia importante l'esercizio cui ci chiamano Bonifati e Longo: oggi il concetto di democrazia e di cittadinanza si declina tramite la capacità del singolo di elaborare in autonomia giudizi sulla trasposizione a livello collettivo e sociale di ciò che si ritiene lecito a livello personale. E si tratta di giudizi su temi fondamentali di biopolitica: che cos'è il corpo, di chi sono le cellule, che significa "inizio e fine vita", che cosa rappresentano le cellule staminali e gli embrioni. Sono tutti aspetti che segnano in modo pratico e concreto il nostro vivere quotidiano, il nostro essere cittadini di una democrazia cognitiva basata su un concetto di cittadinanza che deve andare oltre le conquiste democratiche ed egualitarie della rivoluzione americana e della rivoluzione francese per approdare a un concetto di cittadinanza scientifica.

Ed è sui temi della biopolitica del corpo che Bonifati e Longo dispiegano la loro meravigliosa cultura e vivacità intellettuale, ovviamente privilegiando certi aspetti dei loro interessi e delle loro ricerche (neuroscienze, robot, miglioramento cognitivo, etc). Il tutto in vista del superamento della condizione *Homo sapiens* e presentando la carica di opportunità e di inquietudini che caratterizza *Homo immortalis*. Immortale rimanda alla marcatura temporale dell'essere in vita, dell'essere racchiusi tra due tempi di non-vita, il prima ed il dopo. E dunque è essenziale ricordare che la vita è quel processo materio-energetico iniziatosi circa 3,7 miliardi di anni fa, che continua tuttora e che continuerà almeno sino al momento dello scontro della nostra galassia con quella di Andromeda, come prevedono gli astronomi. La vita non è identificata da quella definizione impropria, ma frequente nell'uso quotidiano, adottata dai nostri politici (che invito caldamente a leggere-studiare il lavoro di Bonifati e Longo), secondo la quale essa inizierebbe con la fecondazione. La fecondazione, nella riproduzione sessuata, è solo l'inizio ontogenetico di un nuovo individuo (quando avviene, in modo "naturale", sotto le coperte).

E qui è bene chiarire che per riproduzione sessuata si intende una riproduzione in cui si mescolano i caratteri genetici degli organismi parentali: è quella riproduzione in cui avviene una "ricombinazione genetica" che porta il nuovo individuo ad assomigliare ai propri avi. Una ancestralità marcata da somiglianze, non una identità genetica che solo la riproduzione asessuata, cioè la clonazione, assicura. Nel mondo animale, al quale apparteniamo, la riproduzione sessuata tramite due sessi, quello maschile e quello femminile, non è un fatto generale, una norma. Possono essere presenti ben più di due sessi: possono esistere 3, 4, 8 tipi diversi di sessi, di *mating types*; oppure ce ne può essere uno solo, quello femminile. In quest'ultimo caso si verifica una riproduzione sessuata uniparentale, per partenogenesi.

Ne deriva che il sesso maschile dev'essere considerato un sesso accessorio, inventato qui e là dall'evoluzione. Solo una visione antropocentrica rende universale una situazione del tutto particolare, che rappresenta un caso specialissimo di riproduzione sessuata. E bisogna liberarsi non solo di queste idee prive di fondamento, ma pure di un'altra, anch'essa ben radicata, e chiarire che di immortale in Biologia non esiste nulla. Non è vero che esista un'elica di DNA immortale, quella che funge da stampo (*immortal strand*); non sono immortali le cellule germinali che si crede possano passare immutate da una generazione all'altra (l'evoluzione per mutazione dei geni che controllano lo sviluppo embrionale, *Evo-Devo*, è lì a dimostrare che non è vero), mentre il soma, ahimè, ci lascia a ogni generazione e tanto vorremmo trasformarlo in immortale; non è immortale la riproduzione asessuata, che produce cloni (sempre affetti da sindromi e con programmi epigenetici ben diversi da quelli parentali), rispetto a quella sessuata, che produce figli che solo assomigliano ai genitori. E non forniscono l'immortalità neppure le tecniche che permettono la riprogrammazione genetica di cellule terminalmente differenziate in simil-embrionali, attuando il vecchio sogno di Voronoff che in quel di Ventimiglia, a villa Grimaldi (che invito a visitare!), tentava di contrasporre alle cellule senescenti del soma delle sue scimmie le cellule germinali immortali, facendo circolare nel loro corpo i liquidi spermatici (grazie all'anastomosi dei vasi delle vie seminali), e coltivava miraggi di panspermie universali, e immortali, dovute alla caduta di meteoriti e alla migrazione di asteroidi.

Credo che di immortale vi sia solo la produzione culturale della mente umana, che sa cogliere l'esistenza della serie di Fibonacci o creare la nona di Beethoven: non certo la intrinseca, inevitabile, "necessaria" caducità del corpo che nessun norcino alla dottor Frankenstein o uomo-elettrico alla Galvani può mantenere in vita indefinitamente. Neppure la immortalizzazione della vita a livello cellulare realizzata con l'accensione dei geni che portano a sviluppare tumori, neppure le cellule staminali cancerose sono immortali come desidereremmo esserlo noi (a livello di organizzazione di corpo, beninteso, non di cellule).

È solo la mente umana che può lavorare nella direzione dell'immortalità. E dunque ecco le parti che a mio giudizio sono più care ai due autori, quelle delle neuroscienze. Anche qui evito di entrare in un'analisi dettagliata, anche perché la proposta espositiva di Bonifati e Longo è molto eloquente. La conoscenza del cervello umano e le prospettive dello sviluppo cognitivo (a partire da Edelman: cervello/mente) con la possibilità di creare intelligenze artificiali sempre più sofisticate, ci portano alla necessità di esaminare la relazione tra robot e neuroscienze alla luce dello statuto legale che assegniamo ai robot dotati di capacità decisionali. E ancora, a cascata, la necessità di riflettere sulla nozione di libero arbitrio nell'era della biologia sintetica, che segue la decifrazione della struttura del DNA nel 1953 e la rivoluzione delle "-omiche" negli anni '70-'80: siamo infatti nel pieno della rivoluzione attuata dalle tecnologie convergenti – informatica, computazione, nanotecnologie, -omiche, biologia dei sistemi e sintetica – e dai sistemi ingegneristici ispirati alle logiche del DNA.

Ne deriva che non solo ci dobbiamo chiedere quale sia il grado di responsabilità che intendiamo attribuire a ciascuno di noi dinanzi al giudice, ma dobbiamo anche riflettere su come si debba definire oggi la moralità umana. In definitiva ritorna così aggiornata la vecchia questione del rapporto tra natura e cultura: ne ricaviamo la sensazione che i contorni delle due sfumino sempre più in una mescolanza irresolubile che trascende il mero determinismo genetico o il solo credo nella potenza ambientale e della educazione (basti pensare alle diverse espressioni epigenetiche dei gemelli monozigotici cresciuti in ambienti diversi) nel plasmare la persona (concetto alieno alla biologia) a partire dall'individuo. Siamo frutto dell'interazione tra i geni, assegnatici in sorte dalla roulette ereditaria, e l'ambiente in cui viviamo. Vi è una biologia che connota tutti gli aspetti della nostra vita: Biologia dell'Arte, della Musica, della Letteratura, della Natura, degli Ecosistemi, delle Piante, degli Animali... e così via sino alla Psicologia evolutiva e all'Etologia, la quale non tenta solo di capire perché il cane abbassa la coda, ma più in generale cerca di comprendere la genesi e lo sviluppo dei codici, delle norme, delle regole che presiedono alla nascita delle strategie di reciprocità, le uniche vincenti a livello evolutivo. Solo se si conoscono queste strategie collaborative si potranno combattere ignoranze arcaiche che portano ai comportamenti delittuosi, generati da economie e da culture povere di linguaggi e di codici, e dunque di comportamenti.

E se siamo figli dell'interazione tra genetica e ambiente, l'immortalità di questo corpo che tanto ci è caro non potrà mai darsi: l'interazione non si presenterà mai immutata, sempre varieranno alcune delle mille variabili che la connotano! L'uomo di Neanderthal era ben più dotato di biomassa di noi, ma era pressoché privo di un piccolissimo ossicino a livello della faringe, l'osso ioide, quello che permette di pronunciare le vocali. Il Neanderthal è stato sopraffatto dal *sapiens*, ben più mingherlino, capace però di pronunciare le vocali perché aveva quell'ossicino del tutto ben sviluppato. Il *sapiens* possedeva dunque un repertorio fonetico ben più ricco e articolato (poteva, come noi, pronunciare compiutamente le vocali), che gli consentì di sviluppare il linguaggio e la cultura, di scambiare informazioni, di creare e consolidare strategie di reciprocità capaci di conferire al gruppo un valore aggiunto: tutto ciò permise al *sapiens* di prevalere. Questo si dovrebbe spiegare a coloro che delinquono per sé o per pochi accoliti: essi perderanno per la ristrettezza delle loro norme e codici, mentre là fuori la vita continuerà, esprimendosi in mostre e concerti e aurore boreali.

Bonifati e Longo sanno portare il lettore in campi aperti di ricerca e di riflessioni e sanno stimolare una ricompattazione delle loro tante elaborazioni in una visione che le lega tutte assieme in modo coerente. Ciascuno di noi fa ogni giorno considerazioni, osservazioni e riflessioni, ma in assenza di una cartina di tornasole spesso non riesce a ricomporle in un quadro coeso: ecco, il lavoro di Bonifati e Longo funziona come una cartina di tornasole consentendoci di comporre in un'unica visione coerente tutte le nostre inquietudini!

Indice

Prefazione di Carlo Alberto Redi V

Introduzione 1
Il sindaco di Riva (da Franz Kafka), racconto di Giuseppe O. Longo 11

Capitolo 1 - Quel dannato orologio biologico 17
Progetto Matusalemme, racconto di Giuseppe O. Longo 19
1. Prima della scienza 23
2. Interviene la scienza 32
3. Quel dannato orologio biologico 42

Capitolo 2 - Centovent'anni da leoni 51
1. Ambiente e firma genetica 53
2. La dieta del centenario 55
3. L'ambrosia degli dèi 58
4. Più longevi, verso l'Apocalisse 60

Capitolo 3 - E l'uomo creò l'uomo 65
God & Cyborg, Inc., racconto di Giuseppe O. Longo 67
Premessa 70
1. Verso la perfezione 72
2. Adeguarsi e distinguersi 88
3. Come la Venere 94

4. L'attimo di eternità 97
5. Il volto e il bisturi 101
6. Plasmare il corpo 110
7. Super eroi del post-umano 115
L'aveva rosagrigio, racconto di Giuseppe O. Longo 130
8. Il corpo liberato 139

Capitolo 4 - La Creatura Planetaria 161
ovvero l'immortalità virtuale
Premessa 163
Noosfera, racconto di Giuseppe O. Longo 164
1. La specie comunicante 167
2. Il sogno-bisogno di comunicare 182
3. Naturale e artificiale 199
Rimpianto degli uomini, racconto di Giuseppe O. Longo 218
4. L'immortalità virtuale 223
Appendice: L'avvento di *Homo technologicus* 250

Capitolo 5 - Conclusioni 257
Uomomacchina, racconto di Giuseppe O. Longo 259
1. Un salto nel buio 263
2. Politiche sanitarie e demografiche 268
3. L'umanità divisa 270

Ringraziamenti 275

Autori delle opere illustrate nel libro 277

Bibliografia 279

Introduzione
di Giuseppe O. Longo

> La cosiddetta realtà non è altro che una semplificazione grossolana delle nostre supposizioni.
>
> Hermann Broch, *Gli incolpevoli*

Ciascuno di noi viene al mondo dopo un periodo indeterminato di buio non-essere, di sordo non-tempo, di immoto non-spazio, in un mistero incommensurabile dove l'infinitudine incontra il finito che per breve tratto si chiama vita. Scrive Hermann Broch nel romanzo per quadri *Gli incolpevoli*:

> Essere partoriti da una madre, messi al mondo corporalmente da un corpo, essere un corpo, le cui costole si espandono, quando si inspira, corpo le cui dita possono afferrare una ringhiera per circondare ciò che è morto con ciò che è vivo, mutualità eterna dell'animato e dell'inanimato, l'uno celando l'altro in trasparenza infinita: sì, essere partorito e poi andarsene per il mondo, sulle morbide strade, passeggiare, mano della madre che non si può perdere, mano in cui la mano del bimbo sta chiusa e protetta; questa naturale tra le naturali felicità dell'esistenza...

E vorremmo che questa calda pienezza, questa felicità protetta durasse al di là dell'incrocio dei tempi, oltre l'angoscia del corpo di non essere più bambino, oltre il terrore di avvicinarsi alla non-vita, tanto più atroce in quanto si è gustata la vita fatta di sangue, di vene, di occhi. Tormento del divenire adulti, più che adulti, vecchi, di essere spinti nel girone della decrepitezza che sta per congiungere l'essere e il non-essere in una dolorosa unità, greve di puzzo, di nero, di corpi ormai colpevoli. E questo dopo aver gustato il primo incontro dell'Io con l'Altro, la fosforica bianchezza delle braccia protese all'abbraccio nella semioscurità, la fusione che diffonde stupore, e stupore dev'essere la prima volta e tutte le volte, naturalezza profonda e mai appieno capita. E tutto questo luminoso stupore è destinato a finire con la morte.

E della morte parla spesso Giorgio Prodi, grande scienziato e grande scrittore, che nei suoi racconti torna su questo mistero dei misteri, nucleo e incaglio non soltanto della filosofia ma della vita, mistero e inciampo che riguarda ciascuno di noi: noi tutti siamo interpellati dalla morte. Si legga a questo proposito *Le quattro fasi del giorno*, un racconto struggente, colmo di immagini oniriche, a volte angosciose nella loro verità asfissiata, un racconto che ha a che fare con una sorta di vita attenuata dopo la morte, o meglio dopo la prima morte, o il principio della morte, in un mondo uguale e diverso, del quale Prodi fornisce descrizioni lenticolari e precisissime che annegano in un soffocamento progressivo:

> Quel cielo di prima, così vasto e senza neppure un'ombra, tutto ammassato in alto come se fosse pieno di torri e di trombe, era troppo incombente. (Prodi 2009, pag. 341)

E non è, questa, poesia della più alta? Ma colma dell'imminenza enorme della morte:

> Sta di fatto che quando si pensa che ci sia un mondo più vasto di quello che vediamo, e che occorre conoscerlo, si pensa alla morte. La vita è troppo breve. Quasi tutto è collocato prima della nascita e dopo la morte. (ivi, pag. 341)
>
> Capirai che di morti ce ne possono essere molte, una dietro l'altra, e che la vita è fatta a volte da tante scatole, ognuna compresa tra una morte e la successiva, e il modo in cui queste scatole comunicano è tortuoso, non si capisce nulla. (ivi, pag. 347)

E ancora:

> Sono dentro ad un sogno, pensava, morto dentro una morte (un pensiero fisso) come se tutto fosse sovrapposto e tutto fosse vissuto nello stesso momento. Ecco che io ora, mezzo addormentato nel buio, mi trovo ad essere un riassunto di tutto quello che sono stato fin qui. (ivi, pag. 349)

E si veda la pagina finale del racconto, colma di un affanno, di uno struggimento, di un'ansia di verità che è raro trovare nella letteratura:

> Così fu preso da una disperazione terribile, e l'unico pensiero che lo mitigava era che se tutto questo succede è perché può succedere. Intanto si era messo a piangere perché il suo viaggio stava finendo. Era dentro una cantina che forse era stata la sua, e lui era proprio l'ultimo degli uomini nell'ultimo luogo, senza che alcuno si prendesse cura di lui. Degli interrogativi non ne rimaneva traccia, perché erano insensati.
> Allora supplicò che arrivasse qualcuno ad aiutarlo, invocò suo figlio e sua moglie, che facessero presto, perché la sua mente si stava disgregando. Diceva che tutto si stava disgregando dentro di lui. Solo lui sapeva cosa vuol dire la disgregazione della mente e del corpo, lo aveva provato di recente (non riusciva a ricordare dove e quando) non voleva che succedesse ancora... È terribile, si disperava come quando non si riesce più a riconoscere se stessi, e il dolore butta via i pezzi del corpo come la carne in un macello...
> Era contro questa disgregazione che lottava con tutte le sue forze: si trovava di fronte ad una morte ulteriore, forse l'ultima, certamente la più terribile.
> Cosicché sentì bussare all'uscio di cantina, entrava suo figlio dicendo "sono qui io", poi entrava la moglie. [...] La sua mente continuava ad annebbiarsi, ma ora lui era contento, e si ricordava benissimo del mattino, continuava a ripetere "Dio, Dio", ma i due che erano entrati stavano vicino a lui e lo consolavano. [...] Si disperdeva sempre di

> più, e gli pareva, anche, di riemergere verso una qualche superficie, some se fosse sotto acqua o fosse sul punto di riafferrare qualche coscienza, così la dispersione aumentava e lui fuggiva via da se stesso, ma anche gli pareva di sentire con più precisione come l'odore di ospedale e la sensazione di avere attorno lenzuola e la testa immersa in un cuscino, e persone attorno. Ma, ad un certo punto, la sua dispersione fu eccessiva, non sognò più nulla, e l'ultimo fatto che riuscì a cogliere fu il suo lungo, profondo, ultimo respiro. (ivi, pag. 352)

Tentativo magistrale di dar voce all'indicibile. E ha un bel dirci Epicuro nell'*Epistola a Menaceo* che non bisogna temere la morte, anzi bisogna abituarsi

> a pensare che nulla è per noi la morte, poiché ogni bene e ogni male è nella sensazione, e la morte è privazione di questa. Per cui la retta conoscenza che niente è per noi la morte rende gioiosa la mortalità della vita; non aggiungendo infinito tempo, ma togliendo il desiderio dell'immortalità. Niente c'è infatti di temibile nella vita per chi è veramente convinto che niente di temibile c'è nel non vivere più. Perciò stolto è chi dice di temere la morte non perché quando c'è sia dolorosa ma perché addolora l'attenderla; ciò che, infatti, presente non ci turba, stoltamente ci addolora quando è atteso. Il più terribile dunque dei mali, la morte, non è nulla per noi, perché quando ci siamo noi non c'è la morte, quando c'è la morte noi non siamo più. Non è nulla dunque, né per i vivi né per i morti, perché per i vivi non c'è, e i morti non sono più. Ma i più, nei confronti della morte, ora la fuggono come il più grande dei mali, ora come cessazione dei mali della vita la cercano. Il saggio invece né rifiuta la vita né teme la morte; perché né è contrario alla vita, né reputa un male il non vivere. (Epicuro, *Epistola a Menaceo*)

Il timore della morte ha forse a che fare con la cantina di cui parla Prodi, con le molte morti, annidate l'una dentro l'altra, con l'attraversamento successivo di tante stanze sempre più buie e fumose, asfittiche, incastonate a imbuto l'una dentro l'altra. Se la morte fosse istantanea, si potrebbe anche tentare di seguire Epicuro, ma se è questo angoscioso susseguirsi di stazioni dolorose, allora come si fa a non temere la morte?

Ma tra la morte e il suo opposto, l'immortalità, che a prima vista sembra il più desiderabile degli stati per gli umani, ci possono essere dei gradi intermedi: per esempio la vita-nonvita del conte Dracula e di tutti i suoi epigoni vampiri, veri e propri morti viventi la cui esistenza, nutrita di sangue fresco, si prolunga nei secoli oltre ogni limite, ma in una sorta di limbo crepuscolare che fugge la luce del sole, alternandosi, nel ritmo circadiano, la morte apparente con una vita altrettanto apparente. Altro esempio di vita-morte sospesa è quello immaginato da Kafka nel racconto *Il cacciatore Gracco*, di cui vi offro un'inquietante rielaborazione in appendice a questa introduzione. Gracco, in seguito a un incidente di caccia, dovrebbe essere morto, ma la barca che doveva trasportarlo nell'Aldilà ha sbagliato rotta, sicché egli vaga sempre alla deriva sul confine tra vita e morte: "La mia barca è senza timone, viaggia con il vento che soffia nelle più basse regioni della morte." Questa situazione ambigua si ritrova anche in uno dei più famosi esperimenti concettuali relativi alla meccanica quantistica, quello ideato dal fisico Erwin Schrödinger per dimostrare l'impervia natura del mondo microscopico. Senza entrare in particolari, in conseguenza dell'esperimento si ottiene un gatto che è allo stesso tempo vivo e morto, circostanza che ripugna alquanto alla nostra intuizione.

Se osiamo superare queste situazioni indeterminate e ci avventuriamo decisi sul terreno dell'immortalità, da una parte troviamo che si tratta di uno stato ormai perduto, come ci ricorda Leopardi nel suo *Dialogo della Moda e della Morte*:

Moda. Madama Morte, madama Morte.
Morte. Aspetta che sia l'ora, e verrò senza che tu mi chiami.
Moda. Madama Morte.
Morte. Vattene col diavolo. Verrò quando tu non vorrai.
Moda. Come se io non fossi immortale.

Morte. Immortale? Passato è già più che 'lmillesim'anno che sono finiti i tempi degl'immortali.

Dall'altra parte l'immortalità è prerogativa soltanto degli dèi: nei *Sepolcri* Foscolo canta, a proposito di Giove:

> E ne gemea
> l'Olimpio: e l'immortal capo accennando
> piovea dai crini ambrosia su la Ninfa,
> e fe' sacro quel corpo e la sua tomba.

Ma si tratta di un'immortalità altrui, irraggiungibile per gli umani, con l'eccezione forse, di Sisifo e di Prometeo, che peraltro era un Titano dall'incerto statuto: eccezione cui loro avrebbero volentieri rinunciato, visti i supplizi cui erano assoggettati. Mitologia ormai superata se non addirittura dimenticata. Più vicino a noi nel tempo è il racconto *L'immortale* di Jorge Luis Borges, che, nella sua complessità, somiglia a una mitologia tetra e sfilacciata. "Prolungare la vita degli uomini è prolungare la loro agonia e moltiplicare il numero delle loro morti", ma nonostante questo monito il protagonista Marco Flaminio Rufo intraprende un viaggio lungo e frastagliato alla ricerca della Città degli Immortali e del fiume che dona l'immortalità a chi vi si abbevera. Borges (cui viene attribuita una citazione esemplare: *La vita è troppo povera per non essere anche immortale*) ci fornisce una descrizione sorprendente e spaventosa degli Immortali, che Rufo sulle prime non riconosce nemmeno e scambia per immemori trogloditi privi perfino della favella: miserabili all'estremo, vivono una sorta di esistenza attenuata in buche del terreno, contentandosi di un sorso d'acqua e di qualche brandello di carne di serpente. Gli Immortali sono invulnerabili alla pietà:

> Un uomo precipitò nella [cava] più profonda; non poteva ferirsi né morire; ma lo ardeva la sete; prima che gli gettassero una corda passarono settant'anni. (J.L. Borges, *L'immortale*)

Secondo i fisici e alcuni filosofi, dato un tempo sufficiente tutto può accadere nel mondo e tutto ciò che è avvenuto può ripetersi, e quindi si ripete. L'immortale vede con indifferenza crescente il ripresentarsi di eventi che già conosce e che, per quanto tristi o gioiosi, non possono più impressionarlo. Il mortale, all'opposto, vive ogni evento come se fosse il primo e l'ultimo, fonte di sorpresa, di struggimento o di spasimo. Quando il Tempo trapassa nell'Eternità il mondo (e non solo la sua concezione) muta: da un seguito ininterrotto ma finito di irruzioni del caso, si trasforma in una infinita ripetizione ciclica di eventi noti. Il poeta aspira all'immortalità, ma, se è vero poeta, non fa nulla di ripetitivo; il fisico, all'opposto, cerca le leggi eterne e immutabili del mondo, alle quali delega la propria impossibile immortalità.

Eppure, nonostante le mobili elucubrazioni del pensiero, nonostante la saggezza disseminata nelle opere dei filosofi, nonostante le promesse di vita ulteriore, quella sì infinitamente lunga, abbiamo paura della morte e desideriamo non morire mai, non abbandonare mai *questa* vita. A una condizione, tuttavia: di non cadere nell'ignavia noncurante degli Immortali di Borges, di non perdere con il passare degli anni e dei secoli la prestanza del corpo, di non ridurci alla borgesiana

> quiete perfetta; ne ricordo uno che non ho mai visto in piedi: un uccello gli faceva il nido in petto. (ivi)

No, poiché l'uomo è creatura del desiderio e poiché ogni desiderio trapassa incontentabilmente nella sua estensione, l'uomo vuol essere immortale e anche giovane, forte, atletico e vigoroso nel sesso. Questa dismisura non è sempre stata un vagheggiamento inane delle menti oziose dei pensatori: è stata anche inseguita e qua e là raggiunta in parte da quando l'uomo ha trasformato gli studioli dei filosofi, le caverne degli asceti e le colonne degli stiliti in laboratori, in cliniche, in centri di benessere. A cavallo tra l'Ottocento e il Novecento si fa strada l'idea che la vita non è un bene in sé, ma deve avere un valore aggiunto: dev'essere degna di essere vissuta. Il concetto di dignità comporta una sanità di corpo e di mente che si oppone alla generica e democratica attribuzione a tutti del bene indifferenziato della vita, con tutto ciò che questo comporta in termini di discriminazione, eugenetica, razzismo e quant'altro.

È un po' la storia di Faust, che, vecchio, cede a Mefistofele addirittura l'anima per poter godere ancora dei piaceri della carne seducendo la giovane Margherita. E il mondo è gremito di Faust più o meno anziani o decrepiti, ansanti e bavosi, che venderebbero l'anima al diavolo pur di ritornare giovani e vigorosi. Uno di questi personaggi ossessionati dalla "cura" riabilitante è Zeno Cosini, o meglio il suo *alter ego*, Italo Svevo, che in un primo momento si affida alla novella cura dell'anima, la psicoanalisi, per sciogliere i propri nodi esistenziali. Ma *La coscienza di Zeno* non vede all'opera solo lo psicoanalista: il romanzo, come le altre opere di Svevo, è affollato di medici, praticoni, flebotomi, cerusici, conciaossa: una raccolta di figure a mezzo tra la scienza e la ciarlataneria al cui ascendente lo scrittore triestino non sa resistere. Egli è affascinato dai ripetuti tentativi della medicina di trovare nuovi rimedi per i corpi in decadenza e di superare i limiti assegnati alla vita e alla vitalità. Il fermento terapeutico, che si esplicita soprattutto nella mondanità di quei moderni templi a Esculapio che sono le terme, affollate di malati veri e immaginari in cerca di una seconda giovinezza, produce una serie infinita di trattamenti: si praticano massaggi e ginnastiche d'ogni genere, prende piede l'elioterapia, si afferma l'omeopatia, ci si affida all'idroterapia con bagni, semicupi e impacchi, e all'elettroterapia, che prevede la somministrazione deliziosamente tremitante di scariche elettriche. I medici raccomandano una vita sana e all'aria aperta, si prende esempio dalle popolazioni più longeve per adottare il loro stile di vita e la loro dieta. Ma tutto questo fervore di cure, rimedi, terapie e trattamenti resta votato al fallimento: l'uomo continua ostinatamente a invecchiare e ohimé a morire. Scrive Svevo: "La medicina è certamente l'arte che conta più fiaschi. Figurarsi! Ogni uomo che muore ha l'ultimo pensiero rivolto a lei: Che fiasco!"

Ma come ostinatamente si muore, così testardamente si ricercano antidoti alla vecchiaia e alla morte. Come nota Riccardo Cepach (Cepach 2008, 2008 a), tutti questi tentativi si basano sull'opinione che il segreto della longevità (e, chissà, al limite, dell'immortalità) risieda nell'evitare la dissipazione e nell'incrementare l'energia vitale proveniente dalle ghiandole e in particolare dai testicoli (naturalmente i medici si rivolgono sempre e soltanto agli uomini!). Così il medico francese Edouard Brown-Séquard ottiene, a suo dire, buoni risultati a più di settant'anni iniettandosi un estratto degli organi genitali delle cavie da laboratorio. Brown-Séquard fa scuola. Scrive Cepach:

> Il più celebre dei suoi continuatori, l'endocrinologo russo naturalizzato francese Sergej Voronoff, formula le sue teorie sulla longevità durante un viaggio in Egitto in cui avrebbe potuto osservare la realtà degli harem e la breve, infelice vita degli eunuchi. Mette quindi a punto una tecnica di ringiovanimento basata sui trapianti, di cui è tutt'ora riconosciuto un pioniere. All'inizio degli anni '20, nella sua villa-clinica a Grimaldi, presso Ventimiglia, dotata di grandi gabbie per le sue cavie, Voronoff promette ai suoi attempati pazienti una nuova giovinezza e una rinnovata vitalità dei sensi grazie all'innesto di testicoli di scimpanzé. (R. Cepach, *Guarire dalla cura*)

Si può immaginare la risonanza mondana che ebbero questi esperimenti bizzarri e crudeli, tanto da diventare anche oggetto di irrisioni pungenti da parte dei giornali satirici e degli *chansonniers* di Montmartre, che fecero circolare salaci storielle su vegliardi in preda alla fregola amorosa e raccapriccianti congetture su quanto avveniva nel segreto della villa. Ricordiamo ancora il fisiologo viennese Eugen Steinach, che, sempre sulla base dell'importanza essenziale del fluido seminale, elabora un procedimento consistente nell'interruzione di uno dei dotti spermatici, in modo da evitare la dispersione del benefico influsso della secrezione ghiandolare, elargendo così energie rigeneranti all'organismo svigorito dei vecchi.

Ma Svevo, come nota argutamente Cepach, pur nutrendo un interesse vibrante per questi tentativi, li segue con la sua tipica ironia e "a tutte queste tecniche per preservare il fluido vitale dalla dispersione il vegliardo Zeno contrappone la sua cura di Re David: commercio con giovani fanciulle per ingannare la natura facendole credere di essere ancora atto alla riproduzione."

Da allora la medicina e la genetica hanno compiuto progressi enormi, di cui il libro darà qualche notizia. Ma l'immortalità resta sempre a distanza siderale. Allora si possono esplorare strade alternative, che portano a un'immortalità delegata, a un'immortalità parziale, a un'immortalità periferica. Si tratta dunque di un sogno che continuiamo a sognare, sperando che non si trasformi in un incubo. Nel dramma *Il cervello nudo* scrivevo:

> oggi l'uomo si sente solo, Marion, è stanco, il suo cammino è troppo faticoso, ha bisogno di forti compagni di viaggio... duri, resistenti, inossidabili... le macchine... non più sangue ma campi elettromagnetici, non più carne ma silicio, non più occhi e narici, ma diodi e circuiti integrati... in futuro le macchine prenderanno il posto dell'uomo e ne prolungheranno la missione...

Ma la trasformazione in macchine o la simbiosi ciborganica non saranno le uniche strade per tendere all'immortalità. Più rarefatte e impalpabili, le vie dello spirito offriranno altre possibilità: lo spirito sarà variamente chiamato intelligenza, mente, anima o codice e si dirigerà verso traguardi ultimi, forse ultramondani: la noosfera, l'infosfera, l'intelligenza del mondo, il codice universale.

Da questo sogno nasce il progetto del libro, il suo anelito onirico o, forse, profetico. Poiché l'immortalità è una negazione, negazione della morte e della finitezza, il suo territorio è vastissimo e non lo si poteva traguardare tutto: si sono dovute fare delle scelte. Solo a un immortale sarebbe concesso scandagliare tutti i recessi dell'immortalità, ma forse un immortale non avrebbe alcun interesse a farlo: l'immortalità sta a cuore solo ai mortali. Chi volesse trovare in queste pagine la ricetta dell'immortalità resterebbe deluso, chi vi cercasse la confutazione dell'immortalità sarebbe colto da qualche dubbio. Chi vi si accostasse senza pregiudizi, con la vaga curiosità che ci spinge a entrare in un museo inconsueto, troverà materia di riflessione.

Avremmo voluto dare a questo libro il fulgore quasi insopportabile dell'Aleph, il microcosmo dove, secondo Borges, si trovano tutti i luoghi della terra e di conseguenza "tutti i lumi, tutte le lampade, tutte le sorgenti di luce", in un'inconcepibile "enumerazione, sia pure parziale, di un insieme infinito". A questa smisurata aspirazione ci spingeva il titolo ambizioso del libro. Naturalmente non ci siamo riusciti, ma forse resta, in queste pagine, un profumo, una traccia, un'eco di quel sogno irrealizzabile, così come nella nostra vita mortale si rinviene un'orma svanita dell'agognata immortalità.

Il sindaco di Riva (da Franz Kafka)
Racconto di Giuseppe O. Longo

– Amici, il motivo per cui ho convocato questa riunione straordinaria del Consiglio comunale è la presenza, nella nostra cittadina, del cacciatore Gracco.
Il sindaco di Riva era un uomo alto e segaligno, dalla fronte ampia stempiata e dal viso ossuto. Il grande naso aquilino, le labbra sottili, la voce profonda gli davano una grande autorità. Quando parlava gli occhi neri febbrili lampeggiavano.
– Il cacciatore Gracco si trova in una situazione del tutto eccezionale, che mi obbliga a sottoporre al Consiglio una questione della massima delicatezza. Prima, tuttavia, è opportuno riassumere la sua strana vicenda, che solo io conosco, e solo in parte. Spero che non me ne vorrete se la riunione si prolungherà oggi più dell'ordinario, anzi sono certo che il vostro interesse per la cosa supererà il pur legittimo desiderio di tornare presto alle vostre occupazioni.
– Il cacciatore Gracco, dunque, è arrivato qui a Riva con la sua imbarcazione ieri sera, verso il tramonto, annunciato da un volo di colombe. È stato subito trasportato su una barella a casa mia (come sapete abito proprio di fronte al pontile), scortato da due famigli muniti di torce.

– Il cacciatore Gracco è morto, ma in un certo senso è ancora vivo. Un giorno, tantissimi anni fa, inseguiva un camoscio nella Foresta Nera. Cadde in un burrone e morì. Ma la barca che doveva traghettarlo sull'altra sponda sbagliò rotta: una manovra errata del timoniere, un attimo di disattenzione del capitano, lui stesso non sa che cosa sia accaduto. Sta di fatto che rimase qui sulla terra e ora, spinto dal vento, deve navigare per tutte le acque del mondo verso la sua morte. Giace nella sua minuscola cabina, coperto da un sudicio lenzuolo, le gambe avvolte in uno scialle fiorato da donna.

A questo punto il sindaco trasse un lungo sospiro e, tenendo i gomiti ben piantati sul piano del tavolo e le dita intrecciate, guardò uno per uno i consiglieri stupefatti, che si scambiavano occhiate ansiose. Poi reclinò il capo e stette per un po' in silenzio. Fuori il sole di settembre giocava con le piccole onde del lago. Quando il sindaco riprese a parlare, la sua voce era bassissima, quasi appena un bisbiglio.

– Ora, quando dico il cacciatore Gracco, queste parole suonano come se dicessi un albero da frutto o una gita in barca, ma dovreste esservi sporti come me sopra quella barella, dovreste aver respirato l'odore indefinibile e soffocato di quei panni laceri per capire veramente il significato di queste parole: il cacciatore Gracco... Dovreste aver fissato il suo aspetto al chiaror delle torce, quelle labbra bianche e acquose come vesciche, quel volto bluastro, un po' gonfio, ammaccato agli zigomi, con la vasta ferita raggrumata sulla tempia, lo sguardo torbido... No, è indescrivibile...

– Ma non è soltanto il suo aspetto che colpisce, perché, in fondo, è quale ci si potrebbe aspettare da un uomo nelle sue condizioni. La cosa che più colpisce, la cosa quasi insopportabile è il rimpianto che emana dalle sue parole, un rimpianto struggente, ma senza amarezza, direi senza umanità. C'è al massimo, in ciò che dice il cacciatore, una punta di spavalderia, la spavalderia di chi si trova in una situazione incresciosa ma interessante e per di più senza sua colpa.

– Infatti, parlando ieri sera con me, molto gli premeva chiarire di non aver colpa del suo stato e mi ha chiesto con insistenza il mio parere sulle sue possibili colpe. "Ero cacciatore, mi ha detto, è una colpa questa? Cacciavo nella Foresta Nera, è una colpa questa? Mi appostavo, sparavo, scuoiavo la selvaggina, è un colpa questa?" Ma che cosa potevo rispondergli, io?

– Durante questo colloquio, che per lui era molto importante, Gracco si era alzato a metà e stava appoggiato al gomito sul divano su cui avevamo adagiato la barella. E vi confesserò che per un attimo, nella caparbietà con cui protestava la propria innocenza, ho ravvisato una punta di malevola civetteria... Ma com'era penosa quella civetteria se si pensa al suo stato miserabile di morto non morto. Un relitto del fato... Avreste dovuto vederlo, con quel cranio oblungo ed enfiato, coi capelli radi, la barba grigia che gli spuntava sul mento, quel colorito cereo..
– Voglio aggiungere che durante tutto il colloquio sono stato pieno di soggezione per il cacciatore Gracco, come se in quell'essere disgraziato vi fosse non so che forza capace di piegare la vita e la morte, una forza che gli viene forse da quell'insolito scarto, da quella deviazione per cui il destino l'ha appena sfiorato e non si è compiuto. La sua forza è un urlo prolungato sulle soglie del deserto...
– Io, per questa soggezione, non ho avuto il coraggio di fargli tante domande, come avrei voluto. Ho avuto solo il coraggio di chiedergli che cosa avevano visto i suoi occhi, se era stato sospirto verso il passato o verso il futuro o verso i paesaggi di un altro mondo... "Ciò che ho visto, mi ha detto sorridendo, mi fa pensare che la vita sia pronta intorno a ognuno e in tutta la sua pienezza, ma velata nel profondo, indivisibile, lontanissima. È però non ostile, non riluttante, non sorda. Se la si chiama con la parola giusta, col giusto nome, viene."
Il sindaco fece una pausa. I consiglieri lo ascoltavano con grande attenzione. Quando riprese a parlare, la sua voce era più forte:
– Ma queste sono divagazioni... La questione che voglio sottoporvi e per la quale vi ho convocato è la seguente: dobbiamo offrire al cacciatore Gracco la possibilità di fermarsi qui a Riva, con i famigli e col barcaiolo, oppure dobbiamo rispettosamente invitarlo ad andarsene? Egli stesso, su questo punto, si è mostrato assai incerto e mi ha chiesto consiglio. Un consiglio che non sono stato capace di dargli, perché è materia troppo importante e dovevo consultarmi con voi.
– Voi tutti, venendo qui, avete visto la sua barca panciuta, illuminata dai primi raggi del sole, dondolarsi pigra nelle acque del lago, avete visto i suoi fianchi rigati dall'unto delle risciacquature colato negli anni dagli ombrinali, quelle

vele stracciate e pendule che non saprebbero affrontare nemmeno una brezza un po' gagliarda. Nel rispondere alla mia domanda dovete tener presente quel ponte ingombro di detriti e di avanzi, quegli alberi lievemente sghembi.

Il sindaco s'interruppe e parve concentrarsi, come se davanti a sé vedesse l'imbarcazione di Gracco oscillare mollemente sulla liscia superficie dell'acqua. Poi riprese:

– Che cosa può venire a noi dalla sua presenza qui? Che destino porta con sé quest'uomo che non è un uomo? Anche se tutto ciò gli è capitato senza sua colpa, e su questo è lecito avere dei dubbi, pure qualcosa di malefico deve aleggiare intorno al suo capo, come un corvo segreto pronto ad allargare i suoi giri circospetti per abbracciare le nostre mogli, i nostri bambini... Il suo soggiorno qui cambierebbe certo la nostra vita, vi porterebbe il prolungamento di quella sospensione nella quale egli si trova e forse anche l'incidente che sta all'origine di tutto ciò si allargherebbe sulle nostre teste col suo colore purpureo e vedremmo un cielo diverso... Forse, invece, compiremmo un atto di grande misericordia concedendo asilo a chi non ha più non dico patria ma neppure dimora ed è costretto a vagare con quel volto cereo e bluastro... Nessuno, capite, nessuno in tutti questi secoli l'ha mai aiutato. Le porte sono rimaste chiuse e le finestre sprangate.

– Voglio essere sincero: per quanto sia riluttante a chiamare tra di noi un destino forse maligno, provo per quell'essere... per quella cosa... una pietà profondissima. Quella forza che ciascuno di noi finché vive può sperare di raccogliere da tutto sé stesso per affrontare l'attimo supremo della morte, che dicono duri un'infinità, è come se quella forza fosse stata in lui già consumata da una morte che non fu morte, e non gli fosse più concesso raccoglierne altra, in sé, di forza, per far fronte alla morte ulteriore, quella vera. Insomma, il cacciatore Gracco, l'impavido inseguitore di belve della Foresta Nera, adesso ha paura.

– Forse è questa paura, forse è il desiderio di dimenticare per un attimo questa paura che lo rende spavaldo, perché altrimenti la sua spavalderia non avrebbe giustificazioni, se non il grandioso suo vagare nei regni inferiori della vita, in quella plaga imprecisata e paludosa dove la sua miserabile barca naviga sospinta dai venti capricciosi del fato.

Il sindaco fece un'altra pausa, come se sentisse il gelido soffio di quei venti.
– Tuttavia, riprese, credo che egli si trovi di fronte a una muraglia lunghissima, uniforme e poderosa, rinforzata da torri a distanze regolare, come dicono sia la grande muraglia cinese. Che cosa può fare se non seguire la muraglia in una direzione arbitraria e sperare che in essa prima o poi si apra un varco che gli consenta di uscire dalla regione che la muraglia delimita?
– Che cosa vi sia dall'altra parte della muraglia non è dato sapere, ma Gracco non ha scelta: deve vagare senza meta e senza guida in quei vasti territori. Del resto egli non può usare come noi le mani e in genere il corpo, può solo accennare verso il cielo, che però a questi cenni non si commuove e resta unito e striato di pallore. Una commozione del cielo, d'altronde, potrebbe essere nefasta: che cosa apparirebbe a Gracco dietro le nubi? Forse galleggia lassù, contro l'azzurro rivelato del cielo, la massa livida e inattesa della sua colpa, palpitando lieve nella sua enormità. Una colpa di cui egli non vuole o non può rendersi conto, ma che deve aver commesso, perché nulla accade per caso e questo scarto che lo tiene sospeso fra la vita e la morte è certo avvenuto in risposta a qualche suo atto arbitrario e colpevole e non può essere attribuito, come lui vorrebbe, all'imperizia del timoniere. E poi, non c'è forse qualcosa di turpe e di colpevole nella morte? E specialmente in questa morte mancata... Ma non tocca a noi giudicare. Il nostro compito è molto più modesto: dobbiamo solo decidere se offrirgli o negargli ospitalità qui a Riva.
Il sindaco tacque, aspettando che qualcuno dei consiglieri chiedesse di intervenire. Ma se ne stavano tutti assorti, e nessuno prese la parola. Trascorsero così alcuni minuti. Poi il sindaco, che nel frattempo aveva riflettuto, riprese:
– Ma pensandoci bene, amici miei, che senso ha che noi deliberiamo di offrirgli o di rifiutargli ospitalità a Riva, quando il vento del destino, irrompendo all'improvviso da quel varco nella muraglia potrebbe rapircelo se l'avessimo accolto fra noi o riportarlo al nostro pontile se l'avessimo bandito? Questo vento certo separerebbe le parole dalla bocca che le pronuncia, impedendo la maturazione di qualunque significato, e così la speranza morirebbe ancor prima di nascere. Se poi quel vento fosse lo stesso che da secoli spinge qua e là la barca del cacciatore Gracco, ciò indicherebbe che egli ha già trovato da tempo quel varco nella muraglia, o l'ha aperto lui stesso, e tutto è stato inutile. E poi, non potrebbe questo stesso vento nero e insondabile portarci

dal seno gigantesco del tempo qualche simulacro ancora più smisurato, un orrore di fronte al quale il cacciatore Gracco sarebbe un messaggero di letizia? Siamo esposti a ogni evento, siamo fili d'erba immersi nella luce del tramonto.

Fu così che il sindaco sciolse la seduta senza mettere in votazione la proposta.

Capitolo 1

Quel dannato orologio biologico
di Nunzia Bonifati

> Il lettore non stenterà a credere che dopo quel che udii e vidi,
> la mia sete di immortalità si placò alquanto.
> Jonathan Swift, *I viaggi di Gulliver*

> In ogni sogno meraviglioso se ne sta acquattato
> un mostro delirante.
> Alda Merini, *Poesie e Pensieri*

Progetto Matusalemme

Racconto di Giuseppe O. Longo

> Essere immortale è cosa da poco:
> tranne l'uomo, tutte le creature lo sono,
> giacché ignorano la morte;
> la cosa divina, terribile, incomprensibile,
> è sapersi immortali.
> Jorge Luis Borges

La sala delle conferenze era stracolma di cronisti e fotografi e il rumorio era altissimo. Entrò il portavoce del Laboratorio, Alain Fliess. La sua zoppia impressionò tutti e diede alla scena un che di angoscioso. Il silenzio fu immediato. Si udiva solo il ronzio dei registratori. Vi fu un breve lampeggiare di macchine fotografiche. Fliess salì sulla pedana, si avvicinò ancheggiando al microfono, armeggiò con un fascio di documenti, poi si decise ad appoggiarli sul tavolino.
– Buongiorno... Vi dò il benvenuto a nome del Direttore, professor Wu. Il professore si scusa... è impegnato in un convegno. Io sono il dottor Alain Fliess. Fece una pausa, guardando il muro in fondo alla sala, come se la platea si estendesse a perdita d'occhio. Poi si mise gli occhiali. Le iridi nuotarono come pesci azzurrini dietro le spesse lenti da presbite. Si appoggiò sulla gamba offesa, dando l'impressione di essere per cadere, ma si raddrizzò subito. Prese in mano un foglio e si schiarì la voce.
– Il nostro progetto... il progetto Matusalemme... Sono lieto di annunciavi che il progetto è pienamente riuscito.
Un fremito, un mormorio, qualche applauso. La sala passò dall'attesa all'agitazione, ma Fliess continuò:
– Prego, signori, signore... Un momento... prego. Il progetto, dicevo, è riuscito. Siamo stati in grado di... modificare il corredo genetico dell'uomo... cioè dell'esemplare... della... della creatura...
Mormorio fortissimo. Un cronista del fondo gridò:

– Frankenstein!
Tutti risero, ma Fliess parve non udire. Guardò la sala con quegli occhi annegati nel vetro delle lenti.
– Calma, signori, calma... Non voglio entrare in particolari tecnici... Non sono un genetista...
– Che cos'è, Lei? strillò una giornalista dall'aria bellicosa.
– Come? io?... io sono... sono un filosofo...
Metà della sala scoppiò in una risata fragorosa, l'altra metà cercò di zittire la prima.
– Lasciatelo parlare! Parli, parli, Fliess!
Fliess sembrava smarrito.
– Ecco, disse estraendo un fascicolo dal pacco di carte che si era portato. Qui ci sono tutte le spiegazioni tecniche. Ciascuno potrà ritirarne una copia all'ufficio pubbliche relazioni.
Un fotografo fece scattare una macchina dotata di un teleobiettivo mostruoso. Il cronista che aveva gridato Frankenstein chiese:
– Perché non ci fa vedere il Suo mostro, signor filosofo?
Fliess non si perse d'animo, e tentò un sorriso vacuo.
– Un po' di pazienza, signori... Tra poco vi sarà data la possibilità di vedere... la... la creatura... l'immortale.
Di colpo in sala fu il silenzio.
Dopo un attimo, la giornalista dall'aria bellicosa domandò:
– Come fate a sapere che è immortale? Non potrebbe morire da un momento all'altro, o magari tra cent'anni?
– Lei ha ragione, replicò Fliess. Ci siamo posti anche noi questo problema. Solo il tempo potrà darci una risposta... anzi... l'eternità.
– Ma noi non possiamo aspettare tanto! disse la ragazza, e tutti approvarono.
Dalla prima fila un ometto trasandato si drizzò in tutta la sua piccolezza e urlò:
– Non vi pare di aver compiuto un'operazione mostruosa? Un conto è far vivere un essere umano fino a cent'anni, centoventi, o centocinquanta, purché sia in buona salute... Un conto è infliggergli questa tortura. Ma si rende conto che cosa vuol dire dover vivere per sempre? Non crede che sia una sfida blasfema contro... contro.. contro la vita?
Fliess era sconcertato.

– Ma noi... noi siamo venuti incontro a un desiderio vecchio come il mondo. L'uomo ha sempre desiderato l'onniscienza, l'onnipotenza... e l'immortalità. L'uomo vuol diventare Dio!
L'ometto non mollò:
– Voi avete introdotto una violazione tragica del corpo, un tumore oscuro della vita. Avete sacrificato una persona e magari vi preparate a sacrificarne altre per ottenere un brevetto, il brevetto Matusalemme. Volete arricchirvi a spese dell'umanità. Venderete l'immortalità a prezzi altissimi, senza poter dare la garanzia che si tratti di vera immortalità e non di un volgare imbroglio. Immortalità o immoralità?
Fliess era ammutolito, tutti ascoltavano in silenzio la furiosa perorazione dell'ometto dall'aria dimessa. Intervenne la ragazza combattiva, scotendo la folta capigliatura castana:
– Ha ragione il mio collega, Lei sarà anche un filosofo, ma certe domande non se le è poste!
– Per esempio, riprese l'ometto, paonazzo per l'agitazione, per esempio, quando avrete creato una folla di vittime anonime della vostra avidità, o del vostro delirio di onnipotenza, che ne sarà di loro? E che ne sarà di coloro che non potranno o non vorranno diventare immortali? Come sarà sconvolto l'ordine sociale? Avete spezzato l'alleanza dell'uomo con la vita. Avete innalzato la scienza al livello della politica. Che diritto avevate di far questo?
Qui Fliess si erse sopra la gamba zoppa, rischiando ancora una volta di ribaltarsi:
– Lei... Lei... egregio signore... Lei, mi pare, farnetica... Lei è un retrivo, è un oscurantista, si ammanta di pietà morale, ma in realtà si scandalizza per i progressi della scienza. E poi lo scienziato non c'entra niente con la politica!
– Lei che è un filosofo, interviene una giornalista corpulenta in seconda fila, dovrebbe aver riflettuto sull'angoscia dell'immortale, che deve attraversare infinite morti per restare in vita. E poi, e poi... per noi mortali, anche se viviamo a lungo, a lunghissimo, ogni cosa è preziosa e irrecuperabile e casuale, per un immortale tutti i pensieri, tutti gli atti, tutti i ricordi, tutti i sentimenti non sono che la demente replica di altri pensieri e atti e sentimenti che furono che sono e che saranno. Tutto perde valore!, e si guardò intorno con aria trionfante, roteando gli occhi.

Ma la platea era visibilmente annoiata da questi discorsi, i fotografi giocherellavano con i loro apparecchi, i giornalisti avevano spento i registratori e chiacchieravano tra loro a voce sempre più alta. Uno gridò:
– Perché non ce lo fa vedere?
– Ecco... appunto, rispose Fliess, grato di quell'interruzione. Adesso vi farò vedere Matusalemme, la nostra... ehm... creatura.
Batté le mani tre volte, e da una porta laterale entrarono due inservienti spingendo una lettiga su ruote cigolanti. Una forma oblunga giaceva sotto un lenzuolo. Gli inservienti si allontanarono, Fliess arrancò fino alla lettiga e con un gesto teatrale scostò il lenzuolo scoprendo un essere longilineo, magrissimo, color sabbia. La folla dei giornalisti era ammutolita. Fliess disse con voce bassa, ma distinta e piena di affetto:
– Alzati, Matusalemme, e cammina.
La cosa lentamente si levò a sedere sulla lettiga. Il suo viso era terreo, gli occhi di colore sporco, i capelli gialli gli spiovevano sulla fronte rugosa. Si guardò intorno ammiccando, poi fissò Fliess e sorrise debolmente. Rotò il corpo e penzolò le gambe. Poi scese e mosse qualche passo malfermo in direzione del pubblico. Indossava una camicia lunga fino alle ginocchia. Dal fondo si udì ancora:
– Frankenstein!
Un altro gridò:
– Che cos'è questa roba?
Tutti si agitavano e scalpitavano. Invano Fliess cercava di placare gli animi.
– Signori, vi prego, signori...
Un cronista si avvicinò a Matusalemme e lo guardò fisso negli occhi. Vi dovette scorgere qualcosa che lo spaventò a morte. Cominciò a gridare, prima debolmente, poi sempre più forte. Corse verso l'uscita, inciampando e travolgendo quanti gli si paravano dinnanzi. La sua fuga innescò quella degli altri, che si ammassarono come impazziti tentando di infilarsi tutti insieme nelle due strette porte della sala.
Fliess, desolato, guardava ora i cronisti in fuga ora Matusalemme, che aveva assunto una posizione ieratica, la posizione di chi ha molto tempo davanti a sé.

1 Prima della scienza

Nella *Genesi* si narra che Matusalemme, il più longevo dei personaggi biblici, morì alla veneranda età di 969 anni. Sono di lunga vita anche tanti altri protagonisti del testo sacro, a cominciare da Adamo, che spirò a 930, dopo aver generato un gran numero di figlie e figli altrettanto longevi. Una certa dose di buon senso dovrebbe suggerire che gli anni di vita dei personaggi biblici siano frutto di fantasia, o altrimenti espressi in una scala temporale diversa dalla nostra. Ciò nonostante, l'età di Matusalemme continua a solleticare la fantasia, suggerendo l'idea che si possa per davvero varcare la soglia dei mille anni di vita.

Sono state formulate alcune ipotesi sulla longevità dei protagonisti biblici. C'è chi ha suggerito che nel testo sacro gli anni siano espressi in mesi lunari (che contano ciascuno ventinove giorni, dodici ore, quarantaquattro minuti e tre secondi). In tal modo, moltiplicando l'età per 29,5 e dividendo il risultato per i 365 giorni dell'anno, Adamo sarebbe morto intorno ai 75 anni, e non a 930, e Matusalemme a 78 circa, invece che a 969. Così l'età sarebbe più realistica. Si parla anche di un errore in cui sarebbero incorsi i primi traduttori nella conversione dal sistema numerico utilizzato nel testo antico al sistema decimale poi in uso. Comunque sia, la questione resta misteriosa. Se non altro perché, nonostante la lunga vita di Matusalemme, nella *Genesi* si narra che Dio, forse amareggiato per le primissime azioni bestiali della sua creatura, fissa il limite della vita umana a centoventi anni:

> Il mio spirito non resterà sempre nell'uomo, perché egli è carne e la sua vita sarà di centoventi anni. (Genesi, 6:3)

Le varie ipotesi non spiegano questa evidente incongruenza. In effetti, non tutti i personaggi sono tanto longevi. Mosè, per esempio, morì per l'appunto a centoventi anni.

Bisogna riconoscere, però, che si tratta di una coincidenza straordinaria. Guarda caso l'età media umana in linea di principio, cioè la "data di scadenza" inscritta nel genoma di una donna o di un uomo in buona salute è proprio quella. Centoventi anni di vita è infatti un limite, dicono gli scienziati, cui si potrebbe giungere se si riducessero al minimo i fenomeni di ossidazione nelle cellule, le malattie e gli incidenti.

Queste, è vero, sono divagazioni alquanto bizzarre. Non è invece fantasia che oggi molti scienziati lavorino alacremente per superare la soglia teorica di centoventi anni iscritta nel genoma umano. I centri di ricerca impegnati nell'impresa sono numerosissimi. In questi laboratori si tenta anche di capire tutti i meccanismi dell'invecchiamento, nella speranza di scoprire l'elisir di lunga vita che offra finalmente all'umanità bramosa la quasi-immortalità tanto desiderata. È questa una vera e propria sfida alle leggi biologiche, forse l'estrema fra tutte quelle finora intraprese dalla scienza. Un progredire asintotico verso l'immortalità, concepita finora solo come frutto dell'immaginazione umana o come attributo sovrannaturale.

1.1 Il sogno

La morte, si sa, è una questione molto importante per l'umanità, come lo è, di riflesso, il desiderio di vivere possibilmente per sempre. È probabile che il sogno dell'immortalità sia nato in tempi molto antichi, in seguito alla scoperta della condizione mortale e alla conseguente consapevolezza di dover morire. Pare che questo punto segni la differenza tra l'uomo e gli altri animali. Come diceva Voltaire, la nostra specie è infatti l'unica che sappia di dover morire, l'unica esposta a sofferenza per la consapevolezza del proprio stato. Pur tuttavia, secondo il filosofo tedesco Martin Heidegger la coscienza della morte, paradossalmente, eleva l'umanità ben oltre lo stato della bestia:

> I mortali sono gli uomini. Si chiamano così perché possono morire. Morire significa essere capaci della morte in quanto morte. Solo l'uomo muore. L'animale perisce. Esso non ha la morte in quanto morte né davanti a sé, né dietro di sé. La morte è lo scrigno del nulla, ossia di ciò che, sotto tutti i rispetti, non è mai qualcosa di semplice-

mente essente, e che tuttavia è, e addirittura si dispiega con il segreto dell'essere stesso. La morte, in quanto scrigno del nulla, alberga in sé ciò che è essenziale dell'essere. (M. Heidegger, *I concetti fondamentali della metafisica: mondo finitezza solitudine*, 1929-1930)

L'umanità, tuttavia, è disposta a tutto pur di rendere meno dolorosa la consapevolezza della fine. Nell'antichità, per esempio, si affrontava il problema conferendo l'attributo dell'immortalità agli esseri divini. Nelle prime comunità umane, peraltro, si attribuiva una sorta di potere divino alla terra madre, al sole, alla luna e a tanti altri esseri celesti o terrestri ritenuti onniscienti o onnipotenti. Ma non si pensava all'immortalità (Raffaele Pettazzoni: *L'onniscienza di Dio*, 1955). Bisogna attendere l'avvento delle religioni politeiste perché l'immortalità si configuri come un attributo divino. Poi, nel culto ario voluto dal profeta Zoroastro (Iran, IX secolo), l'immortalità è addirittura concepita come un'entità celeste, mediatrice tra il Dio supremo e l'umanità. Nelle grandi religioni monoteiste, l'islamismo, l'ebraismo e il cristianesimo, il concetto si lega invece alla prospettiva di un'immortalità ultraterrena ricevuta in dono da Dio per aver condotto in modo virtuoso la propria esistenza. Si tratta di un'immortalità spirituale, del tutto separata dalla corporeità, dalla vita terrena. Sembrerebbe, dunque, che l'idea dell'immortalità biologica sia una derivazione del concetto di immortalità ultraterrena sviluppato in seno alle religioni monoteiste.

1.2 La traslazione

Da una parte c'è la vita terrena, che comporta la nascita, lo sviluppo e la morte (l'*al di qua*); dall'altra c'è l'idea di un'esistenza di beatitudine ultraterrena (l'*al di là*). I due piani sono ben distinti. Pertanto chi pensa di poter conquistare in vita un'immortalità di tipo ultraterreno, magari bevendo da una fonte miracolosa o stipulando un patto con il diavolo, come si narra in certe storie fantastiche, è visto come uno squilibrato bisognoso di cure.

All'opposto, quando si parla d'immortalità con riferimento agli sviluppi delle applicazioni della scienza e della tecnologia, le cose, chissà perché, cambiano radicalmente. In tal caso non si è giudicati mentecatti da curare, ma persone lungimiranti. In questo contesto si ritiene che l'immortalità, un tempo attributo esclusivo delle divinità e in seguito dei beati che ne godevano nella vita ultraterrena, sia una meta teoricamente raggiungibile. Per esempio, Don Luigi Verzé, fondatore dell'ospedale San Raffaele e dell'omonima università milanese Vita-Salute, morto nel 2011 a novantuno anni, tornava con frequenza sul tema dell'immortalità terrena. In occasione del suo novantesimo compleanno il sacerdote rispondeva così alle domande di un giornalista:

> **Don Verzé, ci risiamo con il sogno dell'immortalità?**
> «Guardi, il Signore non ha creato la morte e non ha messo la malattia dentro le nostre viscere. Quindi...».
> **Quindi?**
> «Dobbiamo avere il coraggio e l'ambizione, attraverso la ricerca, di tornare lì, all'inizio dei tempi».
> **E come era l'uomo all'inizio dei tempi?**
> «Lo dicono le scritture: a somiglianza di Dio. Quindi Adamo era bello, altrimenti non sarebbe uscito dalle mani di Dio e lo stesso non sarebbe stato soddisfatto del suo lavoro. E in più non aveva il problema della morte». (da *Non è scritto che si debba morire*, di Alessandro Sallusti, *il Giornale*, 13 marzo 2010)

Anche nelle raffigurazioni artistiche e nelle creazioni poetiche prevale la separazione tra la vita terrena e quella ultraterrena, e l'irreversibilità della morte non è quasi mai messa in dubbio. Non a caso le tante immagini dei fantasmi o degli spiriti sono evanescenti e incorporee. Come ne *La Divina Commedia*, dove la figura di Virgilio si presenta a Dante affievolita:

> Dinanzi agli occhi mi si fu offerto
> Chi per lungo silenzio parea fioco.

> Quando vidi costui nel gran diserto,
> Miserere di me gridai a lui,
> Qual che tu sii od ombra, od uomo certo.
> Risposemi: non uomo: uomo già fui
> (Dante Alighieri, *Inferno*, Canto I)

D'altra parte le donne e gli uomini immortali (a eccezione delle divinità che abbiano assunto sembianze umane) sono visti come frutto della mano perfida del diavolo, o sono creature fantastiche, non sempre felici, come gli *Struldbrug di Luggnagg* descritti da Jonathan Swift:

> a novant'anni perdono i denti e i capelli; non distinguono più i sapori e mangiano e bevono tutto ciò che vien loro messo davanti, senza gusto né appetito. I malanni che avevano continuano senza aumentare né diminuire; nel parlare dimenticano i nomi delle cose più comuni e delle persone, perfino dei loro più intimi amici e stretti parenti. Per la stessa ragione non possono divagarsi con la lettura, perché la loro memoria non regge dal principio alla fine di un periodo: così rimangon privi dell'unico svago che, altrimenti, potrebbero avere. [...] Sono odiati e disprezzati da tutti; quando ne nasce uno è segno infausto e la loro nascita è accuratamente registrata. (Jonathan Swift, *I viaggi di Gulliver*, 1726)

1.3 Idee di immortalità

Fonte miracolosa, albero della vita, elisir dell'eterna giovinezza: la storia dell'umanità è da sempre costellata dai numerosi simboli dell'anelata immortalità, talvolta mutuati dalle religioni, altre volte da leggende e miti. Sono simboli che si presentano simili o identici tra loro a dispetto delle distanze geografiche, temporali e culturali. Lo fa notare il poeta e saggista Arturo Graf:

> Nel racconto biblico è fatta parola della fonte che irrigava il Paradiso, e da cui nascevano i quattro fiumi; ma non è detto che essa avesse virtù di perpetuare la vita, o di restituire la giovinezza perduta. Ciò nondi-

meno, l'idea di porre accanto all'albero della vita anche una fontana di vita e di gioventù era un'idea così naturale, tanto consentanea ad una delle fantasie mitiche più diffuse e più costanti che non poteva, prima o poi, non sorgere nello spirito di qualcuno. A farla sorgere sarebbero bastati i parecchi accenni che ad una fonte di vita si trovano nelle Sacre Scritture; sarebbe bastato l'esempio dell'autore dell'Apocalissi, che nella celeste Gerusalemme fa scorrere presso l'albero della vita il fiume della vita; ma anche senza ciò, la fonte meravigliosa sarebbe scaturita nel luogo di tutte le delizie e perché la natura stessa del luogo pareva richiederla, e perché essa esisteva già e non c'era bisogno d'inventarla. Nel paradiso indiano sgorga la fonte Ganga, da cui nasce il Gange; nell'iranico sgorga la fonte di vita Ardvî-sûra; nel cinese è un fonte giallo dell'immortalità, il quale si spartisce in quattro fiumi, o un fiume giallo che ritorna alla sua fonte, ed ha la stessa virtù; negli Orti delle Esperidi, o nell'Elisio sono i fonti dell'ambrosia, cioè del sacro liquore che procaccia l'immortalità. Una fonte di giovinezza si trova nel paradiso messicano, e nel gaelico e in quello degli abitanti dell'arcipelago delle Hawaii e in altri. (A. Graf, *Miti, leggende e superstizioni del Medio Evo,* 1993)

Ci sono anche forme d'immortalità più spirituali. Qui non ce ne occupiamo in modo specifico ma vale la pena di accennarvi. Prima tra tutte c'è la memoria dei morti, che lega l'umanità in un filo che si tesse di generazione in generazione. Questo tipo d'immortalità, attinente all'eredità culturale, intreccia insieme le abilità, le conquiste e le conoscenze con le pulsioni, i desideri, le sconfitte, le paure, le gioie, i sogni e ogni genere di sentimento umano. Grazie a questo tessuto comune viviamo quotidianamente in sincronia con i morti, come se fossero a noi contemporanei, e la compresenza ci permette di dialogare di continuo con loro. Per esempio, cuciniamo un piatto secondo la ricetta tramandata dalla prozia scomparsa da un secolo, leggiamo con interesse il *De Rerum Natura* di Lucrezio, ringraziamo Euclide per la sua geometria, Eulero per la generosità delle sue formule e teoremi, discutiamo con veemenza con Cartesio sul suo metodo. Storicamente, la memoria dei morti è una forma ben riconosciuta d'immortalità. D'altronde, come dice il filosofo Ludwig Feuerbach:

> Che tutti gli uomini credano all'immortalità significa che non fanno terminare l'esistenza di un uomo con la sua morte, per la semplice ragione che un uomo che abbia cessato realmente e sensibilmente di esistere non ha ancora cessato di esistere spiritualmente cioè nella memoria e nel cuore di chi continua a vivere. Il morto per chi vive non è diventato nulla, non è assolutamente annientato, ha solamente in un certo qual modo, mutato la forma della sua esistenza, si è solo trasformato da ente corporeo in ente spirituale, cioè da ente reale in ente rappresentato. (L. Feuerbach, *La questione dell'immortalità dal punto di vista dell'antropologia*, 1847)

Un altro genere d'immortalità che influenza l'immaginario gravita intorno all'idea di riprodurre se stessi in un clone artificiale, dotato delle stesse caratteristiche della propria mente, compresi i ricordi, i pensieri e i sentimenti. La realizzabilità di quest'idea prende forma dalle intuizioni di John McCarthy, Marvin Minsky, Claude Shannon e Nathaniel Rochester. Questi pionieri dell'Intelligenza Artificiale ritenevano che le funzioni mentali fossero assimilabili a quelle del calcolatore, e che la mente si potesse riprodurre in un computer dotato di un microprocessore molto potente e opportunamente programmato. Nel 1965 Gordon Moore, un informatico statunitense, ipotizzò, sulla base delle sue osservazioni, un raddoppio delle prestazioni dei microprocessori ogni ventiquattro mesi (che poi diventero diciotto alla luce degli sviluppi dell'ingegneria elettronica). Prendendo per buona questa ipotesi, nota come *prima legge di Moore*, nel 2020 i calcolatori avrebbero un numero di connessioni pari al numero delle sinapsi umane: sarebbe così raggiunta la parità tra il cervello (o la mente) e il calcolatore.

In verità, molti sostengono che assimilare la mente al calcolatore sia una forzatura. Se non altro perché sappiamo ancora poco della mente umana. Benché stravagante, l'assimilazione è suggestiva e trova le sue radici nel meccanicismo dei filosofi del Seicento, in particolare in Cartesio e Thomas Hobbes. Quest'ultimo, con un'argomentazione molto complessa, sosteneva che il ragionamento, esprimibile con il linguaggio, fosse una sorta di calcolo: una serie di sottrazioni e addizioni eseguite per valutare la connessione tra una cosa e l'altra o, nel linguaggio scientifico, tra cause ed effetti. I nomi per Hobbes erano come i numeri e ragionare era come calcolare. Si legge nel *Leviatano*, la sua opera più celebre:

> Attraverso l'imposizione dei nomi alcuni di significato più ampio, altri di significato più ristretto, noi traduciamo il calcolo sulla concatenazione delle cose immaginate nella mente in un calcolo sulla concatenazione delle denominazioni. (Thomas Hobbes, *Leviatano*, 1651)

Se la mente fosse effettivamente assimilabile al calcolatore, con tecniche opportune si potrebbe un domani eseguire una copia della mente, trasferendo i dati dal cervello al computer. Di sicuro sarebbe una grande comodità: memorie, elaborazioni, conoscenze – facilmente smarribili – potrebbero essere conservate in modo organizzato e messe a disposizione della collettività anche dopo la morte del titolare della mente. Se in più collegassimo il computer contenente i dati della nostra mente a una creatura ciborganica, ecco costruito il nostro clone: l'avatar capace di sopravviverci anche dopo la morte biologica. Con opportune dotazioni bio-elettroniche, esso sarebbe addirittura capace di continuare a farci vivere virtualmente, elaborando i nostri pensieri in base alle sue esperienze. Questo genere d'immortalità, in parte esplorata dall'inventore e futurologo Raymond Kurzweil, oggi è al centro dell'attenzione e ne parlerà Giuseppe O. Longo nel quarto capitolo.

Ammesso che la mente sia assimilabile al calcolatore, come trasferire all'avatar la propria coscienza – o psiche, o anima, o spirito, o come si voglia chiamare ciò che caratterizza un uomo nella sua unicità? Vale a dire, dopo la mia morte l'avatar sarebbe un mio clone, o *un altro* essere dotato però dei miei ricordi, conoscenze e via dicendo? Intanto c'è da dire che l'avatar avrebbe un corpo sostanzialmente diverso dal mio: il suo corpo ciborganico sarebbe di materiale più resistente e meno deperibile, concepito per durare nel tempo. Fisicamente l'avatar non sarebbe *me* ma *un altro*. Inoltre, non è detto che al trasferimento dei dati della mia mente segua il trasferimento della mia identità mentale. Tanto più che questa identità, chiamiamola con Borges *anima*, non si separa tanto facilmente dal corpo:

> Se la tua mano destra ti offenderà, perdonala; tu sei il tuo corpo e la tua anima ed è arduo, o impossibile, stabilire la frontiera che li divide. (J. L. Borges, da *Elogio dell'ombra*, 1969)

L'anima potrebbe altresì morire insieme al corpo, come sosteneva l'epicureo Lucrezio nel *De Rerum Natura* (I secolo a.C.):

> Inoltre sentiamo che la mente nasce a un tempo col corpo, e con lui cresce e assieme a lui invecchia. Come i bimbi vagano incerti con il corpo debole e tenero, così lo accompagna un gracile senno dell'animo. Quando poi l'età è fatta adulta e le forze robuste, anche il senno è più maturo e cresciuto è il vigore dell'animo. Ma quando il corpo è fiaccato dal duro assedio del tempo e stremate di forza cascano inerti le membra, zoppica la ragione, vaneggia la lingua, incespica la mente, tutto vien meno e in uno stesso tempo si spegne. Conviene dunque che anche la natura dell'anima tutta si dissolva, come fumo, nelle alte folate dell'aria; perché vediamo che nascono insieme e crescono uniti e, come ho mostrato, logorati dall'età nel medesimo tempo si sfanno. (Lucrezio, *De Rerum Natura*, III, 445-455)

Nel Seicento i filosofi materialisti proseguirono la tradizione epicurea, insistendo sulla natura prettamente fisica di tutte le cose. In accordo con l'ipotesi materialista la mente è dunque materia. Se così fosse, e personalmente credo che sia così, per trasferire il contenuto della mia mente al corpo dell'avatar sarebbe però necessario un trapianto d'organo!

In definitiva, ipotizzare che la mente sia assimilabile al calcolatore, o che si possa trasferire in un calcolatore o in un presunto avatar una copia dei dati mentali, solleva problemi filosofici di difficile risoluzione.

Le cose cambiano quando l'*avatar* è di pura fantasia, come nel film omonimo di Cameron (USA, 2009). I Na'vi di Pandora sono creature superiori, vivono in armonia sia con il loro ambiente sia con i membri della loro stessa specie. Condurre un'esistenza da Na'vi non è come vivere da essere umani, al contrario significa elevarsi a un livello di corporeità notevolmente superiore. Insomma, nel corpo immaginario dei Na'vi vale la pena trasferirsi stabilmente, con tutto se stesso!

> Il corpo è il protagonista dell'idea di avatar. Nella religione induista, avatar (che significa "disceso") è l'incarnazione di un dio (di solito Vishnu) in un corpo umano o animale al fine, per esempio, di opporsi alle forze demoniache e al declino della giustizia. Gli avatar sono intermediari tra l'essere supremo e i mortali. Nel film l'avatar è un corpo sintetico (un prodotto della vita biologica artificiale), derivante da una manipolazione che mescola il patrimonio genetico di un uomo con quello dei Na'vi. Nel suo avatar l'uomo può "discendere", cioè incarnarsi, quando il suo corpo originale è preda di un coma profondo: è un trapianto non di corpo, bensì di mente, o di spirito. O, visto il sapore fantasy del film, di anima. (G. O. Longo, *Il corpo e la soglia*, in *Filosofie di Avatar. Immaginari, soggettività, politiche*, a cura di A. Caronia e A. Tursi, Mimesis, 2010)

Ci sono tante altre idee d'immortalità da approfondire, non ultima l'immortalità dell'anima, che dopo millenni di popolarità, oggi non è più in voga. Ma ci fermiamo qui, per occuparci del tentativo di conquistare l'immortalità biologica.

2 Interviene la scienza

2.1 Le vie della ricerca
L'idea di governare l'orologio della vita diventa concreta quando la scienza comincia a intervenire in modo consapevole, organizzato ed

efficace sul genoma animale. Il divario tra ciò che può essere solo immaginato e ciò che può essere attuato si assottiglia sensibilmente nel 1997, quando nei laboratori scozzesi del Roslin Institute, sotto la guida di Ian Wilmut, nasce, grazie alla tecnica del trasferimento nucleare, la pecora Dolly: è il primo esperimento di clonazione animale reso pubblico. La tecnica in sostanza consiste in questo: si prende una cellula uovo (un oocita) di un animale della stessa specie di quello che si vuole clonare (nel nostro caso la pecora); se ne estrae il nucleo aploide (contenente una sola serie di cromosomi) e lo si sostituisce con il nucleo diploide (che possiede due serie di cromosomi, provenienti dalla madre e dal padre) di una cellula somatica prelevata dall'animale che s'intende clonare (la "gemella" di Dolly). Poi, procedendo come nella fecondazione assistita, si stimola, con una tecnica particolare, l'oocita cui è stato sostituito il nucleo a diventare un embrione; quindi lo s'impianta nell'utero di una madre adottiva della stessa specie, o di una specie vicinissima; infine si attende che la gravidanza proceda. Se tutto va per il verso giusto, nasce un animale clonato (nel nostro caso Dolly) quasi identico al "gemello" da una cui cellula somatica è stato prelevato il nucleo diploide, poi trasferito nell'oocita privato del nucleo originario. Il clone ha dunque lo stesso patrimonio genetico del "gemello".

Dopo Dolly si sono susseguite con successo molte altre clonazioni animali. In teoria, è possibile clonare anche l'uomo. Benché per ragioni etiche la pratica sia rigorosamente vietata, alcuni scienziati hanno tentato la strada con esiti negativi, e altri ancora la stanno forse ancora tentando. Tuttavia, clonare un essere umano non avrebbe alcun senso, per due ragioni principali. Intanto, poiché la riprogrammazione epigenetica del nucleo diploide della cellula somatica non è perfetta, gli animali clonati vivono di meno e si ammalano più spesso. Sarebbe quindi una crudeltà inaudita far nascere un bambino clonato, destinato a soffrire e a morire precocemente. In secondo luogo, clonare un uomo non è facile: occorrono molti tentativi e servono pertanto moltissimi oociti, donati da un numero elevatissimo di donne, le quali, per di più, dovrebbero sottoporsi prima a una indispensabile stimolazione ormonale, nociva per la salute. Per quale ragione dovrebbero prestarsi a un'impresa del genere, giacché possono concepire un figlio loro, in modo naturale?

Altre tecniche di manipolazione genetica hanno aperto la strada a interventi migliorativi sugli animali d'allevamento: mucche capaci di fornire latte contenente proteine migliori e più affini a quelle umane, o maiali modificati con un particolare enzima che ne rende le deiezioni meno inquinanti. Con tecniche di manipolazione analoghe si possono rendere le cavie da laboratorio più idonee alle sperimentazioni, soprattutto biomediche. Così è stato creato il celebre topolino transgenico *onco-mouse*, modificato geneticamente all'Università di Harvard con la tecnica del DNA ricombinante, per dotarlo di un gene che provoca il cancro. Presto sarà anche possibile intervenire sull'embrione umano con tecniche di nanochirurgia; per esempio per sostituire un gene responsabile di una malattia genetica grave con un gene "sano". Per non parlare degli OGM, i vegetali modificati geneticamente per essere più resistenti e nutrienti (ma qui la tecnica è completamente diversa).

A prescindere dalle possibili conseguenze pratiche e dalle implicazioni etiche, in buona parte prevedibili grazie ad analisi puntali e accurate, le tecniche di manipolazione genetica hanno effetti positivi sulla vita di ciascuno di noi. Giudicarle negative a priori è dunque insensato, oltre che inutile. Tuttavia, su un punto si deve condurre una riflessione attenta: se risultati scientifici così sorprendenti vengono presentati al pubblico come successi miracolistici si rischia di alimentare un certo senso di onnipotenza dell'uomo e della scienza. Di fronte alla clonazione umana o alla modificazione del DNA di un nascituro (per curarlo da una malattia genetica o semplicemente per renderlo più "bello"), il profano potrebbe ritenere che gli scienziati possano un giorno diventare onnipotenti e onniscienti, come Dio. Approfondiremo questo argomento nel quinto e ultimo capitolo del libro. Per ora ci limitiamo a dire che, al pari dei grandi esploratori di un tempo, gli scienziati, giunti alla meta prefissata, sono pronti a lanciarsi in imprese nuove e più difficili. Tra queste vi è la conquista dell'immortalità, che colpisce per la sua arditezza e per il senso di potere demiurgico che ne scaturisce. Anche se, come vedremo, allo stato attuale della ricerca scientifica e biotecnogica l'obiettivo pare irraggiungibile e di là da ogni possibilità.

2.2 Ingegneria per una specie migliore

Tra gli scienziati in prima linea nella ricerca della quasi-immortalità si annoverano i transumanisti. Il transumanesimo è una corrente filosofica contemporanea che riflette sui vari modi per migliorare e potenziare le capacità umane mediante la tecnologia, in modo etico. Stando a quanto dice il filosofo Riccardo Campa:

> Il termine *transumanesimo* indica una dottrina filosofica appartenente alla famiglia delle ideologie progressiste. Gli intellettuali transumanisti elaborano, studiano o promuovono le tecnologie finalizzate al superamento dei limiti umani. Analizzano i trend, le dimensioni psicologiche, le implicazioni etiche e l'impatto sociale di tali tecnologie, ponendo in luce soprattutto gli aspetti positivi dello sviluppo scientifico, ma senza sottovalutarne i potenziali pericoli. Con lo stesso termine si indica il movimento intellettuale e culturale che, facendo riferimento a tale filosofia, ritiene possibile e desiderabile l'alterazione in senso migliorativo della condizione umana. Per "miglioramento" si intende la limitazione e, possibilmente, l'eliminazione di processi naturali come l'invecchiamento, la malattia e la morte, nonché l'aumento delle capacità intellettuali, fisiche e psicologiche dell'uomo. (voce *Transumanesimo* dell'*enciclopedia MondOperaio*, n. 4/5, luglio-ottobre, 2006)

Detto questo, tra i transumanisti più celebri impegnati a tempo pieno nella ricerca dell'elisir di lunga vita c'è il biochimico inglese Aubrey de Grey, un professore che all'aspetto sembra più un profeta di nuova generazione che uno scienziato. Egli sostiene che un domani si potrebbe vivere fino a mille anni, come Matusalemme. Tutto sta a individuare i vari modi per prevenire l'invecchiamento, questo inesorabile processo biologico indotto soprattutto dal progressivo accumularsi degli scarti del metabolismo nelle cellule del nostro organismo. Più si va avanti con l'età, più aumenta la quantità di "spazzatura" di cui il metabolismo non riesce a liberarsi. Così alla lunga le cellule, soffocate dai rifiuti, non riescono più a riprodursi come si deve e l'organismo s'indebolisce, deperisce e alla fine muore.

Per dimostrare alla comunità scientifica che prevenire drasticamente l'insorgere dell'invecchiamento è possibile, oltre che auspicabile, de Grey ha varato un progetto internazionale di lungo respiro denominato SENS *Strategies for Engineered Negligible Senescence*. A sua detta lo scienziato non dovrebbe decifrare il codice della vita e interferire con i processi metabolici (impostazione gerontologica). Non dovrebbe nemmeno attendere che si manifestassero i sintomi e i danni derivanti dall'età per affrontarli e combatterli (impostazione medico geriatrica tradizionale). Il suo obiettivo è quello di prevenire i danni caratteristici dell'invecchiamento prima che si manifestino; egli definisce la sua impostazione "ingegneristica". Come se l'organismo fosse una macchina da "riprogrammare" del tutto, dal DNA agli organi vitali, per mezzo della medicina rigenerativa, delle tecniche di riparazione cellulare, degli innesti e impianti di varia natura, delle vaccinazioni, dei trapianti, dei farmaci di nuova generazione, e di ogni cura e presidio medico atto a migliorare le funzionalità dell'organismo, secondo le necessità del caso. Alcuni studi condotti dalle équipe che sostengono il progetto SENS sembrano incoraggianti. Da una ricerca è emerso, per esempio, che l'innesto di acido ialuronico nell'aorta addominale di piccoli roditori è efficace per la rigenerazione dei tessuti vascolari. In un altro studio le cellule staminali mesenchimali (che provengono dal midollo spinale e hanno una grande capacità di rigenerarsi e differenziarsi in tanti altri tipi di cellule) iniettate nei dischi intervertebrali dei topi sembrano capaci di riparare i tessuti dello scheletro e di combattere la lombalgia. In un altro studio ancora, un tipo di vaccino iniettato in topi transgenici (il cui cervello è stato reso più simile a quello umano) pare efficace contro le malattie neurodegenerative.

Nel complesso si tratta di piccolissimi passi in direzione nella meta prefissata. Spetterà ai posteri valutare se l'impostazione di De Grey sarà stata vincente. Bisognerebbe anche verificare in vivo l'efficacia e l'innocuità per l'organismo umano dei vari trattamenti anti-invecchiamento. C'è anche da dire che sul piano della tutela dei valori umani questo percorso è rischioso. Le tante cure e i ripetuti trattamenti per prevenire l'invecchiamento costerebbero troppo, e a usufruirne sarebbero inevitabilmente i ricchi disposti a pagare. Ma gli ostacoli non spaventano lo scienziato inglese, che ha acquisito una grande popolarità, nonostante la comunità scientifica non giudichi positivamente il suo programma.

In definitiva, l'uomo incredibilmente longevo immaginato dal transumanista de Grey è di una specie artificiale nuova, creata dall'uomo stesso: il ciborg (o cyborg), di cui parleremo in modo più approfondito nel terzo capitolo.

Non solo i transumanisti, ma ricercatori e medici di tutto il mondo studiano come farci vivere molto più a lungo e in buona salute, intervenendo prima che insorga la vecchiaia.

2.3 Sulle ali dei cromosomi

In biologia cellulare oggi la lente è puntata sui telomeri, segmenti di DNA posti alle due estremità dei cromosomi, i quali si trovano a loro volta all'interno di ogni singola cellula dell'organismo. I telomeri riescono a proteggere i cromosomi con un enzima che si chiama telomerasi (ma solo nelle cellule in cui questo enzima funziona) e che ne mantiene inalterata la lunghezza. Si pensa quindi che i telomeri possano svolgere un ruolo di rilievo, sia nella prevenzione dell'invecchiamento cellulare sia nella cura del cancro. Ma ogni volta che una cellula si riproduce la lunghezza e quindi l'efficacia dei telomeri diminuiscono, fino a che la protezione nei confronti dei cromosomi viene meno del tutto; a questo punto la cellula non è più in grado di riprodursi correttamente e muore per apoptosi, o morte programmata. Questa sorta di suicidio è un fenomeno affascinante molto studiato in biologia cellulare. L'apoptosi sarebbe dunque un metodo utile sia per evitare lo sviluppo cellulare anomalo sia per dare alle cellule più giovani la possibilità di svilupparsi correttamente, prendendo, come dire, il posto delle cellule vecchie. Ora, se si riuscisse a far accorciare meno velocemente i telomeri, o a indurre la telomerasi a mantenerne stabile la lunghezza, la vita cellulare si potrebbe allungare, perché non andrebbe incontro a una riproduzione incerta che porterebbe all'apoptosi. Viceversa, se nelle cellule tumorali si riuscisse a inibire l'azione della telomerasi, si potrebbero indurre i telomeri ad accorciarsi precocemente, favorendo così l'indebolimento della cellula cancerosa e la sua conseguente morte per apoptosi; così si potrebbe sconfiggere il cancro. L'ipotesi è fantasiosa, forse impraticabile, quindi non è detto che i telomeri aprano la strada all'elisir di lunga vita.

Tuttavia, poiché s'intravvedono prospettive interessanti nella cura del cancro, la telomerasi è considerata molto importante dal punto di vista biologico, tanto che i ricercatori statunitensi che nel 1985 l'hanno scoperta (Elizabeth H. Blackburn, Carol W. Greider e Jack W. Szostak) hanno ottenuto il premio Nobel 2009 per la medicina.

2.4 Fiducia nelle staminali

Uno dei più promettenti filoni della ricerca biologica riguarda le cellule staminali, note per le loro formidabili potenzialità rigenerative e terapeutiche. Nelle staminali, come del resto nelle cellule tumorali, la telomerasi è sempre attiva e i telomeri non si accorciano mai. Questa caratteristica le rende molto interessanti per la ricerca sulla longevità. Tuttavia non bisogna dimenticare che lo sviluppo cellulare contempla sempre la possibilità d'insorgenza del cancro. Ogni qual volta una cellula si divide c'è, infatti, l'eventualità sia pur remota che si trasformi in una cellula tumorale. Ciò costituisce un grave ostacolo all'impiego terapeutico delle staminali, sempre subordinato alla valutazione, caso per caso, del rapporto costi/benefici. Per aprire la strada a un loro uso terapeutico e anti-invecchiamento più vasto e privo di rischi bisognerebbe studiare molto a fondo queste cellule staminali. Tuttavia, per ragioni prevalentemente etiche, la ricerca non è priva d'ostacoli. Infatti gli studi andrebbero condotti soprattutto sulle staminali embrionali umane (ES). Progenitrici di tutte le altre cellule del corpo umano, le ES sono derivate dall'embrione allo stadio di blastocisti, e cioè lo stadio immediatamente precedente l'impianto sull'utero materno. Per studiarle è necessario quindi disgregare gli embrioni al fine di isolare quelle cellule con caratteristiche staminali che, messe in coltura, si sviluppino in colonie destinate alla formazione di linee cellulari. Così possono moltiplicarsi all'infinito, conservando tutte le caratteristiche delle cellule staminali embrionali umane.

Il procedimento comporta la distruzione degli embrioni e di conseguenza ci si chiede se la pratica sia compatibile con i valori umani. È vero che in molti paesi il problema si risolve prelevando le cellule dagli embrioni congelati destinati alla procreazione assistita e per varie ragioni non più utilizzati. Abbandonati dai loro "genitori", questi abbozzi primordiali di vita sarebbero destinati a restare per sempre nei congelatori; tanto vale donarli alla ricerca scientifica! Tuttavia, soprattutto negli ambienti cattolici, si considera immorale distruggere gli embrioni "orfani" perché, anche nel limbo dei frigoriferi, essi rappresentano comunque la vita umana *in nuce*. In Italia, dove la Chiesa fa ben sentire la sua voce, la situazione è addirittura paradossale: per legge è vietato prelevare le cellule staminali dagli embrioni umani abbandonati giacenti nei frigoriferi delle cliniche. Tuttavia, i laboratori di ricerca possono lecitamente acquistarle all'estero. Come se gli embrioni "stranieri" avessero un minore diritto alla vita rispetto a quelli nazionali e fossero perciò sacrificabili alla ricerca scientifica. Questa singolare discriminazione da una parte mostra le difficoltà e l'ipocrisia della politica quando tenta di governare la ricerca scientifica, dall'altra impone una riflessione più rigorosa e attenta, che sia utile a individuare soluzioni praticabili e compatibili con i valori umani.

La questione morale oggi sembra in parte risolta grazie a un procedimento che ha dell'incredibile: in laboratorio alcune cellule somatiche umane (si prelevano senza alcun trauma dal corpo umano) sono state indotte a regredire fino allo stadio primordiale di cellule staminali embrionali. Si potrebbe dunque lavorare su queste *staminali pluripotenti indotte* (iPS) – si chiamano così – in cui è stata invertita la freccia del tempo. Tuttavia, anche se si comportano come le comuni staminali embrionali, non è detto che le iPS siano "identiche" a esse. Motivo in più per continuare a studiarle entrambe, nella speranza che la ricerca faccia luce sui tanti misteri dello sviluppo cellulare e sul segreto della longevità.

L'universo delle staminali

Da dove provengono	Come si ottengono	Le caratteristiche	Cosa riesco a fare
Embrione	Ottenute in vitro dalla massa cellulare interna dell'embrione prima dell'impianto nell'utero	Pluripotenti	In vitro possono essere differenziate in **tutti i tipi** cellulari presenti in un organismo adulto
Cellule staminali pluripotenti indotte, iPS	Ottenute da cellule del corpo (somatiche) per riprogrammazione in vitro		
Feto	Ottenute da feti abortivi	Multipotenti	Possono originare **solo alcuni tipi** cellulari differenziati
Cordone ombelicale	Prelevate alla nascita dal cordone ombelicale		
Adulto	Presenti nell'individuo adulto in moltissimi organi quali: sangue periferico, midollo osseo, muscolo, pelle, tessuto adiposo, polpa dentale, retina, cornea, fegato, cervello, etc.		

Fonte: Prof. Silvia Garagna, Dipartimento di Biologia e Biotecnologie dell'Università di Pavia.

2.5 Mitocondri e spazzini

Come si è già accennato, una causa importante dell'invecchiamento è lo stress biochimico, un processo d'ossidazione che favorisce l'indebolimento e il conseguente invecchiamento delle cellule. Nel tentativo di tenere sotto controllo il fenomeno e ridurre le sue nefaste conseguenze, si studia lo stress ossidativo nella cellula, in particolare nei mitocondri, di cui si dirà in seguito. D'altra parte si studiano gli stili di vita che riducano al minimo questo tipo di stress. L'obiettivo è raggiungere in buona salute i fatidici centoventi anni di vita inscritti nel nostro genoma.

Pare che la longevità sia una questione individuale, che dipende complessivamente da tre fattori. Due fattori sono esterni e riguardano rispettivamente il *come viviamo* e il *dove viviamo*, corrispondenti a uno stile di vita equilibrato e a un ambiente salubre. L'altro fattore riguarda il *chi siamo* ed è attinente invece alla capacità individuale, genetica ed epigenetica, di contrastare i fenomeni ossidativi. Lo stile di vita e l'ambiente salubre sono fattori ben controllabili tramite i comportamenti individuali (mangiare sano, non fumare, fare movimento, ecc.) e tramite ragionevoli politiche sanitarie ed economiche che favoriscano la salubrità dell'ambiente e dei prodotti agricoli e industriali. Il vero problema è il fattore interno, il *chi siamo*, che riguarda gli aspetti genetici ed epigenetici. Sotto questo profilo è difficile migliorare qualcosa intervenendo sui comportamenti e sulle condizioni ambientali.

Il *chi siamo* concerne in particolare il funzionamento dei mitocondri. I mitocondri sono organuli molto delicati a forma di fagiolo, presenti in numero variabile nel citoplasma delle cellule. Rappresentano, per così dire, la "centrale energetica" della cellula, perché producono energia grazie a complessi processi metabolici che comportano l'utilizzo delle varie sostanze nutritive. Grazie a questi processi i mitocondri "fanno respirare" la cellula. Se non funzionano bene, o se sono troppo pochi, come spesso accade in età avanzata, la cellula ne risente. Questo perché, come in ogni combustione, la respirazione cellulare produce scorie. I prodotti di scarto, noti come *radicali liberi*, quando non siano smaltiti opportunamente dalla cellula stessa con un processo biochimico complesso, provocano per l'appunto lo stress ossidativo. Ciò danneggia la cellula esattamente come la ruggine corrode il ferro. A spiegarlo in modo molto semplice è Luc Montagnier, premio Nobel 2008 per la medicina:

> Una volta ossidati, i componenti delle cellule subiscono danni irreversibili. Nessuno di quei componenti ne è al riparo – proteine, lipidi,

glucidi o il DNA... Ossidate in determinati costituenti (gli amminoacidi) le proteine subiscono una perdita funzionale seguita da un rapido deterioramento. Sotto l'effetto di questa ossidazione, la durata di vita di queste proteine si abbrevia: considerate come "scorie" dalle proteasi – gli "enzimi-spazzino" dell'organismo – le proteine vengono distrutte. Le proteasi sono in grado di eliminare le proteine "spazzatura" e di riciclarle, ma quando il loro quantitativo diviene eccessivo, ecco che la spazzatura si accumula. La proteasi "spazzino" non passa più, il sistema si satura e non riesce più a disfarsi dei rifiuti: i rottami di proteine vanno così accumulandosi e si aggregano in depositi insolubili e inattaccabili. È probabilmente questo il meccanismo della base di patologie nelle quali si osserva la formazione di depositi insolubili come le affezioni articolari, l'Alzheimer che colpisce il cervello o le placche di ateroma nelle arterie. Tali scarti non vanno confusi con le tossine eliminabili "risciacquando" l'organismo con l'abbondante assunzione di acqua: queste ultime vengono eliminate principalmente dal rene. Le molecole ossidanti, purtroppo, non se ne vanno con qualche sorso d'acqua: se gli "spazzini" dell'organismo non riescono a stare al passo rimangono dove sono, depositandosi spesso non nelle cellule stesse, ma sulla loro superficie esterna. (Luc Montagnier e Dominique Vialard, *La scienza ci guarirà*, 2010)

Altri fattori concorrono all'ossidazione dell'organismo da parte dei radicali liberi, come per esempio l'alterazione dei lipidi della membrana cellulare, l'ossidazione della guanina, una delle quattro basi del DNA, l'ossidazione degli zuccheri. A ogni modo per favorire la longevità si deve agire sulle cause interne dello stress ossidativo. Ma per sapere come agire occorre approfondire la ricerca sui mitocondri.

3 Quel dannato orologio biologico

La vita non colonizzò il mondo attraverso il combattimento, ma per mezzo dell'interconnessione.

Lynn Margulis e *Dorion Sagan*, 1986

Immaginiamo la situazione di trentamila anni fa: esemplari di *Homo sapiens sapiens* nascosti nei ripari naturali o nelle capanne, impegnati ad affrontare gli attacchi dei predatori, la scarsità delle risorse, le avversità climatiche, le malattie. Le donne, se non morivano di parto, mettevano al mondo figli che spesso non sopravvivevano. Da sole non ce la facevano e a loro doveva provvedere la comunità, il clan. Possiamo supporre che i sentimenti e il senso d'appartenenza di questi esseri umani spingessero i maschi a occuparsi delle puerpere e dei bambini. Anche se, come suggeriscono studi recenti, la monogamia era ignorata e non si era affermato il legame tra la riproduzione e le pratiche sessuali, che pare fossero piuttosto spensierate in quanto non si conoscevano ancora i meccanismi della fecondazione. Il clan, un organismo sociale con precise regole di comportamento che quasi certamente prevedevano anche la divisione dei compiti, doveva segnare i tempi della vita comune. Sicché la sorte di ciascun membro della comunità dipendeva dall'organizzazione del clan.

Ora, immaginiamo queste donne e questi uomini di fronte ai numerosi decessi prematuri dei loro congiunti. Occupati com'erano nella lotta per la sopravvivenza, di sicuro non elaboravano pensieri sull'immortalità. Molto probabilmente, con un ragionamento di tipo induttivo associavano la morte a un mutamento di stato irreversibile, che doveva essere doloroso per chi ne era colpito. Forse, la decomposizione dei corpi induceva a immaginare la morte come un ritorno alla natura, intesa come una grande madre. Può anche darsi che queste popolazioni preistoriche immaginassero un'esistenza ultraterrena. Senza dubbio praticavano una forma di culto dei morti. Ma non ne sappiamo abbastanza e quindi ogni ipotesi sarebbe avventata.

Ora facciamo un altro grande salto nel tempo e andiamo nell'Inghilterra del Seicento, segnata dagli eventi sanguinosi di una lunga guerra civile. Possiamo immaginare quanti omicidi si commettevano: per molti l'esistenza doveva fatalmente ridursi alla lotta di ognuno contro tutti. Di fronte al fiume di sangue che veniva versato, un filosofo dalla mente eccelsa, desideroso di scoprire un sistema razionale per risolvere le controversie umane, intravide la causa e insieme la soluzione del problema: l'uomo è per natura predatore degli esemplari della propria specie (*Homo homini lupus*) e in assenza di regole sociali superiori è spacciato. Il filosofo in questione è Thomas Hobbes, e lo abbiamo già incontrato. Ebbene, per Hobbes l'uomo è per natura bellicoso ed egoista; portato a coltivare unicamente il proprio tornaconto personale, si pone quasi esclusivamente obiettivi immediati, senza pensare quindi alle conseguenze a medio e lungo termine delle proprie azioni. Ne segue che un siffatto *stato di natura* conduce alla guerra di ognuno contro tutti. Tuttavia, la capacità di guardare più in là del proprio naso e di fare previsioni rende gli uomini adatti a vivere in società. La ragione infatti permette loro di fissare un apparato di regole sociali comuni a tutti i membri del gruppo, allo scopo di non divorarsi l'un l'altro. Questo complesso apparato frutto di ragione è per Hobbes lo Stato, il *leviatano*, la società, diremo oggi. Potente e impassibile come un mostro, il leviatano, si colloca sopra i singoli individui. Fa rispettare le regole anche con la forza, che gli deriva appunto dalla razionalità a lui conferita dalla somma di tutti gli individui. Lo Stato è il garante della libertà civile e della vita sociale:

> Fuori dallo Stato è il potere delle passioni, la guerra, la paura, la miseria, la brutalità, la solitudine, la barbarie, l'ignoranza, la crudeltà; nello Stato il potere della ragione, la pace, la sicurezza, la ricchezza, lo splendore, la società, la raffinatezza, le scienze, la benevolenza. (Hobbes, *De cive*, 1646)

3.1 Oltre l'individualismo

Che relazione c'è tra i primi esemplari di *Homo sapiens sapiens* che s'ingegnavano per la sopravvivenza, la scienza politica di Hobbes, e il sogno umano dell'immortalità che, in termini pratici, si traduce nel desiderio di vivere il più a lungo possibile? Il nesso è la ricerca del bene comune.

Ebbene, la conquista di una longevità smisurata potrebbe costituire una minaccia per lo sviluppo dell'umanità, non solo per il problema demografico cui si andrebbe incontro, ma per ragioni di convivenza civile dovute, principalmente, a un esasperato individualismo. Difatti, seppur molto diversi tra di loro, lo stato e il clan svolgono entrambi un ruolo di protezione dalle minacce esterne oltre che di regolazione dei conflitti interni. La sopravvivenza stessa dei primi *Homo sapiens sapiens* doveva dipendere dal clan. Chi si sottraeva alle sue regole metteva in pericolo la vita propria e degli altri, esponendo il gruppo alla distruzione totale. Può darsi che in origine molti ominidi contemporanei di *Homo sapiens* si siano estinti per l'incapacità di organizzarsi socialmente mediante regole capaci di sostenere la convivenza civile, l'aiuto reciproco e la difesa compatta contro il nemico. Forse già in quei tempi antichissimi il clan, al pari dello stato di Hobbes, era in grado di frenare la natura cannibalesca degli uomini, favorendo in seguito anche lo sviluppo delle arti, delle tecniche, delle scienze, della riflessione, delle aspirazioni e nel complesso della cultura.

Tornando all'oggi, siamo certi che la quasi-immortalità che ci appare tanto desiderabile sia compatibile con la vita sociale e col futuro stesso dell'umanità? I principi delle moderne democrazie costituzionali, costruite sulle fondamenta erette a partire dal Seicento – grazie al contributo di Hobbes e di altri illustri filosofi come John Locke, Immanuel Kant, John Stuart Mill e nel Novecento di John Rawls –, ci consentono oggi di godere dei diritti fondamentali dell'uomo e delle libertà civili via via conquistate.

In Occidente ci siamo definiti come persone e viviamo da cittadini entro un complesso apparato di diritti e doveri edificato nel corso degli ultimi due secoli con dure battaglie, non di rado sanguinose, condotte con impegno e temerarietà. Oggi accettiamo con una certa naturalezza il precetto di non calpestarci l'un l'altro, almeno nelle nostre rispettive comunità d'appartenenza, nazionali o internazionali che siano. Dotati di una buona capacità di ragionare, sappiamo, volendo, tenere a bada gli istinti animaleschi che ci spingono verso il potere, il denaro, il sesso e via dicendo. Sappiamo anche costruire strategie a medio e a lungo termine, per raggiungere obiettivi comuni e soddisfare desideri e bisogni personali, senza necessariamente conculcare quelli degli altri. Infine, attribuiamo all'essere umano un valore inestimabile.

Tuttavia, come sosteneva il filosofo statunitense Robert Nozick in *Anarchia, stato utopia* (1974), il potere coercitivo dello stato nei confronti dei cittadini è in contrasto con i loro diritti. Di fatto, in Occidente gli stati si sono fatti man mano più leggeri e molto meno opprimenti. Inoltre, si è andata indebolendo una delle prerogative dello stato moderno: occuparsi dei più bisognosi e dei deboli secondo un principio di giustizia (J. Rawls, *Una teoria della giustizia*, 1971). A tutto ciò si aggiunge un altro mutamento: con il diffondersi del benessere, e della possibilità da parte di ognuno di acquistare per sé merci di ogni tipo, è venuto meno lo scontro sociale. Fatto sta che oggi le persone si occupano sostanzialmente del privato e si sono quasi del tutto spoliticizzate. Come dice Jürgen Habermas, l'agire umano si è ridotto a un agire puramente strumentale: ci si serve di tutto e di tutti per raggiungere i propri scopi personali (J. Habermas, *Teoria dell'agire comunicativo*, 1981).

È pertanto evidente che ci siamo abituati anche a pensare in modo spiccatamente personale, molto individualista. Non ci curiamo della tenuta del complesso apparato di diritti acquisiti; disprezziamo la politica come se fosse un residuo del passato, e non il caposaldo di un qualunque sistema di governo, lieve o coercitivo che sia.

Questi mutamenti hanno portato anche all'indebolimento dell'autorità dello stato e del suo apparato d'istituzioni e di regole. Anche i valori, come il valore del lavoro o della solidarietà umana, hanno perso di peso. Non c'è da stupirsi se siamo più bellicosi e intolleranti l'uno nei confronti dell'altro, vittime delle pulsioni, dello stimolo a possedere lì per lì ciò che desideriamo.

Il mutamento nei comportamenti nei paesi ricchi è stato ben colto dagli istituti di ricerca socio-economica. In Italia, il Censis (*Centro studi investimenti sociali*), dopo aver registrato dal 2004 al 2009 un aumento preoccupante di quelle forme di violenza dovute all'aggressività e alla mancanza di controllo, ha addirittura formulato l'ipotesi di una "crisi antropologica". Ecco che cosa si legge in una nota diffusa alla stampa nel giugno 2011:

> Siamo una società in cui sono sempre più deboli i riferimenti valoriali e gli ideali comuni, in cui è più fragile la consistenza dei legami e delle relazioni sociali. In questa indeterminatezza diffusa crescono comportamenti spiegabili come l'effetto di una pervasiva sregolazione delle pulsioni, risultato della perdita di molti dei riferimenti normativi che fanno da guida ai comportamenti. È il depotenziamento della legge, del padre, del dettato religioso, della coscienza, della stessa autoregolamentazione. (Censis, comunicato stampa del 6 giugno 2011)

Forse è prematuro parlare di crisi antropologica. Certo è che i rapporti tra i membri di una collettività possono farsi via via più difficili, e potrebbero aggravarsi se il benessere diminuisse. È come se noi occidentali avessimo dimenticato che un tempo a regolare la vita sociale e a tutelare le nostre stesse esistenze c'era il clan, o lo stato, con il suo apparato più o meno complesso di regole fissate in conformità a valori comuni. Oggi, nonostante tutti i cambiamenti storici, le esigenze di base non sono poi così diverse da ieri.

È vero che l'individualismo di per sé è positivo perché favorisce la creatività umana in tutte le sue espressioni. Ma quando è fine a se stesso può sfociare in un egoismo esasperato, incapace di contemplare l'individualità degli altri. Come il dittatore, l'individualista estremo costruisce intorno a sé un apparato a garanzia unicamente del perpetuarsi del proprio benessere, come se gli altri fossero funzionali unicamente al suo bene. Anche la corsa alla longevità illimitata potrebbe, per certi aspetti, rientrare in questo tipo d'individualismo insensato. Si ritiene che invecchiare sia una cosa terribile, una condanna crudele dall'esito irreversibile. Si tenta quindi di superare questo limite, senza considerare che la morte, benché intollerabile, apre la strada ai figli, ai nipoti, e a tutti quelli che vengono dopo di noi.

3.2 Il gene disinteressato
Ma c'è un'altra questione di cui tener conto. A quanto dicono i genetisti, al nostro DNA non interessa per niente la longevità, poiché gli preme soltanto replicarsi: per raggiungere l'obiettivo gli è quindi sufficiente che l'individuo raggiunga l'età fertile. Potremmo allora sperare in una mutazione genetica che favorisca una longevità oltre questo termine. Ma le mutazioni genetiche cui la specie va incontro sono eventi del tutto casuali. Poi la selezione naturale permette la fissazione di quelle mutazioni che procurano un vantaggio alla specie. Non a caso, molte mutazioni responsabili di malattie genetiche sono utili alla protezione dell'organismo in età riproduttiva. Consideriamo per esempio la mutazione genetica che porta all'Alzheimer precoce, una forma rara della malattia che si manifesta rovinosamente intorno ai trentacinque – quarant'anni e che ha come esito la morte prematura. Che vantaggio porta quest'orribile mutazione? Ebbene, essa procura un certo grado di protezione nei confronti della malaria. Pare che si sia sviluppata molto tempo fa in zone particolarmente paludose, dove la malattia uccideva quasi tutti per effetto del plasmodio inoculato dalla zanzara *Anopheles*. Chi aveva sviluppato la mutazione del gene responsabile dell'Alzheimer precoce era più protetto contro la malaria. Prima di morire faceva in tempo a riprodursi e a trasmettere a una parte della prole il proprio gene "antiplasmodio". Oggi la mutazione è rimasta, anche se non serve più. L'unico modo per farla sparire dalla faccia della terra è di astenersi dal procreare quando si è portatori della mutazione, ma questo è un altro discorso e non ce ne occuperemo. Tutto questo per dire che non possiamo sperare in una mutazione genetica pro-longevità, poiché a quanto pare non porterebbe vantaggio alcuno alla specie!

3.3 L'insuperabile scoglio del DNA
Da quell'unico zigote frutto dell'unione tra una cellula sessuale femminile e una maschile si sviluppano a miliardi le cellule specializzate nelle loro varie funzioni. Nel nostro corpo, istante dopo istante, si re-

plica e muore un numero enorme e imprecisato di cellule. Come abbiamo visto, ogni volta che una cellula si sdoppia la copia è lievemente più sbiadita dell'originale. Questo progressivo deterioramento è causa dell'invecchiamento. Le cose poi peggiorano con l'età. Dopo i cinquant'anni il sistema immunitario comincia a non essere efficiente come prima. Di conseguenza, man mano che invecchia, l'organismo si difende sempre peggio dalle infezioni ed è quindi più esposto ai rischi derivanti dalle malattie. Giunti a ottantacinque anni il sistema immunitario è indebolito a tal punto che per un'influenza si rischia come niente la polmonite. Inoltre, come ci ricordano Edoardo Boncinelli e Galeazzo Sciarretta:

> Né le migliorate condizioni di vita, né i successi della medicina, né i progressi e la diffusione della tecnologia hanno cambiato significativamente il genoma di *Homo sapiens sapiens* – e piaccia o meno, il legionario, l'avvocato e il boscimano sono tutti egualmente *Homo sapiens sapiens* (…) Dunque, per quanto godiamo oggi di un'aspettativa di vita quattro volte maggiore di quella dei nostri antenati preistorici, il ritmo d'invecchiamento è ancora quello che ci hanno geneticamente tramandato. (Boncinelli e Sciarretta, *Verso l'immortalità?*, 2005)

Traendo le somme, il sogno della quasi-immortalità biologica non può ancora uscire dai confini spaziosi dell'immaginazione. Non ci sono i presupposti, e riguardo alla questione i genetisti concordano su tre punti fondamentali.

1. Quanto a evoluzione la specie umana è ferma a circa 30mila anni fa, ai tempi cioè di *Homo sapiens sapiens*.
2. Il nostro DNA non è molto diverso da quello delle altre specie viventi, ed è addirittura simile al DNA della drosofila, un moscerino che i biologi reputano "bellissimo", molto studiato in laboratorio. Questo perché, come suggerì a suo tempo Charles Darwin, noi esseri viventi proveniamo tutti da una matrice biologica comune.

Questa matrice pare si sia innescata circa 4,5 miliardi di anni fa, dando origine al grandioso fenomeno della vita. Gli elementi più leggeri (idrogeno, elio, deuterio) sono comparsi poco dopo il big bang, mentre gli elementi più pesanti di cui sono composti i viventi sono nati in seno alle stelle. Gli organismi terrestri sono dunque tutti imparentati e *figli delle stelle*.
3. Nel nostro genoma, come in quello degli altri organismi, è scritto che dobbiamo svilupparci, invecchiare e morire. Salvo rarissimi casi che non ci riguardano (come i batteri, che non invecchiano), questa è la sorte comune a tutti i viventi, semplici o complessi che siano, indipendentemente da quanto a lungo possano vivere, dai pochi giorni della farfalla ai tremila anni della sequoia.

Dobbiamo dunque accettare il fatto che non possiamo mandare avanti l'orologio biologico, almeno per il momento. Se non moriamo per incidenti o malattie, possiamo sperare di invecchiare in buona salute, tenendo conto che oggi l'attesa di vita in molti paesi occidentali è di circa ottant'anni. A dire il vero, per la nostra specie è già un buon traguardo, e spostarlo più in là di un decennio costituirebbe un ulteriore enorme successo!

Capitolo 2

Centovent'anni da leoni
di Nunzia Bonifati

> Adeguandovi alle nostre norme arriverete a centovent'anni, se non morite prima per qualche imprevisto. Mangiar poco, pochissimo, adottare una restrizione calorica draconiana: abolire carne, pesce, grassi, zuccheri, tutto. Evitare le sostanze tossiche, perciò respirare il meno possibile: l'aria è contaminata. Raggiungerete uno stato catatonico e stuporoso per cui non vi accorgerete neppure del vostro dolcissimo trapasso.
> Giuseppe O. Longo, *Vivere da malati per morire sani*

1 Ambiente e firma genetica

> Morire è la legge delle razze e degli individui. Bisogna morire bene senza troppo lamentarsi, senza pretendere che il mondo perda, per questo, la sua linfa e con qualche bello scherzo sulle labbra.
> Jorge Luis Borges, *Inquisizioni*

Nel Sud dell'Ecuador non molto distante da Loja, a 1500 metri sul livello del mare si trova la splendida Valle di Vilcabamba, dove si gode di un'eterna primavera per via del clima subtropicale. In questo angolo di paradiso incorniciato dalle Ande, tra le fresche acque dei ruscelli, i profumi della vegetazione incontaminata e il colore intenso di banane, arance e papaie, vive una popolazione molto longeva. In più gli anziani sono allegri e attivi, non dimostrano l'età e pare che non temano la morte. Sulla vitalità degli ultranovantenni di Vilcabamba sono nate molte leggende che, a cominciare dagli anni '70, hanno incuriosito studiosi di fama internazionale. Uno dei primi a occuparsene fu il celebre medico Alexander Leaf, professore alla prestigiosa *Harvard Medical School* di Boston, nel Massachusetts. Leaf seguì da vicino anche altre popolazioni particolarmente longeve, sparse per il mondo in luoghi incontaminati e isolati: gli abitanti di Ogimi, nell'isola di Okinawa, in Giappone, una comunità nella valle dell'Hunza, in Pakistan, un'altra in Abcasia, nel Caucaso. Da allora le popolazioni particolarmente longeve – ve ne sono anche in Italia, per esempio in Sardegna – sono oggetto di studio da parte di gruppi di ricerca internazionali. L'obiettivo è scoprire il segreto della longevità.

Non è ancora chiaro cosa determini la salute di ferro di queste popolazioni. Quanto agli abitanti di Vilcabamba si pensa che la loro sia favorita dai preziosi minerali contenuti nell'acqua, oppure da alcune sostanze benefiche presenti nella flora subtropicale, dal clima particolarmente mite, dall'essere sempre attivi, ma anche dalla dieta ipocalorica a base di alimenti genuini e non grassi, o forse dalla combinazione fortunata di tutti questi fattori.

Certo è che le comunità molto longeve sono tutte isolate geograficamente e lontane dagli agi della società industrializzata; i loro abitanti mangiano poco, senza troppi grassi, né zuccheri semplici, si ammalano di rado, e svolgono una regolare attività fisica, mai tuttavia troppo intensa. Ma il segreto della longevità di queste popolazioni non è tutto qui. Gli studi più recenti suggeriscono un altro elemento da aggiungere. Sembra infatti che molto dipenda dal fattore genetico, in particolare dalla combinazione specifica di più variazioni genetiche (polimorfismi) presenti nel DNA dell'individuo. Ciò significa che, indipendentemente dal luogo e dal modo in cui si vive e ci si alimenta, alcune persone sono più longeve di altre perché geneticamente predisposte. Di conseguenza, chi ha il profilo genetico (la "firma genetica") della longevità potrebbe teoricamente arrivare a centoventi anni.

A determinate la longevità sarebbe dunque la combinazione fortunata del fattore ambientale e della predisposizione genetica. Partendo da questi presupposti, un'équipe scientifica italo americana guidata da Paola Sebastiani, della *Boston University School of Public Health*, in Massachusetts, dopo aver associato i profili genetici di ben 1055 centenari di età compresa tra i novantacinque e i centodiciannove anni, è riuscita a individuare un modello di centocinquanta polimorfismi genetici, tramite il quale sarebbe possibile prevedere la predisposizione genetica ad ammalarsi poco, condizione che, come abbiamo detto, influenza in modo importante la longevità. Le analisi condotte dal gruppo di ricerca rivelarono che il 90 per cento dei centenari studiati poteva essere raggruppato in diciannove gruppi, caratterizzati da diverse combinazioni di genotipi. Lo studio fu pubblicato sulla rivista *Science* a luglio 2010, ma un anno dopo i ricercatori si accorsero che il modello statistico con il quale erano stati analizzati i genotipi dei centenari non era adeguato. Ora è tutto da rifare. Ciò non toglie che la strada intrapresa dal gruppo di ricerca porterà a individuare le combinazioni di varianti genetiche (i polimorfismi) che determinano la longevità; o, in altre parole, quale firma genetica sarebbe capace di influenzare la predisposizione ad ammalarsi raramente di malattie tipiche della senilità, quali la demenza, l'ipertensione, le malattie cardiovascolari e il cancro.

In attesa di saperne di più, non ci resta che concentrarci sui fattori ambientali che favoriscono la longevità, *in primis* la dieta, sperando di festeggiare da arzilli vecchietti il centoventesimo compleanno, magari a Vilcabamba!

2 La dieta del centenario

Faust, che era un uomo di scienza, non voleva bere il filtro magico della giovinezza preparato dalla strega, ma Mefistofele gli prospetta un metodo alternativo tanto semplice quanto avvilente.

FAUST
Queste stregonerie assurde mi ripugnano!
E tu prometti che devo guarire
in mezzo a questa roba idiota?
Dovrà consigliarmi una vecchia?
E la sua sudicia broda saprà
levarmi davvero di dosso trent'anni?
Se di meglio non sai, povero me!
La mia speranza è già sparita.
Possibile non abbiano scoperto un qualche balsamo,
la natura o un intelletto superiore?

MEFISTOFELE
Amico, ecco: ora ritorni ragionevole.
C'è anche un mezzo naturale
per chi vuol ringiovanire:
ma sta in un altro libro, assai strano capitolo.

FAUST
Voglio conoscerlo.

MEFISTOFELE
Bene. Un metodo gratuito,
senza stregonerie né medico.

> Va' subito fuori, nei campi,
> comincia a zappare e vangare,
> tu e la tua mente limitatevi
> in una cerchia molto ristretta,
> mangia più semplice che puoi,
> da bestia con le bestie vivi; né ti sia oltraggio
> il tuo concime stesso dare al campo ove mieti.
> È questo, credi, il sistema migliore
> per restare giovane fino a ottant'anni.
>
> (Goethe, Faust)

La *Società internazionale della Restrizione calorica* ("*The Calorie Restriction Society International*") sostiene che per vivere a lungo e in buona salute occorre mangiare poco, anzi pochissimo, non più di quanto basti per sopravvivere. L'efficacia del metodo, da seguire sotto un rigorosissimo controllo medico onde evitare i rischi derivanti dall'eventuale malnutrizione, sarebbe confermata da una serie di ricerche scientifiche condotte sugli animali. In particolare, sono interessanti i risultati di uno studio sui topi guidato da Ricki J. Colman, del "*Wisconsin National Primate Research Center*", dell'Università del Wisconsin, a Madison (USA), e pubblicato nel luglio 2009 sulla rivista *Science*. Per vent'anni un gruppo di macachi adulti è stato nutrito con il metodo della restrizione calorica, mentre il gruppo di controllo, costituito da scimmie della stessa età e specie, veniva alimentato normalmente. Al temine dell'esperimento è sopravvissuto l'80 per cento dei macachi sottoposti a restrizione calorica, contro il 50 per cento di quelli che mangiavano normalmente. La dieta parca avrebbe dunque allungato la vita dei primati, ritardando l'insorgenza di alcune patologie associate all'invecchiamento, quali il diabete, il cancro, le malattie cardiovascolari e l'atrofia cerebrale.

Che il metodo della restrizione calorica allunghi anche la vita umana è assai plausibile, vista l'alimentazione frugale delle popolazioni di centenari, ma la dimostrazione scientifica ancora non c'è. Ma forse non c'era bisogno di far patire la fame agli inermi macachi. È infatti appurato che la conduzione di uno stile di vita sano (tra cui rientra l'alimentazione) favorisca la prevenzione delle malattie, tra cui il tumore, che rappresenta uno dei nemici della longevità, dal momento che la sua possibilità d'insorgenza aumenta sensibilmente con l'avanzare dell'età. Dopo un'accurata rassegna di tutti gli studi scientifici sul rapporto fra alimentazione e tumori, il prestigioso "*World Cancer Research Fund International*" (*Fondo mondiale per la ricerca sul cancro*), ha stilato un documento molto complesso, che comprende alcune raccomandazioni destinate al pubblico, utili a prevenire le malattie, non solo tumorali, ma anche cardiovascolari e metaboliche. Si tratta di norme comportamentali semplicissime, che, se seguite, proteggono la salute e quindi favoriscono la longevità.

Prima di tutto ci si deve mantenere snelli e fisicamente attivi per tutta la vita (almeno mezz'ora al giorno di passeggiata, a passo svelto). L'inattività fisica è infatti un fattore di rischio per la salute, poiché è appurato che le persone sedentarie si ammalano di più. Inoltre, non si dovrebbe fumare, poiché questa abitudine riduce l'aspettativa di vita di qualche anno, esponendo al rischio di ammalarsi di cancro. Quanto alla dieta, l'ideale è mangiare un po' di tutto, in modo molto variato, purché i cibi siano sani, freschi e ben conservati. Sono da preferire gli alimenti di origine vegetale, in particolare i cereali integrali, i legumi, la verdura e la frutta, queste ultime in quantità non inferiore a 600 grammi al giorno. Chi è ghiotto di carne rossa (bovino, suino, ovino) dovrebbe limitarne il consumo a meno di 500 grammi a settimana, evitando le carni conservate (insaccate, in scatola, affumicate e via dicendo), potenzialmente nocive per la salute. Gli alimenti ad alta densità calorica, come i dolci, dovrebbero essere consumati solo occasionalmente, mentre sono da evitare le bevande gassate zuccherate, le quali non saziano e forniscono troppe calorie. Gli alcolici, per chi non vuole farne a meno, sono permessi con moderazione e solo ai pasti: le donne, il cui fegato non metabolizza bene l'alcol, non dovrebbero bere più di un bicchiere di vino al giorno (120ml), mentre gli uomini possono permettersi una razione doppia; quanto agli altri alcolici si deve tener conto che un bicchiere di vino corrisponde a una lattina di birra, a un bicchierino di distillato o di liquore. Anche il consumo del sale – e dei cibi sotto sale – va limitato (non più di 5 grammi al giorno), poiché il suo eccesso danneggia alla lunga il cuore e le ossa. Infine, per proteggere la salute dei bambini fin dai primi vagiti, allattarli al seno è un ottimo investimento per il futuro: si ammalano di meno.

Ebbene, volendo prevenire le malattie per vivere più a lungo, i suggerimenti del "*World Cancer Research Fund International*", oltre che confermati dalle evidenze scientifiche, appaiono di buon senso e sono facilmente praticabili.

3 L'ambrosia degli dèi

Codice genetico e stile di vita a parte, l'elisir di lunga vita sembrerebbe racchiuso in una miriade incalcolabile di sostanze e composti naturali, le cui virtù, da qualche decennio a questa parte, sono sistematicamente studiate con interesse. Dalla *fosfatidilcolina*, il fosfolipide anticolesterolo contenuto nella lecitina di soia, nel fegato e nel tuorlo dell'uovo, agli *Omega 3*, gli acidi grassi essenziali del pesce dalle molteplici virtù benefiche, fino alla popolarissima *papaia fermentata*, dalle benefiche proprietà antiossidanti. Per non parlare delle virtù antitumorali e neuro-protettive osservate negli *isotiocianati*, composti organosolforati da cui dipende l'odore dei cavoli e dei vegetali affini (noti come crucifere), e in particolare nel *sulforafane*, presente nei broccoli. E che dire delle eccezionali virtù antiossidanti osservate nelle *antocianine*, flavonoidi che danno il colore rosso o blu ai vegetali? Pare che la natura serbi in sé tante e tali virtù benefiche da farci restare sbalorditi, e nasce spontaneamente l'idea che proprio da lei, dalla natura, si possa distillare l'ambrosia degli dèi!

Salutari, ma non miracolose, le virtù di queste sostanze, o composti di origine naturale, vengono racchiuse dalle aziende erboristiche o farmaceutiche negli integratori alimentari. Non essendo farmaci, si possono vendere liberamente finanche nei supermercati, e si presume, quindi, che siano innocui. Ma la natura, farmacista d'eccezione, estremamente attenta alle dosi e alle formule, non stipa le sue molecole medicamentose in opercoli e pastiglie varie. Non c'è da stupirsi allora se gli integratori che racchiudono le virtù delle molecole antinvecchiamento non funzionino come ci si aspetterebbe. È il caso, per esempio, del *resvelatrolo*, un composto polifenolico con ottime proprietà antiossidanti presente nella buccia dell'uva (e nel vino) di cui si sono osservate interessanti virtù antinfiammatorie, antitumorali e dunque antinvecchiamento. Gli esperimenti sono stati condotti in colture in vitro e nei topi da laboratorio, con dosi alte di resvelatrolo, ma non è detto che i suoi effetti benefici agiscano nell'uomo nella stessa misura. In effetti, un articolo di commento pubblicato a ottobre 2003 su "*Cancer Epidemiology, Biomarkers & Prevention*" (Andreas J. Gescher e William P. Steward) aveva messo in dubbio la capacità del corpo umano di sfruttare le virtù della sostanza. Il fegato, la centralina metabolica dell'organismo, non riuscirebbe infatti a rendere biodisponibile il resvelatrolo, che non arriverebbe quindi alle cellule; gli autori sollevarono anche un problema di dose: la quantità potenzialmente efficace di resvelatrolo sarebbe incredibilmente smisurata per l'uomo.

Sono decantate anche le virtù antinvecchiamento degli *aminoacidi ramificati* (leucina, isoleucina e valina). Si tratta di componenti delle proteine contenute negli alimenti animali e vegetali (soprattutto formaggio, carne e legumi). Sono indispensabili e di vitale importanza per l'organismo, che non riesce a produrle da solo. La capacità degli aminoacidi ramificati di prolungare la vita era stata osservata negli eucarioti, cellule che, come le nostre, sono dotate di un nucleo. Ora si è notato un effetto analogo anche nelle cavie da laboratorio studiate da un gruppo di scienziati italiani, i quali pubblicarono i risultati della loro ricerca sulla rivista "*Cell Metabolism*", il 6 ottobre 2010 (Enzo Nisoli e altri: "*Branched-Chain Amino Acid Supplementation Promotes Survival and Supports Cardiac and Skeletal Muscle Mitochondrial Biogenesis in Middle-Aged Mice*"). Al termine dell'esperimento i topi che bevevano sempre acqua con l'aggiunta di una miscela di proteine sono risultati più longevi di circa il 12 per cento rispetto ai topi di controllo, cui veniva data da bere acqua non addizionata; i ricercatori hanno anche osservato un'azione benefica delle proteine sul cuore e sullo scheletro dei roditori. I dati sono molto interessanti, ma l'efficacia e l'innocuità di una dose supplementare di aminoacidi ramificati nella dieta umana di tutti i giorni sono da verificare.

In definitiva, non è affatto chiaro se gli integratori alimentari, a base di sostanze naturali benefiche, anti-invecchiamento, siano efficaci e del tutto innocui. L'unico modo per farsi un'opinione sul tema consiste nel dotarsi di buon senso e della pazienza necessaria per consultare la letteratura scientifica indipendente, che non sia cioè soggetta a un conflitto di interessi.

4 Più longevi, verso l'Apocalisse

A dire il vero, volendo condurre un'esistenza all'insegna della longevità la strada è tutta in salita. D'altronde, la colpa è dell'uomo stesso, che produce una quantità di inquinanti nocivi per la salute e assolutamente ingestibili. Basti pensare al fallimento del protocollo di Kyoto, con il quale nel 1997 molti paesi industrializzati si erano impegnati a ridurre, entro il 2012, le emissioni nell'ambiente di sei gas a effetto serra, responsabili del preoccupante riscaldamento del pianeta. Ebbene, nonostante l'impegno preso a causa degli scenari apocalittici prospettati, le emissioni non sono diminuite!

All'inquinamento globale si aggiunge quello locale, altrettanto preoccupante. Nelle metropoli le centraline che controllano la qualità dell'aria registrano quantità allarmanti di sostanze nocive, spesso cancerogene. Tra queste: i prodotti della combustione, come il monossido di carbonio e il biossido di zolfo; gli idrocarburi aromatici, come il benzene; le polveri sottili di dimensioni nanometriche, capaci di penetrare nelle cellule dei polmoni. Per non parlare dello smog respirato dai bambini, portati a spasso con il viso all'altezza degli scarichi delle automobili; o dell'inquinamento da onde elettromagnetiche, emesse da varie fonti, tra cui le antenne di telefonia mobile e i cellulari. Si convive con livelli costanti di inquinamento, talmente ingestibili che le autorità sono costrette ad accettare quantità minime (ma non innocue) di contaminanti nell'aria, nel suolo, nelle acque, nei prodotti agricoli, industriali, artigianali e negli alimenti. Nelle campagne adibite all'agricoltura e ricche di allevamenti intensivi la situazione non è migliore: i fitofarmaci, i fertilizzanti e le deiezioni degli animali contaminano l'aria, il suolo, i corsi d'acqua e le falde idriche.

All'inquinamento ammesso per legge si aggiunge quello provocato dai disastri ambientali (naufragi di petroliere, incidenti nucleari, e così via). Il colpo di grazia è sferrato dal crimine: rifiuti e liquami di ogni genere interrati, abbandonati a cielo aperto, versati nei fiumi, spediti nei paesi poveri. Nel mare poi si riversano illegalmente scarichi industriali, idrocarburi, metalli pesanti tossici, come il mercurio, fanghi di depurazione delle industrie, scorie radioattive, e altro ancora.

Le sostanze tossiche, neanche a dirlo, entrano rovinosamente nella catena alimentare e quindi nel nostro stomaco. Per mangiare cibi davvero sani e genuini dovremmo quindi essere certi che non fossero contaminati. Per precauzione, dovremmo acquistare soltanto alimenti provenienti da luoghi notoriamente non inquinati, coltivati o allevati con il metodo dell'agricoltura biologica e lavorati da aziende serie e affidabili. Ma non è facile. Per esempio, il prosciutto crudo, a eccezione del Parma, può essere ottenuto da suini non nazionali, e sapere da dove questi effettivamente provengano è quasi impossibile; la stessa cosa si può dire di tanti altri prodotti, non ultimi il pane e la pasta: i produttori non dichiarano la provenienza del frumento. Solo il certificato di rintracciabilità ci aiuterebbe a scegliere, consapevolmente. D'altronde, come sostiene Montagnier:

> In campo alimentare siamo tutti padroni delle nostre scelte, ma solo in parte, perché la nostra società, basata sui consumi su vasta scala ci mette a disposizione perlopiù prodotti agroalimentari di cui non siamo in grado di controllare né l'origine né la produzione, specie circa l'esposizione a varie sostanze chimiche tra cui i pesticidi [...] Ormai l'industrializzazione a oltranza del comparto agroalimentare ci fa segnare un regresso. L'alimentazione contiene sempre meno an-

tiossidanti e sempre più sostanze tossiche di origine incerta. (L. Montagnier e D. Vialard, *op. cit.*)

Volevamo parlare di elisir di lunga vita e ci siamo invece imbattuti in scenari tanto deprimenti. Il punto è che oggi ci troviamo davanti a una formidabile incongruenza. Da una parte, nei paesi ricchi e industrializzati la mortalità infantile è giunta ai minimi storici e l'aspettativa di vita media è quindi aumentata molto (si aggira intorno a ottanta'anni); si mangia in modo più vario che in passato e ci si ammala di meno. Tutto ciò grazie alle conoscenze medico-scientifiche, alle valutazioni degli studi epidemiologici, ai farmaci, ai dispositivi medici, all'igiene e al benessere economico, che ci permette di vivere liberi dai bisogni attinenti alla mera sopravvivenza, in case comode e ben protette dalle avversità climatiche.

D'altra parte lo scenario sembra apocalittico: i cambiamenti climatici dovuti al riscaldamento del pianeta cominciano a farsi sentire; aumentano le catastrofi "naturali" scatenate da interventi umani insensati o criminosi, come la cementificazione dei corsi d'acqua, che aggrava di molto gli effetti delle alluvioni; il pericolo atomico non è mai cessato; e tante altre sono le situazioni allarmanti che ci impediscono di stare tranquilli. D'altronde, che la situazione non sia rosea lo si deduce dalle informazioni fornite dal "*Bulletin of the Atomic Scientists*". Fondata nel 1945 da un gruppo di esperti che avevano partecipato al *Manhattan Project*, da cui nacque l'atomica, la rivista ha lo scopo di informare il pubblico sui pericoli delle armi nucleari, del cambiamento climatico e delle tecnologie emergenti nel campo delle scienze della vita. Il prestigioso "*Bulletin*" esprime il livello di minaccia cui è esposta l'umanità con un indicatore universalmente riconosciuto: l'"Orologio dell'Apocalisse". La mezzanotte rappresenta la catastrofe. L'Apocalisse fu sfiorata soltanto nel 1953, in piena guerra fredda: la lancetta segnava due minuti da brivido all'ora fatidica. L'anno prima gli Stati Uniti avevano provato gli effetti della nuova bomba all'idrogeno, facendola brillare nel Pacifico con conseguenze devastanti, nove mesi dopo l'Unione Sovietica, da parte sua, aveva pensato di sperimentare anch'essa la bomba H. Ebbene, aggiornato periodicamente con il contributo di ben diciotto premi Nobel, è dal 1991 che le lancette di questo strano orologio continuano ad avvicinarsi pericolosamente all'Apocalisse.

Che dire? Se vogliamo vivere centoventi anni da leoni, un equilibrio tra queste due tendenze tanto contrastanti, lo dovremo trovare.

Capitolo 3

E l'uomo creò l'uomo
di Nunzia Bonifati

> Estraneo alla bellezza – non è nessuno –
> poiché la bellezza è l'infinità –
> e la capacità di essere finiti cessò
> prima che fosse attribuita l'identità.
> Emily Dickinson, *Poesie*

God & Cyborg, Inc.
Racconto di Giuseppe O. Longo

> Apollo è sui cinquanta, asciutto e muscoloso come un Dio, uno sguardo sconvolgente dietro gli occhi verde-grigi, i capelli folti qua e là bianchi. Quando guarda nel vuoto, appoggiato allo stipite della porta del suo club, con l'anca mollemente sporgente e il peplo morbido che la fascia, non si può fare a meno di essere sconvolti. Ciò che lo caratterizza è lo sconvolgimento, non la dolcezza. Più invecchia e più si definisce in questa direzione, la sua bellezza assumendo qualcosa di feroce: una maturità di conoscenza dei fatti che supera anche l'amore.
>
> Giorgio Prodi, *Narciso*

Davanti a lui la folla dei postulanti avanzava lenta, molti leggevano il giornale, alcuni ascoltavano musica o notizie in cuffia. Narciso, come al solito, si guardava intorno, in cerca di uno specchio o di una qualche superficie riflettente. La sua immagine gli mancava. Ma quel giorno era tormentato da un assillo nuovo. Era entrato nel Reparto ITER (Impianti Trapianti Espianti Rimpianti) del Dipartimento per il Miglioramento della Razza, una delle tante succursali della multinazionale *God & Cyborg, Inc.*, per consultare i dodici volumi del catalogo illustrato. Voleva vedere se avessero escogitato qualche intervento, o cura ormonale o altro, che potesse... ehm... potenziarlo.
Sere prima, la sua ultima conquista femminile l'aveva lasciato ridendo: "Sei bello come una donna, anzi di più... se solo fossi un po' più maschio!" E lì, nell'ITER, aveva trovato le pareti dei corridoi, delle sale d'aspetto e degli uffici tappezzate di manifesti pubblicitari che esibivano sfacciatamente l'uomo più uomo che mai si fosse visto. Vedendolo, Narciso fu morso dall'invidia e anche da un altro sentimento, che non poteva paragonare all'attrazione che provava per le donne, ma che un po' le somigliava: da quel viso maschio, da quello sguardo sconvolgente, da quella sovrana consapevolezza era soggiogato e vinto.
La fila si moveva. Ora toccava alla donna che lo precedeva, una donna che, almeno da dietro e di profilo, gli era parsa attraente: capelli biondi, spalle lar-

ghe, bacino stretto, snella. Era un modello Dolly, forse una Dolly 2. Narciso si mise ad ascoltare distrattamente il dialogo fra lei e l'impiegata.

– No, signora Danton, mi dispiace. Dalla Sua cartella risulta che Lei ha già subito un potenziamento mentale l'anno scorso... Vediamo... Sì, ecco: un impianto corticale in classe C, per cui il Suo quoziente è passato da 70... bassino, eh?... oh, mi scusi... a 150.

– Sì, ma vede, Impiegata, sto per sposarmi con un signore... un fisico stranucleare, che ha un quoziente di... mi vergogno perfino a dirlo... di 220. Lei capirà che sarebbe un matrimonio male assortito.

– E perché si è scelta un compagno del genere? Non ha letto la Guida del Buon Accoppiamento?

– Sì, ma lui... lui è talmente bello... È un modello Apollo.

E indicò il manifesto. Narciso fu preso dal batticuore.

Allo sportello accanto, un signore robustissimo, dal collo taurino e dalla fronte bassa, litigava con l'impiegato. Reggeva con una mano un manubrio rosso fiamma da mezza tonnellata. I muscoli guizzavano minacciosi sotto la pelle levigata. Era un vecchio modello Marte 2.0.

– Guardi, Impiegato, se Lei non mi autorizza a potenziare lo scheletro, Le assicuro che con questo manubrio sfascio tutto l'ufficio...

L'impiegato era visibilmente scosso.

– Si calmi, si calmi, per favore, signor Lagarde. Mi dica: non Le basta il potenziamento muscolare transrobotico ed endotendineo che Le abbiamo praticato sei mesi fa?

– Ma non capisce che il mio vecchio scheletro non può reggere la massa muscolare incrementata? Non è adeguato! Quando sollevo questo manubrio mi sento scricchiolare tutte le ossa. Ho paura che da un momento all'altro la colonna vertebrale mi si sgrani come una pannocchia.

Narciso tornò a guardare l'uomo del manifesto e avvertì uno strano rimescolio. Quei capelli folti e brizzolati, quella mascella decisa. Quando si guardava allo specchio, Narciso si piaceva moltissimo, e quando faceva l'amore immaginava di farlo con sé stesso, cioè con l'essere che più adorava al mondo... ma quell'uomo, quel modello... era tremendo. Nessuna donna avrebbe potuto resistergli.

– Dico a Lei! Mi sente?

L'impiegata lo guardava stupita e vagamente irritata. Narciso si accorse che toccava a lui, la Dolly che lo precedeva se n'era andata senza che lui se ne fosse reso conto.
— Allora, mi dica.
L'impiegata lo guardava con aria incoraggiante. Poteva avere cinquant'anni, un'età che Narciso non aveva mai considerato degna d'interesse. Eppure c'era in lei qualcosa... qualcosa che la rendeva oltremodo attraente. La esaminò con più attenzione. Occhi color di viola, capelli candidi, pelle bruna e compatta. E le sue forme, sode e procaci. Non somigliava affatto alle donne che uscivano dall'ITER rifatte dalla testa ai piedi, tutte uguali, tutte bionde, alte, longilinee, magre e determinate, un'armata di Dolly pronte a conquistare il potere a colpi di sesso e di dominanza.
Narciso capì che la donna era turbata. Ci fu un tempo di silenzio, poi l'impiegata si riprese:
— Senta, signore, disse sottovoce, imbarazzata, non mi guardi così... mi dica che cosa posso fare per Lei.
— Sì... vede, Impiegata, ero venuto qui per un potenziamento... sessuale.
La donna allungò il braccio e dallo scaffale prese a colpo sicuro il decimo volume del catalogo, ma Narciso disse, sempre sottovoce:
— No, no, lasci stare... ho cambiato idea. Adesso ho visto quello che m'interessa.
Si girò verso la parete e indicò l'uomo del manifesto.
— Anche Lei! esclamò l'impiegata. Va bene che il governo ha votato contro la biodiversità e incoraggia in tutti i modi l'uniformità genetica, ma ormai la gente vuole anche l'uniformità estetica, l'uniformità intellettuale, l'uniformità muscolare...
Narciso aspettava la fine di quello sfogo. Ma la donna continuò:
— Perché non vuole restare com'è? Lei è terribilmente... bello, anche se è del tutto diverso dal modello Apollo.
Era un po' arrossita. Abbassò ancora la voce, tanto che Narciso faticava a udirla.
— L'omologazione fa il gioco del governo, semplifica l'amministrazione della giustizia, l'erogazione delle cure sanitarie, la distribuzione degli spettacoli, il lancio delle mode e poi, grazie alla produzione in massa, consente lauti guadagni alle ditte di impiantistica, ai chirurghi plastici, soprattutto alla God & Cyborg... Ma prosperano anche gli psicopatologi, perché tutta questa uniformità,

Lei capisce, genera un'incertezza identitaria... Ciascuno vede sé stesso negli altri, dappertutto. È come essere Narciso alla fontana. Lei conosce il mito?
Narciso annuì.
– Be'... se io fossi in Lei mi terrei il mio corpo.
Poi lo guardò con intenzione:
– Io, vede, mi sono rifiutata di adottare il modello Dolly 3, che è il più corrente. Tra non molto in giro si vedranno solo donne ricalcate su quello stampo... Ma io sto bene come sono. E poi... se era venuto qui per un potenziamento sessuale vuol dire che Lei è una persona normalissima, dotata di sani appetiti. Non mi pare che sia affetto da delirio di onnipotenza... Lei non vuole un impianto cerebrale, no? Non vuole triplicare i Suoi muscoli? Lei non vuole diventare Dio, vero?
Lo guardava con quegli occhi fascinosi, dove fluttuavano ombre violette e tenere promesse. In quegli occhi Narciso si perdeva. Nelle parole dell'impiegata credeva di leggere un invito, una proposta segreta, un'intenzione che stava, forse, per esplicitarsi: forse, invece, la donna avrebbe lasciato a lui l'iniziativa, come si usava in passato, almeno così gli avevano detto. Cresceva in lui il desiderio di fondersi con l'impiegata, di fare attraverso di lei l'amore con sé stesso.
Alle spalle della donna comparve un supervisore. La donna cambiò subito tono di voce:
– D'accordo, allora. Per Lei modello Apollo. Ha qualche preferenza per il colore degli occhi? È l'unico particolare per cui è consentita una certa scelta. Non è necessario che decida adesso, può decidere anche quando viene per la prima visita di controllo. Per l'appuntamento... vediamo... Le andrebbe bene lunedì prossimo alle 15?
Gli tese il foglio dell'impegnativa e la penna.
– Vuol firmare qui?
– Senta, disse Narciso fissandola, non sono ancora del tutto convinto... ci penserò...
Uscì dall'ufficio ITER senza più guardare i manifesti dove Apollo si moltiplicava senza fine.

Premessa

In questo terzo capitolo ci occuperemo di una creatura corporea artificiale, un'opera d'arte creata dall'uomo su ispirazione della natura:

bella, potente, tendenzialmente perfetta. Si tratta di un essere umano migliorato, un artefatto metà naturale metà artificiale, definibile come ciborg (o cyborg) e capace come tutti gli artefatti di 'evolvere' nel tempo. Non è il cyborg frutto delle pulsioni mefistofeliche di cui si narra nelle storie fantastiche o fantascientifiche. Non è nemmeno il prodotto finale di meticolose sperimentazioni scientifiche e tecnologiche, come i robot, che sono macchine concepite per sostituire gli umani in molte funzioni, e ai quali si farà accenno nel prossimo capitolo.

Il cyborg di cui ci occupiamo in questo libro è il prodotto in continua trasformazione di un'umanità smaniosa di perfezionarsi come specie, ma a tratti inconsapevole della meta da raggiungere. È un procedere incerto, da *bricoleur*, verso un sé bello, potente, possibilmente invulnerabile e immortale: quasi un dio. Ma non c'è un demiurgo, manca un progetto. Per migliorarsi ognuno fa da sé, come meglio può, con i tanti mezzi forniti dalla medicina, dalla chirurgia, dalla farmacologia, dalle biotecnologie e via dicendo. E per il domani si conta sugli sviluppi della scienza e della tecnologia, esortate a fare in fretta. Perché sia chiaro: non c'è tempo, la vita è breve!

A dire il vero un abbozzo di cyborg è già tra noi. Si ravvisa nell'atleta che sostituisce le gambe mutilate con le protesi elettromeccaniche, pur di continuare a competere; nello sportivo che ingerisce sostanze chimiche dopanti, come le efedrine, che alla lunga gli trasformano la struttura fisica, magari con qualche rischio; nella persona che assume gli antidepressivi, i quali modificano i processi fisiologici del cervello agendo sui recettori dei neurotrasmettitori, come gli inibitori selettivi della ricaptazione della serotonina. Chiunque sia ibridato con sostanze chimiche che lo modificano, con impianti di natura organica o inorganica, con strumenti elettronici o dispositivi meccanici, e via dicendo, è un cyborg: una creatura metà naturale e metà artificiale, creata dall'uomo medesimo.

Un essere umano (più donna che uomo) che porta sulla fronte il simbolo – mi pare, o forse invento – di una piastrina di silicio o la piastrina stessa impiantata:: dunque un simbionte, forse, che con la parte umana, specie con gli occhi (invisibili o meglio inaccessibili) e con

> l'inclinazione del capo, esprime una grande cieca tristezza, confermata e accentuata dalla lacrima che sgorga e cola lungo la gota, lungo il bellissimo naso greco:: gli (anzi le) manca la bocca e questa sua impossibilità di gridare il proprio dolore me la rende ancora più cara:: sembra guardare in giù, ma gli inaccessibili occhi contemplano due panorami diversi, proibiti agli umani:: forse l'occhio destro, chiuso, vede un paesaggio di devastazione interiore, mentre il sinistro, appena abbozzato, contempla un paesaggio esterno di torri e cuspidi smaglianti attraverso il prisma caleidoscopico e multicolore di quella lacrima suprema. (G. O. Longo, 1998)

Nelle pagine seguenti cercheremo di capire in che genere di cyborg l'umanità vada trasformandosi; vedremo quali siano i condizionamenti culturali di questa incessante attività auto-creativa; quanto sia importante il fattore estetico e perché; a quale modello di perfezione ci si vada ispirando; quali siano i filoni di ricerca scientifica e tecnologica più chiamati in causa. Accenneremo infine ai problemi etici sollevati dal cyborg e ipotizzeremo un modello di umanità futura compatibile con i valori umani. Prendendo spunto dall'auto-creazione caotica e un po' insensata, indagheremo su noi stessi e scopriremo quanto siamo influenzati dalle idee del passato, dalla storia più recente e dalle inquietudini della vita di tutti i giorni.

1 Verso la perfezione

L'umanità ricerca spasmodicamente non solo la longevità smisurata, ma anche la perfezione fisica in termini di bellezza e potenza. Tuttavia, per un'entità corporea biologica che nasce, si sviluppa e poi muore è difficile, se non impossibile, raggiungere la perfezione. Ciò perché l'invecchiamento cellulare, che è una misura del tempo che trascorre, e i limiti fisiologici e anatomici intrinseci all'organismo umano, ostacolano il cammino verso la perfezione tanto agognata. Un modello caratterizzato dalla bellezza e dalla potenza può essere solo ideale. Pertanto, si può *tendere* alla perfezione, ma non la si può *raggiungere* poiché essa non è di questo mondo.

Dobbiamo riconoscere che oggi si tende curiosamente a rivoltarsi contro questa palese evidenza, a tal punto da voler incarnare la perfezione ideale, strappandola alla sua astrazione. La rivolta si esprime nei tentativi demiurgici di ri-creare, riplasmare il corpo, in modo che sia bello, forte, in tutti i sensi migliore, molto più di quanto sia in origine. Ma anche così migliorato e potenziato il corpo sarebbe deperibile, e la sua perfezione potrebbe essere colta solo nell'attimo breve della creazione, prima che il tempo ricominciasse a scorrere. A quanto pare questo dettaglio importante non scoraggia l'umanità, che oggi vive più che mai nell'illusione di poter superare definitivamente i limiti biologici del corpo: l'invecchiamento, le infermità, e, come abbiamo visto, finanche la morte.

Il tentativo di incarnare la perfezione fisica ideale è ostacolato anche dalla grande indeterminatezza che contraddistingue il concetto di perfezione umana. A ben vedere si tratta di un ostacolo non meno importante di quello biologico, e così ne tratta Leopardi:

> ... qual sarà poi questa perfezione dell'uomo? quando e come saremo noi perfetti, cioè veri uomini? in che punto, in che cosa consisterà la perfezione umana? qual sarà la sua essenza? Ogni altro genere di viventi lo sa bene. Ma la nostra civiltà o farà sempre nuovi progressi o tornerà indietro. Un limite, una meta (secondo i filosofi) non si può vedere e non v'è. Molto meno un punto di mezzo. Dunque non sapremo mai in eterno che cosa e quale propriamente debba esser l'uomo, né se noi siamo perfetti o no, ecc. ecc. Tutto è incerto e manca di norma e di modello, dacché ci allontaniamo da quello della natura, unica forma e ragione del modo di essere (2 settembre 1821). (Leopardi, *Zibaldone di pensieri*)

Come creare un essere artificiale, che sia, se non perfetto, migliore dell'essere naturale che incarniamo? Si potrebbe trarre ispirazione dalla natura, di cui siamo un prodotto, senza però trascurare una serie di questioni niente affatto marginali. Per cominciare, le creazioni umane, al di là delle buone intenzioni, sono sempre molto più complesse di quanto sembrino. Intanto, perché ognuno si sente libero di farne l'uso che vuole, a seconda delle circostanze e delle intenzioni. Per esempio, col coltello (una delle prime invenzioni) taglio il pane, ma se qualcuno mi aggredisce non esito a puntarglielo contro per difendermi. La stessa cosa si può dire di tutti gli strumenti: dell'energia atomica, che ha un uso pacifico e uno bellico; della morfina, che calma tanto bene il dolore ma è anche una droga nociva che dà una forte dipendenza; e via dicendo.

C'è anche da dire che gli artefatti prendono facilmente una strada autonoma diventando in molte occasioni qualcosa di diverso rispetto al progetto originario: in poche parole si evolvono (non in senso biologico, naturalmente). Un buon esempio è il computer: nato originariamente per fare calcoli, oggi ha mille altre funzioni che ognuno conosce e apprezza; ma nessuno sa che cosa sarà il computer domani. La stessa considerazione si può fare per il telefono: è difficile associare i primi apparecchi fissi, neri e pesanti, ai dispositivi mobili di oggi, i quali a loro volta, e in tempi brevi, diventeranno qualcosa di diverso inglobando funzioni nuove e del tutto inaspettate. Gli esempi sono tantissimi. Per farla breve, tutte le creazioni umane – idee comprese – sono sempre molto sfaccettate, fonte di continue sorprese, e, soprattutto, mai del tutto buone o cattive.

Anche l'essere umano artificiale, in questo caso il cyborg, è una creazione umana: non possiamo quindi sapere che uso si farebbe del cyborg (e che uso il cyborg farebbe di se stesso), né tanto meno in che tipo di creatura esso evolverebbe. Inoltre, non è escluso che possa nascere una creatura superiore con funzione direttiva, un super-cyborg che governi la vita delle tante singole creature. Nel progettare l'uomo del futuro dovremmo quindi tenere conto di questi aspetti, che non sembrano marginali.

1.1 La centralità del fattore estetico
Se si tratta di creare un'opera d'arte, la componente estetica è senz'altro importante. Tanto più che l'umanità, dicono i poeti e i filosofi, vive e si nutre prevalentemente di bellezza, ispirata per lo più

dalla natura. Accetto questo principio come mio, in serenità, forte del fatto che chi voglia confutarlo non smentirebbe me, ma la moltitudine di pensatori e poeti illustri che hanno fatto della bellezza una categoria umana universale.

Dunque gli artisti traggono ispirazione dalla bellezza della natura. Da quella selvaggia e temibile, sovente percepita come sublime e ben rappresentata da William Turner nelle suggestive tele raffiguranti il mare in tempesta, a quella addomesticata che compare nelle splendide nature morte di Caravaggio o negli incantevoli giardini di Claude Monet. È straordinario come talvolta l'opera d'arte riesca a trascendere la bellezza della natura, benché questa ne sia la musa ispiratrice. Vuoi perché ne svela un mistero, lasciando affiorare quel particolare nascosto tanto importante, che sfugge alla comune osservazione. Vuoi perché offre all'osservatore un'occasione di riflessione, d'ispirazione o addirittura di riscatto, nei confronti di una natura sublime e armoniosa, ma al contempo dominatrice o indifferente nei confronti del genere umano vulnerabile e mortale. Ed ecco che l'artista davanti alla potenza (o all'indifferenza) della natura la reinterpreta, ne ricrea gli elementi, la corregge secondo la propria sensibilità e le proprie esigenze e talvolta addirittura la perfeziona e l'aggiusta. Vale a dire, se al cospetto di un paesaggio naturale selvaggio si arriva a provare gioia, stupore e inquietudine non è solo per la bellezza e l'armonia delle sue forme, ma anche per la "grandezza" della natura, tanto lontana per dimensione dal genere umano, assoggettato senza scampo alle sue leggi.

L'artista si rivolta contro le leggi implacabili della natura. Nell'imitarla da una parte crea un nuovo modo di vivere: l'*abitare*, di cui un esempio splendido è l'architettura organica di Frank Lloyd Wright; dall'altra adatta l'armonia della natura alla sensibilità e alle esigenze umane, come faceva Vincent Van Gogh con i suoi paesaggi di girasoli, olivi, albicocchi: naturali sì, ma... soprattutto umani.

L'artista avverte anche il bisogno di ricreare l'essere umano, perfezionandolo esteticamente, o esaltandolo secondo la propria sensibilità e soprattutto secondo i propri ideali. Paragonata alla grandezza della natura non addomesticata, la figura umana sembra, infatti, troppo piccola, misera, quasi ridicola. Esempi straordinari di questa pulsione creatrice tesa alla perfezione estetica sono le splendide figure femminili di Sandro Botticelli, Raffaello Sanzio, Jean-Auguste-Dominique Ingres, Antonio Canova. Oggi una pulsione analoga la si riscontra nei maestri della fotografia, nei maghi del *maquillage* e per certi versi nei chirurghi plastici di particolare talento e ispirazione disinteressata, come il celebre Ivo Pitanguy, che nella sua clinica di Rio de Janeiro opera i poveri con problemi estetici senza farsi pagare, convinto che abbiamo il *diritto* di essere belli. Evidentemente, Pitanguy incorpora il diritto alla bellezza nel più ampio diritto alla salute come lo definisce l'Organizzazione mondiale di Sanità: "*stato di completo benessere fisico, mentale e sociale, e non soltanto assenza di malattia*" (1948).

Alcuni tentativi significativi di elaborazione di un modello estetico cui ci si possa ispirare per migliorare l'uomo vengono dalla fotografia. Per i primi fotografi la bellezza naturale era fonte d'ispirazione privilegiata ed essi la rappresentavano secondo una grande varietà estetica. Sono rimasti celebri per il loro potere suggestivo i volti femminili di Julia Margaret Cameron, le donne senza tempo di Nadar, i nudi di Man Ray, i ritratti di persone comuni di Henri Cartier Bresson. L'eredità dei primi maestri passa di generazione in generazione, esprimendosi nella bellezza delle dive rese eterne da Eve Arnold, nel fascino dei corpi provocanti ed espressivi di Helmut Newton e Robert Mapplethorpe e nei sorprendenti ritratti delle celebrità immortalate oggi dalla geniale Annie Leibovitz.

Agli albori della fotografia, anche cinematografica, per disegnare la forma e determinare i volumi, il colore e il chiaroscuro dei corpi era indispensabile padroneggiare le tecniche d'illuminazione. Nell'era digitale, invece, le cose sono cambiate, ma un maestro sa sempre calibrare la carica espressiva ed evocativa di un volto, ricreandolo di sana pianta. D'altronde ancor oggi valgono gli insegnamenti dei vecchi maestri, come Anatoli Golovnia quando diceva, riferendosi al cinema, che nella vita come nell'arte la luce serve per vedere: il compito della fotografia cinematografica è creare l'immagine anche se non è la luce per se stessa a suscitare emozioni autonome, a risolvere le situazioni del soggetto (A. Golovnia, *La luce nell'arte dell'operatore*, 1951).

Oggi per rendere più bella la figura umana si impiegano gli strumenti elettronici e i programmi digitali: con il Photoshop si creano figure irreali con gambe lunghissime, occhi grandi, lineamenti perfetti, pelle marmorea... Ma non sempre sono modelli interessanti. Comunque sia, quanto a pulsione creatrice le cose non sono poi molto cambiate rispetto a ieri. L'obiettivo principale è sempre imitare la natura per creare una figura umana che sia originale e perfetta. Ma solo l'artista di talento, dotato cioè di sensibilità e padrone della tecnica, riesce in questo scopo.

Già agli albori del cinema la fotografia tendeva a ricreare di sana pianta l'immagine umana, vuoi per esigenze di produzione, vuoi per esaltarne l'espressività. Tant'è che già negli anni '20 la nascente industria cinematografica giocava d'equilibrio con l'illuminazione, il trucco e la capacità espressiva dell'attore per creare l'immagine iconica di quelli che furono i primi divi del cinema. In principio, le case di produzione impiegavano attori teatrali molto amati dal pubblico, come Eleonora Duse, Sarah Bernhardt, Max Linder, Pina Menichelli. Poi le produzioni cominciarono a ingaggiare i primi attori destinati al grande schermo, come Florence Lawrence e Rodolfo Valentino: un'aura sovrannaturale li trasfigurava rendendoli divinità capaci di suscitare l'adorazione generale del pubblico, che li venerava in cambio di una fugace evasione dalla realtà quotidiana, monotona se non addirittura miserabile, assicurata dalla visione del film in una sala cinematografica sempre stracolma.

Ma a partire dagli anni '30, con l'avvento del sonoro e i problemi legati alla grande crisi economica, le cose improvvisamente cambiarono. Per sostenere i costi la macchina del cinema dovette industrializzare i processi, chiamando a sé figure professionali nuove e volti venuti dal nulla che si adattassero alla produzione meglio degli attori di culto, troppo capricciosi ed esigenti. Nacquero così le stelle del cinema: giovani dilettanti reclutati nelle province e portati alla ribalta non per il fascino e per il talento nella recitazione, ma per la capacità di essere plastici dinnanzi alla cinepresa e di seguire scrupolosamente le disposizioni del regista. Non si richiedeva bellezza naturale ma *fotogenia*. Al resto provvedevano il trucco, i costumi e gli atteggiamenti posturali suggeriti dalla regia.

Il tal modo, il cinema perse in buona parte le caratteristiche artistiche da *bricoleur* e si trasformò rapidamente in una grande macchina commerciale capace di produrre finzione e fondata sullo *star system*. Il cinema cosiddetto d'autore continuò a sopravvivere, ma in misura marginale e per un pubblico d'élite. Il vasto pubblico mostrò invece di gradire la grande macchina, affascinato dalle narrazioni fiabesche che avevano come protagonisti le "stelle", di cui i tanti ammiratori seguivano con interesse finanche le vicende della vita privata. L'attore diventa quindi un prodotto commerciale, creato ad arte dall'industria del cinema, che dovendo coprire le spese altissime con i propri introiti, deve poter incassare molto ai botteghini. Per una questione di cassetta il cinema è quindi portato a creare modelli di bellezza che si adattino perfettamente ai bisogni commerciali. La bellezza non è più naturale e incomparabile come quella di Rodolfo Valentino, ma costruita ad arte. Questo tipo di bellezza artificiale condizionerà definitivamente l'immaginario collettivo, fino ai nostri giorni.

1.2 La bellezza senza tempo

La bellezza cui stiamo facendo riferimento è tuttavia una bellezza effimera. Fugace come il tempo, segue la moda, e gode dunque di un consenso solo passeggero. Nel tentativo di migliorare se stessa, l'umanità non può quindi affidarsi agli elusivi modelli di bellezza proposti dal mondo del cinema, la cui mutevolezza imporrebbe sacrifici continui e non ricompensati in giusta misura.

L'idea di perfezione reclama invece un consenso di tipo universale, come per la bellezza di un fiore, di un tramonto o di un capolavoro dell'arte. Certe armonie di forme e di colori sembrano infatti accordarsi alla sensibilità del genere umano come se fossero categorie della percezione. Oltre a ciò, quando si dice "è bello", anche se prevalgono il gusto e la sensibilità personale (la dimensione estetica del giudizio), entrano in gioco anche tanti altri fattori, come la morale, le idee e la coscienza. Questi fattori appartengono all'umanità da moltissimo tempo, come testimonia la storia. È anche vero che nel corso del tempo la bellezza è stata associata a ideali quali la perfezione, il bene, la verità, il giusto; e poiché le tradizioni culturali del passato non vanno mai perse del tutto, resta sempre qualche traccia, che si tramanda di generazione in generazione. Del resto, il binomio bellezza-gusto, tanto in voga oggi, è piuttosto recente. Spiega Maurizio Ferraris:

> La nozione di Bello coincide con la nozione di oggetto estetico soltanto a partire dal sec. XVIII: anteriormente alla scoperta della nozione di gusto il Bello non era annoverato tra gli oggetti producibili e perciò la nozione corrispondente cadeva fuori di quello che gli antichi chiamavano poetica, cioè scienza o arte della produzione. Si possono distinguere cinque concetti fondamentali del Bello, difesi e illustrati sia dentro che fuori l'estetica e cioè: 1° il bello come manifestazione del bene; 2° il Bello come manifestazione del vero; 3° il Bello come simmetria; 4° il Bello come perfezione sensibile; 5° il Bello come perfezione espressiva.
> (voce *Bello* del *Dizionario di filosofia* di Nicola Abbagnano)

Non è necessario entrare nel merito dei cinque concetti del Bello elencati da Ferraris per capire quanto la questione sia complessa. In effetti, anche davanti alla bellezza di un fiore è difficile stabilire se prevalga il piacere dei sensi suscitato dalla simmetria e armonia delle forme, o se invece domini il giudizio etico, che vede nel fiore l'espressione tangibile di ciò che è giusto, o la manifestazione sensibile di una verità che allieta lo spirito. Tutto dipende dall'osservatore: dalla sua visione soggettiva, dalla sensibilità, dalla cultura oltre che dal gusto (che a sua volta dipende molto dall'educazione e dall'abitudine). D'altronde, come diceva Immanuel Kant:

> il giudizio di gusto consiste proprio nel chiamar bella una cosa soltanto per la sua proprietà di accordarsi col nostro modo di percepirla. (I. Kant, *Critica del giudizio*, 1790)

Secondo il razionalista Kant quando si giudica esteticamente prevale la soggettività, pertanto non è dato di stabilire se esistano principi oggettivi del gusto. D'altra parte, sappiamo che il gusto estetico è anche frutto di convenzioni culturali determinate storicamente. Il gusto si tramanda infatti con l'educazione e si forma, per esempio, coltivando interessi nel campo della letteratura, dell'arte, dell'architettura, della musica, della poesia, del giardinaggio, della moda, della cucina, e via dicendo. Inoltre, proprio perché l'aspetto formativo è importante, il gusto estetico è anche molto influenzato dai modelli dominanti, messi puntualmente in discussione dai modelli rivoluzionari proposti dalle avanguardie culturali (arte, architettura, musica, letteratura, e così via). Naturalmente, tutta questa complessità interessa anche la bellezza del corpo umano, che per certi versi è assimilabile alla bellezza naturale di un qualunque animale e, per altri versi, come si vedrà, alla bellezza di un prodotto dell'arte.

Osserviamo intanto che i canoni estetici alla moda disturbano la bellezza in sé, perché tendono a ingabbiarla in apparati rigidi che non contemplano le tante corporeità umane, così simili ma così diverse tra di loro. Inoltre, i modelli di bellezza alla moda riescono a condizionare anche la capacità di giudizio, uniformando il gusto e inducendo molte persone ad adattarvisi passivamente. Tutto ciò non solo costituisce un freno all'espressione di una bellezza non conforme al modello corrente, ma è d'ostacolo anche alla libertà di giudizio quando si vive un'esperienza estetica (in pratica, si è condizionati e si giudica bello solo ciò che è aderente al modello estetico di turno). Ed ecco che il tentativo di creare un essere umano artificiale quasi perfetto, seguendo un modello estetico effimero come quello proposto dall'industria cinematografica, si dimostra vano e frustrante.

Ciò è tanto più vero se si considera che la bellezza della figura umana riprodotta dagli artisti è invece perfettamente in grado di suscitate sensazioni profonde e complesse. Queste non ricadono soltanto nella sfera estetica, ma anche in altre sfere, come quella morale o religiosa. Si prenda per esempio l'incantevole dipinto di Lorenzo Lotto, *Madonna con bambino e i santi Caterina d'Alessandria e Tom-*

maso (è esposto a Vienna, al Kunsthistorisches Museum). Le due splendide figure femminili si mostrano in un atteggiamento di sincera devozione e determinatezza: la loro è una bellezza che fa leva sulla spiritualità e sui princìpi etici dello spettatore, oltre che sulle caratteristiche estetiche (grazia, armonia e simmetria delle forme). Dinnanzi alla bellezza delle due donne si resta estasiati, e poco importa che il dipinto sia del Quattrocento: nel contemplarlo si vive un'esperienza che è fuori del tempo.

E che dire della sorprendente femminilità della celebre *Fornarina* di Raffaello (Roma, Galleria di Palazzo Barberini)? Ingenua e acerba, ciò nonostante è già sensuale come una donna matura. Quanto al modello maschile bastano due esempi: il *David* di Michelangelo (Firenze, Galleria dell'Accademia), il cui portamento esprime magnificamente la tensione silente della prontezza all'azione virile; e le sette versioni del *San Sebastiano* di Guido Reni, dove il martire appare languido, femmineo e sensuale, straordinariamente bello: chi si sofferma a contemplarlo partecipa senza scampo alla sua estasi sofferta (*The Agony & The Ecstasy*, Dulwich Picture Gallery, Londra, 2008).

Gli artisti, per mezzo della tecnica e ispirandosi a un modello estetico, sono ben capaci di conferire alla figura umana una bellezza "perfetta", atemporale e originale.

Ma è possibile donare artificialmente al corpo umano la bellezza di un'opera d'arte? In teoria, sì, modellandolo, per esempio, con gli interventi di chirurgia plastica e di medicina rigenerativa e impiantistica, con i farmaci, con l'allenamento fisico, con il trucco, l'acconciatura, l'abbigliamento, eccetera. Ma a quale modello estetico dovrebbe ispirarsi l'artista per la sua creazione? Inoltre non è detto che il risultato sia sempre soddisfacente. Il corpo è infatti un materiale un po' riottoso, dal momento che le sue cellule si rigenerano di continuo in un tumulto incredibile di micromovimenti impercettibili e tuttavia capaci nel tempo di grandi trasformazioni. Anche la plasticità del corpo, in particolare del volto, la cui espressività è determinata da ben diciotto muscoli principali, rappresenta un ostacolo per l'artista. Egli, da demiurgo, dovrebbe allora agire attraverso l'ingegneria genetica, ma anche in questo caso non è detto che il risultato sia all'altezza delle aspettative; tanto più che si ripresenterebbe il problema del modello cui ispirarsi.

In definitiva, non sembra che si possa rendere artificialmente bello il corpo umano come in un'opera d'arte. Dobbiamo quindi riconoscere che una bellezza di tal fatta è solo ideale e rientra quindi nel modello di perfezione cui si può tendere senza tuttavia mai raggiungerlo.

1.3 La bellezza ai tempi del consumismo

Nell'era del consumismo, che è il sistema di sostegno dell'industrializzazione più avanzata, il concetto di bellezza muta sensibilmente. Non è più assimilato ai valori morali del vero, del buono e del giusto; e non segue neanche l'ideale di bellezza che un tempo era delle arti e della poetica. Tanto più che con l'espressionismo, il cubismo, il surrealismo, il movimento dada, la pop art, l'astrattismo, l'arte concettuale, informale e così via, l'arte e la poetica trovano strade espressive slegate dall'estetica e dal concetto di bello.

Nel Novecento industrializzato, orfana dei princìpi morali e dell'ideale classico, la bellezza debutta in società a fianco del concetto di merce. Secondo Karl Marx, il filosofo tedesco che criticò il capitalismo al suo nascere, la forma della merce ha un valore simbolico in sé: ognuno proietta in essa, come in uno specchio, i propri desideri e le proprie aspirazioni, al pari di un feticcio. Si potrebbe allora dire che i desideri si proiettino meglio in un prodotto commerciale dalla forma bella o seducente. Ed ecco che la bellezza si configura come una qualità della merce, una qualità capace di renderla più desiderabile da parte di chi si appresta ad acquistarla. La bellezza diventa pertanto una qualità *utile*, che s'aggrega alla merce.

Nel consumismo, la bellezza umana segue la stessa sorte. Intanto perché il corpo, già oggetto nel corso del tempo di varie forme di compravendita, viene anch'esso ridotto a merce. In particolare mediante la *vendita d'uso*[1], cioè lo scambio tra denaro e funzioni corporee fondato

---

[1] Le varie forme della 'vendita d'uso', sono trattate da Giovanni Berlinguer e Volnei Garrafa, nel volume *La merce finale, Saggio sulla compravendita di parti del corpo umano*, 1996. La

sull'uguaglianza giuridica tra i soggetti contraenti, uno scambio comunque revocabile. Per esempio, lo scaricatore di porto offre in prestito la sua forza fisica; la modella la forma plastica del suo corpo slanciato e grazioso; il cantante la sua voce. In un contesto del genere, la bellezza può diventare un attributo molto importante del corpo-merce, accrescendone di molto il valore commerciale. Del resto, non c'è da stupirsene: gli atleti, come i professionisti dello spettacolo e della moda, usano il corpo alla stregua di un attrezzo da lavoro. Tant'è che si stipulano polizze assicurative a garanzia di preziosissimi strumenti corporei: le mani dei musicisti, le corde vocali dei cantanti o i décolleté delle attrici. La bellezza del corpo può anche essere considerata come un mezzo per raggiungere un fine personale, come il prestigio, il successo professionale, i soldi, e via dicendo.

Ridotta a *quid* capace di accrescere il valore commerciale di un prodotto di consumo, la bellezza perde la sua dimensione universale, che è da sempre pubblica. Incollata come un'etichetta alla merce da acquistare (che si tratti di un manufatto o di un corpo umano) una bellezza siffatta devia rovinosamente verso la proprietà privata, mentre invece, essendo un valore universale associato ai beni culturali, artistici, architettonici, ambientali, spirituali, e così via, dovrebbe essere un bene comune, a disposizione della collettività e perciò avulso dai rapporti di tipo privatistico. Così ridimensionata, la bellezza perde la sua universalità e scivola verso un egoismo di tipo primordiale. Ci si sazia di lei in

---

vendita d'uso, come si legge nel libro, «comprende fenomeni che travalicano le epoche, come la prostituzione; fenomeni che sono tipici della società capitalistica, come il lavoro salariato; fenomeni che sono collegati allo squilibrio demografico fra le diverse aree del mondo e fra le varie classi sociali, come le adozioni a pagamento; e fenomeni che sono nati con gli sviluppi della applicazioni più recenti della scienza come le "madri sostitutive". Molto spesso la vendita d'uso, anche se il contratto include come contropartita alcuni vantaggi materiali, è accompagnata da conseguenze negative sulla salute fisica e mentale di chi vende o affitta. Ci riferiamo per esempio al maggior rischio di contrarre malattie trasmesse per via sessuale, ma anche di subire violenze personali, nell'esercizio della prostituzione; agli infortuni, alle malattie e alla minore "speranza di vita" dei lavoratori delle industrie insalubri, rispetto alla media della popolazione; alla sottrazione di nutrimento per i propri figli nel baliatico; all'interruzione brusca del rapporto psico-fisiologico instauratosi durante la gravidanza tra madre e figlio, nel caso di utero in affitto».

solitudine, come fosse una preda conquistata con la lotta: la si mangia in fretta, nel timore che un rivale se la porti via per cibarsene a sua volta.

L'egoismo primordiale che porta l'essere umano a tenersi per sé un bene (una merce-feticcio) in linea di principio non è negativo. Questo genere di egoismo è giustificato dall'idea che ognuno abbia diritto alle cose che considera utili o indispensabili per sé: se le cose belle sono utili ben venga conquistarsele! Lo diceva anche Hobbes, le cui parole, a proposito di utilità, tornano... utili:

> tutte le cose che uno vuole, proprio in quanto le vuole, gli sembrano buone, e possono condurre alla sua conservazione, o almeno sembrano di condurvi. (Hobbes, *De cive*, 1642)

Il problema è che gli uomini, lo dice ancora Hobbes, allo stato naturale sono tutti uguali e desiderano perciò le stesse cose. Allora, nel tentativo di accaparrarsele, si fanno di continuo la guerra l'un l'altro: chi vince conquista le cose e chi perde le deve abbandonare. Allo stato naturale un uomo si distingue dall'altro proprio per il possesso delle cose. Ma chi vince oggi, perde domani. Ed ecco che la guerra per accaparrarsi le cose non termina mai e non porta da nessuna parte.

Impegnato a costruire la scienza politica, Hobbes non ci ha lasciato considerazioni sulla bellezza dell'uomo, alla quale forse non pensava affatto. Ma le sue idee sull'uomo naturale (primordiale) aiutano ancora una volta a comprendere l'urgenza di uscire dal puro egoismo (di per sé non negativo) stabilendo patti di non belligeranza che consentano di vivere in una dimensione pubblica.

Tornando alla bellezza, ridurne il valore a solo mezzo per raggiungere un fine personale, non condiviso con gli altri, significa uscire dalla dimensione pubblica, fulcro del vivere civile nelle moderne democrazie costituzionali. Nel disegno di un'umanità migliore è dunque importante recuperare la dimensione pubblica della bellezza; di riflesso lo è anche per l'economia di mercato, purché esca dalla deriva del consumismo fine a se stesso, che riporta l'essere umano alla condizione primordiale della lotta di tutti contro tutti, per accaparrarsi le cose che tutti desiderano, nella speranza di distinguersi uscendo dall'anonima uguaglianza.

La visione strumentale della bellezza, tipica del consumismo, non impedisce tuttavia il formarsi in epoca industriale di un'estetica legata alla produzione. Artisti, architetti e stilisti sono chiamati in gran numero dall'industria alla progettazione dei prodotti di consumo, con l'obiettivo di renderli belli, accattivanti, seducenti e, soprattutto, originali. Dall'abito alla caffettiera, è importante che un articolo si distingua da un altro per le sue caratteristiche estetiche, oltre che funzionali e di qualità. Per le aziende è una corsa all'originalità delle forme e alla loro bellezza; e accade che la competizione aiuti a distinguersi e a vincere la concorrenza.

Così, mentre l'imprenditore pensa al fatturato e alla visibilità del marchio, i creativi s'impegnano al pari degli artisti e artigiani di un tempo, i quali, al servizio della Chiesa e dei casati nobiliari, progettavano e costruivano chiese, monumenti, piazze e palazzi, con meravigliose decorazioni pittoriche e scultoree, fontane e lastricati. Dalla produzione industriale nasce quindi un'arte di rilievo, il *design*, che privilegia l'estetica. E così la bellezza, che le avanguardie artistiche del Novecento avevano messo da parte per fare spazio a nuovi criteri d'espressione, viene recuperata nel ciclo della produzione industriale.

Tuttavia, non tutti gli industriali possono permettersi di pagare le prestazioni di una squadra di creativi di talento. Il valore estetico di un prodotto commerciale è perciò molto variabile, così come il suo prezzo. Chi desidera un oggetto che sia esteticamente molto apprezzabile deve quindi essere disposto a pagare una certa somma per il valore aggiunto dall'artista. E così, dalla lampada al capo d'abbigliamento, un articolo di *design* può costare uno sproposito rispetto a un altro dalle medesime caratteristiche in termini di materiali, funzionalità e resistenza. Pochi possono acquistare una lampada d'autore o un vestito firmato da un grande stilista. In compenso, questi oggetti, nel loro splendore, sono in mostra nelle vetrine lussuose nelle grandi città e riprodotti nelle pagine delle riviste patinate. Ma nella società dei consumi, dove il possesso delle cose è di per sé un valore, l'ostentazione della bellezza di questa merce preziosa è motivo di grande frustrazione per chi non può acquistare!

Ed ecco che l'industria trasforma questa insoddisfazione generale in opportunità e tenta di soddisfare le esigenze del consumatore medio con merce bella, ma prodotta in serie per ridurre i costi. Ogni articolo, multiplo di un altro e di un altro ancora, è progettato per soddisfare il gusto e le esigenze di un numero elevatissimo di consumatori, che costituiscono il cosiddetto *target* o segmento di mercato. Del resto, la serialità della produzione industriale è una componente dell'economia di mercato basata sul consumo altrettanto imprescindibile quanto l'obsolescenza programmata, quella tecnica che consente di progettare un articolo commerciale in modo che si guasti con certezza dopo un tempo stabilito, al fine di alimentare sempre nuovi consumi.

In definitiva, la merce va prodotta in serie, dev'essere abbastanza gradevole, funzionale e un minimo resistente. Tutto ciò basta perché il sistema si autoalimenti e soddisfi i gusti e le esigenze medie del consumatore medio: né più né meno.

La serialità tipica dei prodotti industriali si riscontra anche nella 'merce umana' e nelle sue numerose forme espressive. Ciò vale in particolare nell'industria dello spettacolo: un artista sa bene che per guadagnarsi da vivere deve cedere alle strategie dell'impresario-imprenditore, che, puntando agli incassi, cerca di accontentare un pubblico per quanto possibile vasto, offrendogli un prodotto seriale, come le canzonette della stagione estiva. L'artista sa che potrebbe fare molto meglio, ma per amor di se stesso e del suo talento è disposto a fornire un'ottima esecuzione della canzonetta di turno, e ciò favorisce gli incassi del prodotto seriale. Tutto ciò è senz'altro paradossale, ma consentaneo al sistema dei consumi.

I risvolti grotteschi del consumismo furono anticipati, con acume e straordinaria ironia già negli anni '20 e '30, dai movimenti surrealista e dada (memorabile la fontana-orinatoio di Marcel Duchamp) e da Charlie Chaplin nell'indimenticabile *Tempi moderni*. Gli intellettuali della scuola di Francoforte, tra i quali Theodor Adorno e Walter Benjamin, andarono invece alla radice della questione, criticando direttamente il sistema capitalistico, origine di tutti i mali e capace, come sosteneva Marx, di ridurre ogni cosa a merce: cultura e corpo umano compresi; negli anni '50 e '60 spettò invece agli artisti della pop art svelare con serietà e realismo il significato recondito dell'estetica seriale e massificante della società dei consumi. Tra le opere pittoriche più profetiche si annoverano i multipli di Marilyn Monroe firmati da Andy Warhol e le lattine della zuppa Campbell di Leo Castelli. L'italiano Piero Manzoni si spinse ben oltre, proponendo addirittura un'opera d'arte da consumare: in una galleria milanese firmò con l'impronta del pollice alcune uova che il pubblico poteva mangiare sul posto (*Consumazione dell'arte dinamica del pubblico divorare l'arte*, 1960); in seguito egli mise in vendita al prezzo corrente dell'oro novanta scatolette portanti la dicitura *Merda d'artista contenuto netto gr. 30, conservata al naturale, prodotta ed inscatolata nel maggio 1961*. Nel mirino di Manzoni c'erano i mercanti d'arte, capaci di comprare di tutto, purché fosse firmato dall'artista: una denuncia ironica ed esplicita al mercato dell'arte e al feticismo della merce. Purtroppo Piero Manzoni non poté andare oltre nella sua originale ricerca: la morte se lo portò via a soli trent'anni anni, il 6 febbraio 1963.

Se il gusto è tendenzialmente soggettivo, l'industria con i suoi modelli standard tende, come abbiamo visto, a conformarvi il numero più elevato possibile di consumatori, che costituiscono un preciso segmento di mercato cui si chiede il consenso e la fiducia. Ne scaturisce un gusto condiviso, intersoggettivo, popolare, planetario, che soddisfa il bisogno umano di adeguarsi ai propri simili. Nel contesto del mercato globalizzato gli acquirenti di un prodotto di culto, come un particolare *iPhone*, rappresentano, per esempio, un gruppo virtuale di pari, in cui ognuno si riconosce. L'industria è scaltra, e cerca in ogni modo di soddisfare i desideri più profondi. Chi per qualche ragione non rientra nel *target* e non apprezza le caratteristiche estetiche del prodotto resta fuori dall'offerta, ma prima o poi, volente o nolente, deve adeguarsi passivamente ai modelli proposti.

D'altronde, considerando che i canoni dominanti asserviscono ogni oggetto di consumo, dal telefonino al corpo umano, che altro potrebbe fare un essere umano ridotto al solo ruolo di consumatore? Non gli resta che adeguarsi, e poiché l'abitudine, come insegna l'empirista David Hume, è una cosa seria, egli finisce addirittura per farsi piacere tutto, indipendentemente dalle caratteristiche estetiche.

2 Adeguarsi e distinguersi

> Nella nostra epoca, il semplice esempio di anticonformismo, il mero rifiuto di piegarsi alla consuetudine, è di per sé stesso un servizio all'umanità proprio perché la tirannia dell'opinione è tale da rendere riprovevole l'eccentricità, per infrangere l'oppressione è auspicabile che gli uomini siano eccentrici. (...)
> Chi fa qualcosa perché è l'usanza non opera una scelta, né impara a discernere o a desiderare ciò che è meglio. I poteri mentali e morali, come quelli muscolari, si sviluppano soltanto con l'uso. Facendo qualcosa soltanto perché gli altri la fanno non si esercitano queste facoltà, non più che credendo a qualcosa solo perché altri ci credono.
> (John Stuart Mill, *Saggio sulla libertà*, 1858)

Scegliere in autonomia e libertà nel modo in cui suggerisce Mill non è così semplice. Come insegna la psicologia sociale, spinto dal bisogno di appartenenza un individuo è disposto a conformarsi alle regole del proprio gruppo sociale (la famiglia, la comitiva di amici, i colleghi di lavoro, i compagni di scuola, o altro che sia). Nel contempo lo stesso individuo ha bisogno di affermare la propria personalità, differenziandosi dai componenti del suo gruppo anche nei modi dell'apparire. Quindi da una parte c'è la spinta ad adeguarsi, indispensabile al vivere sociale con le sue convenzioni; dall'altra c'è la spinta altrettanto forte a distinguersi. Tra questi due impulsi contrastanti si deve trovare un equilibrio. Gli psicologi dicono che l'equilibrio è compromesso se il peso pende troppo da una parte (adeguarsi) o dall'altra (distinguersi): nel primo caso l'individuo è a vari livelli un conformista; nel secondo è più o meno un eccentrico.

Tornando al punto, sembra che i modelli estetici e comportamentali suggeriti dal mondo dello spettacolo e dalla moda soddisfino bene il bisogno di conformarsi, ma non del tutto quello di distinguersi. Ciò determina uno squilibrio nella persona che ha bisogno, per l'appunto, di costruirsi un'immagine corporea originale. Tanto più che nella nostra 'società dello spettacolo', come l'ha definita il pensatore Guy Debord, e che d'ora in poi chiamerò *società dell'apparire*, si attribuisce un grande valore all'immagine corporea.

Di sicuro, la tendenza delle società occidentali a rendere tutto spettacolare, tutto immagine, il corpo *in primis*, non crea particolari problemi a chi crede nei valori dell'apparire ed è al contempo dotato di una spiccata creatività. Una persona del genere può infatti utilizzare il proprio corpo, canale di comunicazione per eccellenza, in modo molto espressivo facendosi accettare da (quasi) tutti. Così si distingue per originalità e si conforma, dando spettacolo di sé, alle regole sociali dell'apparire, le quali prediligono la spettacolarizzazione dell'immagine corporea.

Tutto sommato, oggi il mercato è in grado di offrire tutto ciò che occorre a chi desidera esprimere la propria personalità per mezzo del corpo. Giocando con il portamento, l'acconciatura, l'abbigliamento, il trucco, i monili, il *piercing*, i tatuaggi, la chirurgia estetica, e via dicendo, ognuno può creare un'immagine di sé originale.

Va detto però, e su questo punto si dovrebbe riflettere molto, che la bellezza è secondaria rispetto all'imperativo del 'dover apparire'. Prova ne è che quando si esagera con le trasformazioni dell'immagine corporea non si viene biasimati, come accadeva un tempo alle donne che indossavano indumenti maschili e ai ragazzi che portavano i capelli lunghi. Al contrario, i *tabloid* oggi riportano con delizia le metamorfosi umane più stravaganti. Riferiscono, per esempio, di Maria José Cristerna (messicana, professione avvocato), che sottopone il corpo a trasformazioni che la rendono sempre più simile a una creatura mostruosa. La donna si presenta con un corpo tatuato dalla testa ai piedi, perforato da ogni sorta di *piercing*, due paia di corna impiantate chirurgicamente sulla fronte e quattro canini abnormi in una dentatura che per il resto è perfetta. Fino a qualche anno fa una donna così eccentrica sarebbe stata allontanata dalla professione e sottoposta a cure psichiatriche. Oggi, invece, le sue spettacolari trasformazioni fanno notizia. Evidentemente persone del genere offrono lo spettacolo di una individualità traboccante, che ha la necessità assoluta di esprimersi per mezzo del corpo.

2.1 Un modello improbabile

Per ogni Maria José che dà spettacolo di sé, milioni di persone subiscono passivamente i modelli estetici e comportamentali suggeriti dalla moda e dallo spettacolo. Modelli che hanno come dogma assoluto la snellezza e la cura maniacale di sé, e che i media in genere diffondono candidamente senza il benché minimo spirito critico. Cosicché la pop star con un chilo di troppo è puntualmente definita grassa; il calciatore di grido cui è cresciuta la pancia è messo al bando per sempre; il divo del cinema dall'aspetto trasandato è giudicato gravemente depresso. D'altronde, anche questo puntare i riflettori sulle variazioni dell'immagine corporea delle celebrità fa parte dello spettacolo.

In un contesto sociale in cui l'immagine è anteposta a tutto il resto, chi crede nei valori dell'apparire ma non riesce a crearsi una propria parvenza corporea originale è sottoposto alle norme dell'apparire come il soldato alle regole dei superiori. Essere snelli, tonici, curare l'aspetto e l'acconciatura in ogni dettaglio, indossare abiti e accessori alla moda, truccarsi, profumarsi, depilarsi, tatuarsi, spianare le rughe ancor prima che si manifestino, recarsi regolarmente al centro di bellezza e medicina estetica, magari a costo di accendere un mutuo: sono questi gli ordini superiori, le convenzioni sociali nel pieno rispetto dei valori dell'apparire.

A queste regole ferree devono rispondere perfino le persone che non godono di un bell'aspetto. Ciò perché dagli anni '30 in poi si consolida l'idea che la bellezza fisica sia conseguibile con la volontà e la perseveranza. Insomma, se belli non si nasce, belli si diventa; e chi non riesce nell'impresa mostra di non avere sufficiente volontà, o di non essersi impegnato abbastanza. Come fa notare lo storico francese Georges Vigarello:

Si è consolidato un prerequisito: bisogna "darsi da fare". Si è affermato uno slogan: "La pancia non si mette su, si accetta" ('*Sports!
…Sports!'…* in '*Femina*', aprile 1938). Grande speranza data dalle riviste e dalla loro diffusione su vasta scala: "Il corpo è un'argilla che plasmano a piacimento la ginnastica e le cure di bellezza" ('*Votre Beauté*, aprile 1935). Non sono più la brava sarta e il corsetto a modellare la *silhouette*, come avveniva nel XIX secolo, ma gli esercizi giusti e la volontà. Si è affermato un imperativo: "Siate lo scultore della vostra *silhouette*" ('*Votre Beauté*', idid). Si è imposta una convergenza, quella dell'estetica e del lavoro. (G. Vigarello, *Storia della bellezza, il corpo e l'arte di abbellirsi da Rinascimento a oggi*, 2007)

La cura maniacale del corpo e l'eventuale sua trasformazione per aderire a un modello estetico e comportamentale di riferimento, sono diventati via via doveri sociali cui aderire. Tuttavia, dagli anni '70 in poi si è andata affermando la variante spettacolare cui abbiamo accennato, connaturata alla società dell'apparire; variante che però rende l'imperativo sociale dell'*essere belli* molto meno rigido che in passato: oggi chi non desiderasse aderire ai modelli di bellezza dominanti può infatti decidere di costruirsi un'immagine corporea del tutto originale, purché sia eccentrica come quella delle pop star. Ma questo, come abbiamo visto, è un obiettivo che in pochi riescono a conseguire.

Se la parola d'ordine è adeguarsi (condizione sociale), la posta in gioco è la gratificazione (condizione individuale) che consiste sostanzialmente nella sensazione di 'sentirsi a posto'. Alle regole non ci si può sottrarre tanto facilmente, anche perché si va affermando l'idea, confermata da alcune ricerche sociologiche, che le persone di bell'aspetto riscuotano migliori successi professionali: sentendosi più sicure darebbero di sé un'immagine vincente, capace di condizionare l'interlocutore. Fin qui non c'è nulla di nuovo: l'apparenza è da sempre il biglietto da visita di animali e cose, e se l'abito non fa il monaco, è vero che il monaco lo si riconosce dall'abito che indossa. Ma nel mondo del lavoro, come nella vita privata, ci sono valori ben più alti dell'apparenza; non entriamo nel merito della questione, ma sarebbe interessante condurre studi più approfonditi, per capire in che misura il bell'aspetto contribuisca al mantenimento negli anni del successo sia professionale sia sociale (nei rapporti di lavoro come nelle relazioni sentimentali).

Rispetto al passato, la novità sta nel grande valore di realtà conferito all'immagine corporea. Come la realtà di un'opera d'arte coincide con la sua apparenza, così la realtà di una persona corrisponde alla sua immagine. In entrambi i casi l'*essere* coincide con il suo *apparire*.

Di fronte al dovere sociale di mostrarsi in pubblico secondo le due principali modalità indicate (essere o eccentrici o conformi ai modelli di bellezza), ogni individuo sceglie quale strada intraprendere. Poiché la scelta riguarda l'identità della persona, la posta in gioco è molto alta: chi non si mostra in pubblico secondo una delle due modalità indicate è come se non esistesse. Non c'è una via di mezzo. In ballo c'è addirittura il diritto di esistere, mai messo finora in discussione dai paesi che si riconoscono nella *Dichiarazione universale dei diritti dell'uomo* adottata dalle Nazioni Unite nel 1948.

E se l'identità tra essere e apparire fosse un abbaglio dei tempi?

2.2 L'abito fa il monaco?

Un tizio bruttissimo e con precedenti penali viene arrestato dalla polizia per un omicidio orrendo e crudele. Interrogato, si dichiara colpevole, fornisce un movente credibile e presenta la sua versione dei fatti, entrando in particolari raccapriccianti. Egli sembrerebbe colpevole. Ciononostante, il magistrato incaricato di condurre le indagini non crederà ciecamente alla sua versione dei fatti, e tanto meno si lascerà condizionare dallo spettacolo che l'uomo offre di sé. All'opposto, nel corso delle indagini il giudice ricostruirà i fatti, cercherà le prove dell'eventuale colpevolezza dell'uomo. Per la legge l'imputato sarà ritenuto innocente fino all'eventuale verdetto di colpevolezza. Verdetto contro il quale la difesa potrà ricorrere in appello, per due ulteriori gradi di giudizio.

Se, per assurdo, la magistratura si fidasse delle apparenze e non andasse invece alla ricerca delle prove dei fatti, le carceri traboccherebbero di innocenti, mentre tantissimi delinquenti resterebbe impuniti e a piede libero. Per fortuna, solo nelle corti improvvisate delle dittature e nei tribunali mediatici, oggi tanto in voga, si emettono verdetti di colpevolezza dopo aver valutato soltanto l'apparenza del crimine, o peggio ancora, l'aspetto e i comportamenti dell'imputato.

Chiunque ogni giorno debba valutare la salute, i comportamenti o il rendimento delle persone, come per esempio il medico e l'insegnante, sa di non potersi fidare del tutto delle apparenze. D'altronde, già gli antichi Greci erano a conoscenza del carattere illusorio dell'apparenza; in particolare Platone, con la sua celebre allegoria della caverna, metteva in guardia tutti dalle sue possibili insidie:

– ... immagina di vedere un'abitazione sotterranea, a forma di caverna, che ha l'ingresso aperto verso la luce, largo per tutta l'ampiezza della caverna; e in essa stanno, fino dalla fanciullezza, uomini incatenati alle gambe ed al collo, così da dover rimanere fermi lì e da poter guardare soltanto dinnanzi a loro, ma impossibilitati a girare il capo perché costretti dalle catene; alta e lontana, alle loro spalle, arde una luce di fuoco, e tra il fuoco ed i prigionieri sale una strada, lungo la quale è costruito un muricciolo simile ai ripari che stanno tra i burattinai e il pubblico, al di sopra dei quali essi mostrano la loro abilità nel muovere i burattini.
– Vedo, disse.
– Immagina dunque che passino lungo il muricciolo uomini che portano suppellettili d'ogni sorta, che sporgono oltre il bordo del muricciolo, e statue ed animali di pietra e di legno e manufatti d'ogni specie; e, com'è naturale, alcuni di quelli che portano questi oggetti parlano, ed altri tacciono.
– Strana immaginazione è questa, disse, e strani questi prigionieri.
– Rassomigliano a noi, ripresi io. Credi che ciascuno di questi possa vedere, anzitutto, qualcos'altro se non le ombre di sé e degli altri proiettate dal fuoco sulla parete della caverna che sta loro di fronte?
– Come possono vedere altro, disse, se si trovano costretti a tenere immobile la testa per tutta la vita?
– E poi? Non vedranno ugualmente solo le ombre anche degli oggetti trasportati lungo il muro?

– Ebbene?
– Se dunque fossero in grado di discorrere fra di loro, non credi che essi, invece che degli oggetti che passano, parlerebbero delle ombre che vedono?
– Necessariamente.

(Platone, *Repubblica*, libro VII)

Se l'apparenza può ingannare, com'è possibile che la società le conferisca un valore tanto alto? I filosofi che dubitavano del carattere di verità dell'apparenza erano forse sprovveduti? I magistrati sono forse dei pazzi? Non converrebbe, come suggerivano gli antichi scettici, sospendere il giudizio e rendersi imperturbabili davanti ai dogmi dell'apparenza? E poi, le persone esteticamente apprezzabili, sono forse più felici o più soddisfatte di tante altre che non lo sono? A giudicare dai fatti non sembrerebbe affatto!

3 Come la Venere

E pensare che nel corso delle epoche sono stati attribuiti alla bellezza tanti valori differenti. Tanto per fare tre esempi, in Platone la bellezza ha un valore supremo che coincide con il bene; in Sant'Agostino è verità, bontà, amore e armonia; verso la fine dell'Ottocento, quando si sviluppa la sanità pubblica, la bellezza diventa anche l'espressione della salute. Queste tre idee di bellezza sono talmente celebri da sopravvivere nei luoghi comuni: 'brutti ma buoni' (perché si presuppone che il brutto sia cattivo); 'bella come un fiore' (sottolineando il carattere di verità e armonia); 'lei è il ritratto della salute!'. Non è forse troppo riduttiva della realtà una bellezza esclusivamente estetica?

Ciò nonostante bisogna riconoscere che i valori umani non sono mai assoluti; si formano e si condividono con gli altri nei tanti luoghi della socialità, come la famiglia e la scuola, e si tramandano di generazione in generazione. Quando una comunità non condivide più un valore, pian piano questo svanisce; indugia solo nella memoria, evocato ogni tanto da qualche nostalgico per risistemare le cose quando non sembrano andare per il verso giusto: è quanto capita, per esempio, con il valore della verginità, evocato dai nostalgici della castigatezza femminile.

I valori associati da secoli alla bellezza, come il bene, il giusto e l'armonia, potrebbero andare del tutto persi nel corso del tempo. Tuttavia, per ora sono protetti da un antidoto formidabile: la bellezza eterna della natura e la bellezza senza tempo delle opere d'arte.

È superfluo dire quanto la bellezza della natura sia popolare: chi non prova sorpresa e gioia davanti a un bel tramonto, nonostante la sua ripetitività? Quanto all'arte il consenso nei confronti della bellezza di alcune opere è pressoché generale. Prendiamo per esempio alcune raffigurazioni di Venere, dea dell'amore. I morbidi volumi della celebre *Venere di Milo* (scultura marmorea del 130 a. C. esposta al Louvre di Parigi) appaiono splendidi agli occhi dei suoi ammiratori; di sicuro, non per l'aderenza a un canone estetico non più in voga (oggi una donna così sarebbe giudicata 'grassa'). Che cosa rende bella la Venere della classicità greca? La questione è misteriosa. Immagino che si tratti della femminilità quando si presenta, oltre l'erotismo, nelle sue componenti della fertilità e dell'amore muliebre, componenti che questa Venere esprime molto bene. Il suo aspetto non sarà più in voga, ma questo genere d'amore tiene ancor oggi ben salde le relazioni coniugali, che di sicuro non si reggono unicamente sul desiderio sessuale!

La *Venere di Milo* è molto diversa dalla splendida Venere emergente da una conchiglia, fresca e leggiadra, che Sandro Botticelli dipinse nel tardo Quattrocento (*Nascita di Venere*, Galleria degli Uffizi di Firenze). Tuttavia, entrambe evocano una femminilità legata a un'idea d'amore che non si riduce al solo piacere sessuale. Completamente diversa è la *Venere con Cupido* di Velázquez (seconda metà del Seicento) esposta alla National Gallery di Londra: i bei lineamenti del viso si intravedono di riflesso nello specchio che Cupido le porge premurosamente, mentre lei, garbatamente nuda e con i capelli raccolti sulla nuca, è adagiata dolcemente sul canapè. Nel complesso, l'immagine evoca un amore capriccioso come quello degli dèi, ma soprattutto libero da legami matrimoniali e valorizzato da un'irresistibile quanto ariosa seduzione femminile (riassunta nel noto trinomio: *amore-bellezza-seduzione*). Tuttavia, la seicentesca *Venere con Cupido* pare assai casta in confronto alla *Venere di Urbino* (esposta nella Galleria degli Uffizi) che nel secolo precedente Tiziano volle tanto scandalosa. Sfrontatamente sdraiata nell'alcova, al centro di una grande sala, ornata di soli monili che compromettono la naturalezza della nudità, la dea fissa disinvolta l'osservatore con una mano posata sul pube, ma non per decenza. Sullo sfondo, due donne di servizio sono impegnate in faccende domestiche. Qui l'erotismo mercenario mette in ombra la seduzione femminile, che di solito è allusiva, mai del tutto esplicita.

All'epoca la *Venere* di Tiziano fu molto criticata per il riferimento esplicito alla prostituzione e, non a caso, tre secoli dopo la carnalità ostentata dell'opera ispirò *La grande Odalisca* di Ingres (1814, esposta al Louvre) e l'*Olympia* dei bordelli di Manet (1863, Musée d'Orsay a Parigi). Ma il riferimento al meretricio non compromette la loro bellezza! E difatti, nonostante le sensibili differenze culturali, estetiche, etiche, concettuali, e via dicendo, la bellezza di tutte queste opere d'arte è universalmente giudicata straordinaria.

D'altronde, che la bellezza vada ben oltre l'apparenza e le mode del tempo lo dimostra la produzione artistica, architettonica, poetica e letteraria. Un segno tangibile e inequivocabile è, per l'appunto, la gioia – come la intendeva Spinoza, il passaggio dell'uomo da una minore a una maggiore perfezione – che si prova innanzi a certe opere. Come non gioire al cospetto della Venere nelle sue numerose versioni pittoriche e scultoree, delle piramidi egizie, come pure dello *skyline* di New York, dei mosaici del Mausoleo di Galla Placidia a Ravenna, o della Cappella Rothko di Houston, in Texas, tanto per fare qualche celebre esempio? Che la bellezza si associ alla gioia lo dimostra anche l'allegria che ci coglie passeggiando nelle città d'arte italiane, con le splendide piazze e fontane, i palazzi storici, le chiese monumentali, i musei, i siti archeologici… In questi luoghi magici il moltiplicarsi delle sollecitazioni estetiche ci rende più ricchi, aprendoci a un mondo di esperienze inaspettate, talvolta finanche troppo emozionanti! Come, del resto, accadde a Stendhal:

Firenze, 22 Gennaio [...] Ero già in una sorta di estasi, per l'idea di essere a Firenze, e la vicinanza dei grandi uomini di cui avevo visto le tombe. Assorto nella contemplazione della bellezza sublime, la vedevo da vicino, per così dire la toccavo. Ero arrivato a quel punto d'emozione dove si incontrano le sensazioni celestiali date dalle belle arti e i sentimenti appassionati. Uscendo da Santa Croce, avevo una pulsazione di cuore, quelli che a Berlino chiamano nervi; la vita in me era esaurita, camminavo col timore di cadere. (...) Due giorni dopo, il ricordo di ciò che avevo provato mi ha ispirato un'idea impertinente: meglio per la felicità, dicevo, aver il cuor fatto a questo modo piuttosto che il cordone blu. (Stendhal, *Roma Napoli Firenze*, 1817)

4 L'attimo di eternità

La bellezza della figura umana, riprodotta in una pluralità di canoni estetici nelle opere d'arte, è riconosciuta dunque come universale. Ciò non toglie che curare l'aspetto fisico, acconciarsi e abbigliarsi secondo i canoni estetici del momento rientri nei valori umani condivisi. Bellezza universale e bellezza effimera non sono dunque antitetiche e possono coesistere serenamente. A creare conflitto tra i valori ideali e alti e i valori effimeri della bellezza sono essenzialmente le regole del mercato. Ho già detto che il corpo umano si presta a essere un'occasione di guadagno per l'industria della moda, della cosmesi e del benessere fisico, capaci di alimentarsi dei bisogni legati all'immagine corporea; i bisogni a loro volta richiamano altri bisogni e così via, in un circolo virtuoso per le industrie (che aumentano i fatturati), che può divenire vizioso per i consumatori, capaci di spendere un patrimonio per abbellirsi (per farsene un'idea si dia un'occhiata ai rapporti annuali dell'Associazione italiana delle imprese cosmetiche).

Il mercato della bellezza si regge sulla grande illusione collettiva che sia possibile diventare belli e snelli come le celebrità dello spettacolo. A giudicare dai ripetuti allarmi lanciati dall'Organizzazione mondiale della Sanità (OMS) sulla diffusione del sovrappeso e dell'obesità nei paesi ricchi, si tratta tuttavia di un sogno realizzabile solo per una sparuta minoranza di persone. Secondo l'OMS dal 1980 a oggi il numero degli obesi nel mondo è più che raddoppiato; il sovrappeso interessa i paesi ricchi e meno ricchi, in particolar modo gli Stati Uniti, l'Australia e gli stati del Sudamerica. Per contrastare il fenomeno (l'obesità è un fattore di rischio per la salute) l'OMS suggerisce di limitare il consumo di grassi e zuccheri; di aumentare quello di frutta e verdura e cereali integrali; di praticare regolarmente l'attività fisica; di controllare il peso. I comportamenti suggeriti sono di una semplicità disarmante, tuttavia pochi li osservano. È paradossale che il mondo ricco da una parte insegua il mito della snellezza tonica e dall'altra tenda sempre più a ingrassare.

D'altronde, dovendosi confrontare con le novelle figure di Venere e Adone, la nostra forma fisica ci può apparire sconsolatamente ordinaria o tristemente inadeguata. Tanto vale allora trascurare il fisico, abbrutirsi nell'inattività, ingurgitare hamburger e patatine fritte a volontà, e vivere l'accidia dei moderni dèi all'ombra riflessa dello schermo televisivo e dei *tabloid*. Oppure, all'opposto, abbandonata l'idea di somigliare ai divi, ci si può accontentare della cura del corpo, praticando l'attività fisica, curando l'alimentazione e seguendo uno stile di vita compatibile con la salute propria e dell'ambiente di cui si è parte integrante.

Tuttavia c'è chi non si accontenta della manutenzione ordinaria del corpo e, incentivato dalla società dell'apparire, si impegna nel tentativo di ricostruzione della propria immagine fisica, con misure straordinarie, quali la chirurgia estetica e impiantistica[2]. È un progetto ambizioso, contraddistinto da una lotta impari contro il tempo, il più

---

[2] Per inseguire il mito della snellezza tonica dei divi si tentano strade non sempre efficaci e in alcuni casi nocive per la salute. Ci si sottopone a diete sbagliate senza controllo medico, come la dieta iperproteica, che a detta dei nutrizionisti affatica i reni e il fegato, favorisce l'insorgere dell'osteoporosi perché acidifica il sangue, nuoce al sistema cardiovascolare e aumenta il rischio di ammalarsi di cancro; si assumono integratori alimentari inefficaci e talvolta dannosi; in palestra ci si sottopone a esercizi estenuanti suggeriti dal *personal trainer* e non dal medico dello sport, come dovrebbe essere. In parallelo, si ricorre a cure estetiche locali, più o meno costose e dai risultati instabili, come gli ultrasuoni e i laser, che penetrano sottocute e rompono le cellule di grasso poi espulse per le vie naturali. Infine c'è chi entra nella vortice della chirurgia plastica, con l'obiettivo di conquistare una forma perfetta modificando i propri connotati fisici. Vedi: Nunzia Bonifati, *Belli e in forma 'per forza'*, dossier pubblicato in *Contro cancro*, n.2 -2010, rivista edita dalla LILT (Lega italiana per la lotta contro i tumori) di Milano.

crudele nemico dell'effimero. Gli dèi della bellezza, che la società dell'apparire raccomanda di prendere a modello, non invecchiano mai. Hanno il privilegio di vivere nell'attimo eterno. Come si legge in un passo dell'opera di Friedrich Nietzsche *Così parlò Zarathustra*:

> "Questa lunga via fino alla porta e all'indietro: dura un'eternità. E quella lunga via fuori della porta e in avanti – è un'altra eternità. Si contraddicono a vicenda, questi sentieri; sbattono la testa l'un contro l'altro: e qui, a questa porta carraia, essi convengono. In alto sta scritto il nome della porta. 'attimo'.
> Ma, chi ne percorresse uno dei due sempre più avanti e sempre più lontano: credi tu, nano, che questi sentieri si contraddicano in eterno?".
> "Tutte le cose diritte mentono, borbottò sprezzante il nano. Ogni verità è ricurva, il tempo stesso è un circolo".
> "Tu, spirito di gravità! dissi io incollerito, non prendere la cosa troppo alla leggera! O ti lascio accovacciato dove ti trovi, sciancato – e sono io che ti ho portato in alto!
> Guarda, continuai, questo attimo! Da questa porta carraia che si chiama attimo, comincia all'indietro una via lunga, eterna: dietro di noi è un'eternità.[...]
>
> Avete detto sì a un solo piacere? Amici miei, allora dite di sì anche a tutta la sofferenza. Tutte le cose sono incatenate, intrecciate, innamorate – se mai abbiate voluto "una volta", due volte e detto "tu mi piaci felicità! guizzo! attimo!", avete voluto tutto indietro! Tutto di nuovo, tutto in eterno, tutto incatenato, intrecciato, innamorato, oh, così avete amato il mondo – voi eterni, amatelo in eterno e in ogni tempo; e anche al dolore dite: passa, ma torna indietro! Perché ogni piacere vuole – eternità! (F. Nietzsche, *Così parlò Zarathustra*, 1885)

Se la morte è una delle più grandi ossessioni umane, tentare di vivere la propria fisicità nell'attimo significherebbe in un certo qual senso ingannarla. È un dato di fatto che terminata la giovinezza essa si annunci nel tempo sul volto di ognuno; intorno ai cinquant'anni, le rughe, ambasciatrici impietose, segnano con minuzia di particolari le tappe del nostro fugace passaggio, *via crucis* verso la fine. Cancellarle non è forse farsi beffa di madama morte, mostrandole che cosa si è capaci di fare?

D'altronde, questa è la condizione umana: la giovinezza, acme della vita nella sua potenza, chiama e reclama a sé l'eternità. Non a caso, le dive e i divi del cinema, icone di eterna bellezza, nell'immaginario collettivo restano giovani per sempre, adorati dal pubblico per la loro capacità di far sognare quell'attimo eterno di gloria, bellezza e perfezione.

Talvolta è la morte stessa a nutrire in modo beffardo il mito della bella giovinezza. La bellezza sorprendente di Rodolfo Valentino conobbe l'eternità nel pieno del suo splendore, a soli trentun anni. La circostanza gettò nella costernazione milioni di ammiratori, che lo piansero disperatamente. Ma di lui ci resta l'immagine di un dio stupendo, che non dovrà conoscere l'umana senescenza.

Quando non è la morte prematura a nutrire il mito della bellezza eterna – come la sorte volle pure per Gérard Philippe, Marilyn Monroe, James Dean, e tanti altri ancora – ci pensa la macchina dello spettacolo a mettere le cose a posto. Non è un segreto che, dopo i cinquant'anni, molti divi bellissimi svaniscano quasi nel nulla, a meno che non si dimostrino utili alle produzioni cinematografiche. Quando a settantanove anni morì la divina Elizabeth Taylor – era il 23 marzo 2011 – i giornali riportarono la notizia con grande partecipazione e un'ampia documentazione fotografica dello splendore giovanile della diva. A prescindere dall'età, la stravagante Liz era ancora molto bella: eppure, in quell'occasione, le immagini della sua maturità furono riportate con estrema oculatezza, e solo per dovere di cronaca, come se esse raffigurassero il tradimento della bellezza eterna.

Si critica molto il sistema del divismo, soprattutto hollywoodiano, per la crudeltà con cui getta nell'oblio i suoi migliori protagonisti non appena comincino a mostrare con evidenza i segni del tempo. Ma queste creature che si prestano volontariamente al gioco dell'Olimpo, credono forse di restare giovani per sempre? Chiunque viva e si nutra d'apparenza, per proteggersi dai rischi cui va incontro dovrebbe leggere il *Faust* di Goethe: l'integerrimo dottor Faust, credente e uomo di scienza, in un tragico momento di sconforto si lascia tentare dal diavolo, cui cede l'anima in cambio di piaceri materiali e di giovinezza.

5 Il volto e il bisturi

Chi biasima le donne e gli uomini che, presi dalla paura della morte o dell'oblio, si sottopongono a trattamenti di medicina e di chirurgia estetica[3] fino a diventare irriconoscibili, o ignora i meandri bui della natura umana oppure prova un'invidia tremenda per il coraggio donchisciottesco che queste persone dimostrano nello sfidare le leggi della natura.

La faccia (dal latino *facies*, che annovera cinque significati: viso, figura, aspetto, apparenza, persona) – come un tempo insegnava la fisiognomica e oggi, in modo più scientifico la psicologia – è l'espressione per eccellenza dell'identità ed è il canale principale della comunicazione non verbale (P. Ekman, e altri). Ciò è anche confermato da numerosi studi neuroscientifici. Registrando l'attività elettrica delle cellule nel cervello delle scimmie, gli scienziati hanno infatti scoperto che alcuni neuroni della corteccia temporale inferiore sono specializzati pro-

---

[3] Per attenuare i segni del tempo l'offerta del mercato è molto ampia. Si comincia con le creme antirughe: le migliori in termini di efficacia sono a base di nanoparticelle di collagene e polimeri che distendono per qualche ora la pelle. In commercio si trovano cosmetici a base di antiossidanti che promettono con la loro azione anti-radicali liberi di rallentare l'invecchiamento cutaneo. Inoltre, allo studio ci sono anche prodotti a base di zuccheri, dei quali si suppone un'azione benefica sulle cellule della pelle. Chi non si accontenta dei prodotti cosmetici e intende modificare i lineamenti del viso si rivolge al medico estetico. Per ridurre la visibilità delle rughe sono efficaci le iniezioni sottocutanee di tossina botulinica: non certo innocua, essa agisce bloccando la conduzione neuromuscolare e provocando la paralisi fisiologica dei muscoli d'espressione, e per circa quattro mesi le rughe non si fanno vedere. Una soluzione più duratura è rappresentata dagli impianti: *filler* di acido ialuronico e polilattico, collagene o altre sostanze, iniettate sotto le rughe ingannano l'occhio per circa otto mesi, ma talvolta creano fenomeni infiammatori che per tutto il periodo trasformano la faccia in una maschera orribile. Ci sono anche gli impianti permanenti di sostanze inerti, come silicone o poliacrilamidi, sconsigliate dalle linee guida dei medici, ma egualmente praticati da medici senza scrupoli: la faccia diventa molto somigliante a quelle delle bambole di gomma e eventuali effetti negativi durano per sempre. Decisamente meno invasiva e più efficace è la tecnica del *lipofilling*: restituisce la rotondità giovanili del viso sollevando i tessuti in punti precisi e riempiendoli di grasso prelevato dal corpo del paziente. Ma la soluzione radicale per eccellenza è il *lifting*, l'intervento di chirurgia plastica al viso: è risolutivo, a patto che il chirurgo stia molto attento a non alterare i lineamenti e a nascondere bene le cicatrici (il periodo postoperatorio è di circa tre settimane). Vedi: Bonifati, *Belli e in forma 'per forza'*, ivi.

prio nel riconoscimento delle facce. Non a caso, pare che sia una lesione in quest'area del cervello a provocare la prosopagnosia (dal greco: *pròsopon*, persona, maschera, faccia, e *a-gnosis*, non conoscenza). Si tratta di un disturbo raro, che si manifesta con il mancato riconoscimento dei volti, anche dei più familiari; il celebre neurologo Oliver Sacks ne descrisse, con grande maestria, un caso in *L'uomo che scambiò sua moglie per un cappello*:

> Accesi la televisione, esclusi il sonoro e trovai un vecchio film di Bette Davis. Si stava svolgendo una scena d'amore. Il dottor P. non seppe riconoscere l'attrice, ma questo era spiegabile col fatto forse che la Davis non era mai entrata a far parte del suo mondo. La cosa più sorprendente era invece che egli non riuscisse a identificare le espressioni sul viso dell'attrice e del suo partner, benché nel corso di una sola scena infuocata esse passassero dal desiderio ardente alla passione, alla sorpresa, alla ripugnanza, alla furia, fino a sciogliersi in una tenera riconciliazione. Il dottor P. non capì nulla di tutto questo. Non riusciva ad afferrare il senso della scena, l'identità dei personaggi, addirittura il loro sesso. I suoi commenti sembravano quelli di un marziano. [...] Un viso per noi è una persona che si affaccia; vediamo per così dire, la persona attraverso la sua 'persona' (nel senso latino del termine), il suo viso. Ma per il dottor P. non c'era 'persona': nessuna 'persona' all'esterno, nessuna persona dentro. [...] costruiva il mondo come fa un calcolatore servendosi di caratteristiche chiave e di relazioni schematiche. Era possibile identificare la struttura – facendo una sorta di 'identitikit' – senza minimamente coglierne la realtà. (Oliver Sacks, *L'uomo che scambiò sua moglie per un cappello*, 1985)

A prescindere dalle mie intenzioni, la relazione con l'altro comincia dal volto: mostrandolo mi presento inevitabilmente agli altri, che possono in seguito riconoscermi. Solo coprendomi il viso, come fanno certi malfattori nel corso delle loro scorribande, evito l'esperienza di essere riconosciuto. Oltre i lineamenti, l'espressività del volto fornisce all'altro una serie di informazioni rilevanti riguardo le mie emozioni e dunque intenzioni (a meno che non tentassi di dissimularle). Per di più, la mia faccia offre all'altro una serie di informazioni stereotipate circa alcuni aspetti della mia personalità: 'viso acqua e sapone', 'faccia da schiaffi', 'un viso aperto', 'faccia di bronzo', e via dicendo. La faccia svela finanche le mie origini e la mia biografia, dice qualcosa perfino sui miei antenati; le origini geografiche sono messe a nudo dai lineamenti, dal colore della pelle, degli occhi e dei capelli, dalla forma del naso e delle labbra; mentre la mia storia personale è narrata dalle rughe d'espressione, dalla delicatezza o ruvidezza della pelle, dallo sguardo fiero o sottomesso; l'età, infine, traspare dai miei occhi, dalla compattezza della pelle e dal suo turgore o rilassatezza, così come dalle rughe.

> La nostra interfaccia per eccellenza è (come dice il nome) la faccia, con tutte le sue sfaccettature. È con questa facciata che noi ci affacciamo (a volte sfacciatamente) al mondo esterno, rischiando talvolta di perdere la faccia (a meno che non abbiamo una faccia di bronzo). La ricchezza lessicale legata al termine "faccia" ne conferma l'importanza. (G. O. Longo)

La faccia parla della persona in modo quasi imbarazzante. D'altronde sembra che la parola *persona* (che nel tempo ha preso molti significati) sia etimologicamente vicina, oltre che al greco *prosōpon*, all'etrusco *phersu* (maschera) e al verbo latino *persōno* (far risuonare): nel teatro greco i personaggi delle tragedie si caratterizzavano proprio con le maschere, attraverso le quali la voce dell'attore risuonava meglio.

Detto questo è possibile che modificando chirurgicamente i lineamenti del volto la relazione con i familiari stretti e gli amici in qualche modo ne risenta. A dire il vero anche il trucco modifica la faccia fino a renderla una maschera. Ma si tratta di un artificio di tipo teatrale, ben noto a tutti. Finché la faccia viene caricata nella sua espressività con il trucco, per farla "risuonare" meglio, i cambiamenti rientrano nel gioco delle parti. Del resto il *maquillage* è una delle tante civetterie umane, socialmente accettata da millenni in tutte le società. Davanti a un viso truccato si risale sempre al processo, all'attività del truccare: si stende il fondotinta, si dà volume alle ciglia con il mascara, si colorano le palpebre con l'ombretto, le labbra con il rossetto, e così via, e tutto si può togliere con una pulizia accurata.

Diversamente, se altero la fisionomia del viso sottoponendomi a ripetuti interventi di medicina o di chirurgia estetica compromettere non solo la mia integrità biologica, ma altero anche tutto il resto (emozioni, biografia, provenienza, ecc.). Se esagero mi rendo addirittura irriconoscibile, come capita ad alcune celebrità dello spettacolo. La rinoplastica, i *lipofilling* e i *lifting* per nascondere le rughe, la cheiloplastica per dare più volume alle labbra, la blefaroplastica per correggere le palpebre e tanti altri interventi estetici e chirurgici sottraggono alla vista altrui anche i fattori ereditari che determinano, per esempio, un naso prominente o le labbra troppo sottili; gli interventi ripetuti di chirurgia estetica aboliscono addirittura la storia delle mie espressioni facciali.

Forse non è esagerato dire che è come se mi impegnassi in un'opera di rimozione delle mie origini e del mio vissuto, anche relazionale. In questo caso non c'è trucco, ma trasformazione fisica. Chi m'incontrasse per la prima volta potrebbe intuire i miei cambiamenti dai segni lasciati dall'imperizia del chirurgo, quando non abbia nascosto bene le cicatrici o abbia esagerato con le migliorie. Chi invece mi conosceva da prima dovrà ricostruire una nuova immagine della mia faccia da sostituire a quella vecchia.

Non è ancora chiaro se le trasformazioni del volto dovute a molteplici interventi medici e chirurgici producano un cambiamento nella relazione con l'altro. Forse, dopo i primi momenti di sorpresa, l'abitudine ci porta a non farci più caso. Ma se il riconoscimento dei volti è davvero il processo di stimolo-risposta più importante della specie umana (così dicono i neuroscienziati) qualcosa nella relazione deve pur mutare, in particolare nella relazione tra il genitore e il bambino piccolo. Dal punto di vista neurologico sarebbe interessante capire come reagiscono i neuroni del bambino implicati nel processo di riconoscimento dei volti davanti alle trasformazioni fisiche della madre, o del padre. Andrebbero condotti una serie di studi, quanto meno per scongiurare eventuali rischi nello sviluppo del cervello del bambino piccolo. Ma le ricerche andrebbero fatte prima che il fenomeno della chirurgia estetica diventi popolare, e in particolare i medici dovrebbero informare accuratamente i genitori di eventuali rischi. Sarebbe anche interessante capire che cosa accade nell'area della corteccia temporale inferiore dell'adulto che entra in relazione con un parente o un collega di lavoro con il viso sensibilmente 'rifatto'.

Senza dover attendere i risultati degli studi scientifici si può almeno dire con una certa approssimazione che le trasformazioni fisiche, in particolare quelle del volto, alterano la percezione di sé. L'evidenza, soltanto empirica, viene registrata puntualmente dalle équipe dei reparti ospedalieri di chirurgia plastica e ricostruttiva. Soprattutto per le persone ustionate cui si tenta di ridare una faccia. Pare che sia frequente il rifiuto della nuova fisionomia: quasi una crisi di rigetto psicologico. In misura minore, le crisi si registrano anche dopo gli interventi di chirurgia estetica. I medici riferiscono di pazienti scontenti o pentiti di essersi sottoposti alle trasformazioni, e che talvolta chiedono addirittura di rimettere le cose a posto.

Tempo fa, ebbi modo di parlare del bisogno ossessivo di conformarsi ai modelli estetici suggeriti dalla moda e dallo spettacolo con Angela Faga, nota chirurga plastica e professoressa all'Università di Pavia. Mi riferì di un camionista che dopo una rinoplastica praticata altrove le chiese di riavere il suo naso con la gobba: non che fosse scontento del risultato, semplicemente senza quella familiare prominenza non si sentiva a suo agio! Angela Faga mi spiegò che questi ripensamenti dipendono dal fatto che la chirurgia estetica ha essenzialmente una finalità psicologica. Per questa ragione prima di sottoporsi a un intervento bisogna scavare a fondo nelle motivazioni, riflettere, parlarne con gli altri, prendere tempo. Guai ad accontentare immediatamente un paziente quando la sua richiesta sia effimera! È come se la chirurgia estetica fosse la fase conclusiva di un percorso di ricerca interiore. Ciò pare sia vero soprattutto per i giovani. Alla domanda sul perché un numero crescente di ragazze e ragazzi si rivolgano al chirurgo per interventi estetici, la professoressa Faga rispose dicendomi che nell'adolescente si dischiude all'improvviso un corpo nuovo, la cui immagine di rado corrisponde a quella che il bambino si rappresentava per un sé adulto. Sentendosi a disagio per la trasformazione, talvolta chiama l'intervento chirurgico in soccorso (se non addirittura in sostituzione) al suo difficile quanto indispensabile lavoro di conciliazione tra il dover accettare l'immagine reale del proprio corpo e la ribelle volontà di superare i limiti, cambiando le cose. D'altronde, mi chiarì Faga, il giovane deve costruirsi una sua personalità, e nel farlo cerca, tra le altre cose, di completare e migliorare se stesso adeguando la propria immagine corporea alla propria struttura mentale. Cerca un equilibrio: solo così emerge la persona.

Questa testimonianza, insieme a tante altre che raccolsi sul tema dell'ossessione di migliorarsi esteticamente, mi aprì gli occhi sugli aspetti più profondi della questione. Trattandosi di un problema psicologico importante, l'intervento del chirurgo o del medico estetico dev'essere conforme alle finalità della professione medica[4]. Se si tratta della salute del paziente (e qui torna ancora una volta utile la definizione di *salute* dell'OMS: "stato di completo benessere fisico, mentale e sociale, oltre che assenza di malattia") ben venga allora la chirurgia estetica!

Ma quando gli interventi chirurgici sono praticati a persone, anche giovanissime, che desiderano somigliare alla celebrità di turno, di cui vorrebbero avere il naso, le labbra, gli zigomi, i glutei, e via dicendo; quando le trasformazioni del corpo sono richieste al chirurgo su suggerimento del datore di lavoro, come talvolta capita nel mondo dello spettacolo; in questi e in casi analoghi, è difficile credere che l'obiettivo dell'intervento sia la salute della persona. Le motivazioni profonde del paziente in questi casi sono talmente insondabili da mettere in difficoltà uno psicoterapeuta.

Molto di tutto ciò pare che dipenda dalla spinta a determinarsi come

---

[4] Dal *Giuramento di Ippocrate moderno* sottoscritto dai medici: «Consapevole dell' importanza e della solennità dell' atto che compio e dell' impegno che assumo, giuro: di esercitare la medicina in libertà e indipendenza di giudizio e di comportamento; di perseguire come scopi esclusivi la difesa della vita, la tutela della salute fisica e psichica dell' uomo e il sollievo della sofferenza, cui ispirerò con responsabilità e costante impegno scientifico, culturale e sociale, ogni mio atto professionale; [...] di curare tutti i miei pazienti con eguale scrupolo e impegno indipendentemente dai sentimenti che essi mi ispirano e prescindendo da ogni differenza di razza, religione, nazionalità condizione sociale e ideologia politica;».

persona, unica e originale. Ma in un contesto sociale che favorisse il libero sviluppo delle singole individualità e della libertà di espressione, sarebbe desiderabile che donne e uomini, anziché mostrare al medico la fotografia del divo di turno cui desiderano somigliare, tentassero invece di affermare se stessi, ispirandosi a un modello estetico che si adatti loro.

5.1 Il modello e le nevrosi

È difficile dire dove nasca il bisogno di trasformare con il bisturi il proprio corpo, e se in futuro la tendenza diventerà una consuetudine. Da una parte si subisce un po' l'influenza dei canoni estetici suggeriti dai mondi della moda e dello spettacolo. Dall'altra, questi modelli di bellezza sono il frutto dei tempi e ricalcano in qualche modo i desideri e le ossessioni della gente. La questione è troppo complessa per esaurirla qui, e lascio che siano altri, più esperti di me, ad affrontarla.

A ogni modo, i canoni di bellezza suggeriti dalla moda e dallo spettacolo si riducono a pochi stereotipi[5], che non abbracciano la grande variabilità estetica umana. Salvo rare eccezioni, sono escluse dal consesso dei belli le popolazioni asiatiche, sudamericane, africane e altre ancora, colpevoli di non avere i lineamenti adatti alle passerelle dell'*haute couture* o al tappeto rosso della notte degli Oscar. Sono inoltre lasciate ai margini le persone che non corrispondono ai criteri estetici dettati dal settore della moda. Il più penalizzato è l'universo femminile: le agenzie di moda scelgono quasi esclusivamente ragazze tra 14 e i 30 anni, professionali, molto fotogeniche, con i lineamenti del viso inconsueti, distinguibili; l'altezza minima è 175 centimetri

---

[5] Il più in voga tra i modelli di bellezza femminile è la donna bianca, giovane, androgina e filiforme, sessualmente disponibile, aggressiva o docile che sia. Lo si deduce sfogliando i giornali, andando al cinema, guardando gli spettacoli televisivi e le immagini pubblicitarie. Anche se di donne così se ne vedono poche in giro, per reclamizzare i prodotti di consumo – dall'automobile allo shampoo – la pubblicità ammicca a questo modello, mostrando donne seducenti e incredibilmente magre, che i ritocchi del Photoshop rendono ancora più incorporee e distanti dalla realtà. Gli uomini sono più fortunati: la virilità (salvo la peluria, che di recente pare sia diventata un vero tabù) è ammessa al cinema, senza limiti di età (dall'intramontabile Sean Connery ad Al Pacino, da Brad Pitt al poliedrico James Franco). La moda, invece, propone ambigue forme adolescenziali, lontane dall'immagine del corpo virile, che a rigor di logica esprimerebbe meglio la bellezza di genere.

(ma ce ne sono di più basse, come la celebre Kate Moss, alta *solo* 172 centimetri); in compenso non c'è rigidità sul rapporto tra le forme (il classico 90-60-90 è superato), è sufficiente che ci siano le proporzioni e che si indossi la taglia 40 (al massimo la 42).

Ma quante donne corrispondono ai criteri tanto rigidi scelti dagli stilisti al solo scopo di dare più risalto alle loro creazioni? Perché una donna vorrebbe adattarsi a un modello che ricorda le fattezze di un manichino? È difficile rispondere a queste domande, poiché anche dietro a questi desideri che sembrano effimeri si celano motivazioni profonde.

Fin qui non c'è nulla di nuovo. In ogni epoca, generazioni di esseri umani si sono affaccendate per aderire con rigore alle tendenze in voga, anche a costo di patire sofferenze fisiche inaudite e rischi anche molto gravi per la salute. Corsetti avvitanti che levavano il fiato, scarpe strettissime e deformanti, tacchi alti da far venire il capogiro, parrucche pesanti insopportabili nella calura estiva, e poi ciprie che impedivano la traspirazione, impiastri, pozioni venefiche e orpelli di ogni genere adatti a far patire le pene dell'inferno. Nei secoli la moda ha rovinato la salute di coloro che hanno voluto credere in essa. Lo faceva notare ironicamente anche Giacomo Leopardi, nel *Dialogo della moda e della morte*, immaginandole come sorelle:

Moda. Io sono la Moda, tua sorella.
Morte. Mia sorella?
Moda. Sì: non ti ricordi che tutte e due siamo nate dalla Caducità?
Morte. Che m'ho a ricordare io che sono nemica capitale della memoria.
Moda. Ma io me ne ricordo bene; e so che l'una e l'altra tiriamo parimente a disfare e a rimutare di continuo le cose di qua giù, benché tu vadi a questo effetto per una strada e io per un'altra.
Morte. In caso che tu non parli col tuo pensiero o con persona che tu abbi dentro alla strozza, alza più la voce e scolpisci meglio le parole; che se mi vai borbottando trà denti con quella vocina da ragnatelo, io t'intenderò domani, perché l'udito, se non sai, non mi serve meglio che la vista.

> **Moda.** [...] Dico che la nostra natura e usanza comune è di rinnovare continuamente il mondo, ma tu fino da principio ti gittasti alle persone e al sangue io mi contento per lo più delle barbe, dei capelli, degli abiti delle masserizie, dei palazzi e di cose tali. Bene è vero che io non sono però mancata e non manco di fare parecchi giuochi da paragonare ai tuoi, come verbigrazia sforacchiare quando orecchi, quando labbra e nasi, e stracciarli con le bazzecole che io v'applico per li fori; abbruciacchiare le carni degli uomini con istampe roventi che io fo che essi v'importino per bellezza; sformare le teste dei bambini con fasciature e altri ingegni, mettendo per costume che tutti gli uomini del paese abbiamo a portare il capo di una figura come ho fatto in America e in Asia; storpiare la gente con le calzature snelle; chiuderle il fiato e fare che gli occhi le scoppino dalla strettura dei bustini; e cento altre cose di questo andare. Anzi generalmente parlando, io persuado e costringo tutti gli uomini gentili a sopportare ogni giorno mille fatiche e mille disagi e spesso dolori e strazi, e qualcuno a morire gloriosamente per l'amore che mi portano. [...]
> **Morte.** In conclusione io ti credo che mi sii sorella [...] dunque poiché tu sei nata dal corpo di mia madre, saria conveniente che tu mi giovassi in qualche modo a fare le mie faccende. (Giacomo Leopardi, *Dialogo della moda e della morte*)

A dire il vero oggi non è più così rischioso seguire la moda. l'abbigliamento è confortevole, le acconciature più sobrie, i cosmetici controllati, anche se non del tutto innocui. E le cure estetiche, salvo complicazioni o casi molto particolari, non espongono a sofferenze né a rischi gravi, a eccezione degli interventi chirurgici, tutti potenzialmente pericolosi per la salute. Nel complesso, rispetto a ieri prevalgono il *comfort*, l'igiene e la tutela della salute.

Un domani, quando sarà possibile potenziare e migliorare l'anatomia e la funzionalità umane, si imporranno senz'altro nuovi modelli di bellezza. Ci si troverà nella condizione di dover scegliere una gamma di modelli estetici adatti al corpo di una creatura cui non si richiederà soltanto lo splendore o l'originalità, ma anche una grande potenza fisica e sensi molto più sviluppati dei nostri. I nuovi modelli estetici si riferirebbero a un essere umano migliorato e potenziato, progressivamente trasformato in un cyborg, una creatura ibrida, creata ad arte nelle sale operatorie.

Se prendesse piede un modello estetico e funzionale di questo tipo, chi volesse adattarvisi non potrebbe far altro che trasformarsi in un cyborg. Il corpo subirebbe numerosi e ripetuti interventi chirurgici costosissimi, cui seguirebbero continue cure di 'manutenzione'. Di sicuro, trasformarsi in un cyborg bello e alla moda non sarebbe alla portata di tutti. È una prospettiva, questa, molto inquietante, di cui ci occuperemo nel capitolo conclusivo del libro. Certo è che i modelli estetici della moda e dello spettacolo, che qui abbiamo tanto criticato, sembrerebbero a confronto elementari e molto... umani.

Almeno per il momento, ispirandosi a uno dei tanti modelli estetici, o creandone uno personale, chiunque può costruirsi la propria immagine con un investimento economico molto variabile. La metamorfosi passa attraverso l'abbigliamento, l'acconciatura, il trucco, la dieta, i farmaci e i cosmetici, l'ortodonzia, l'esercizio fisico mirato, i trattamenti della medicina estetica con i suoi vari presìdi medici, il bisturi, e via dicendo. La figura dell'artista Michael Jackson, morto prematuramente nel 2009, rende l'idea della gamma dei mutamenti cui oggi un essere umano può volontariamente sottoporsi. Ma l'esempio più sorprendente della metamorfosi fisica è il cambiamento di genere. Si tratta di un processo lungo, delicato e molto complesso (anche giuridicamente), che consente a una donna o a un uomo di trovare la propria identità di genere, cambiando quasi a tutti gli effetti sesso.

6 Plasmare il corpo

6.1 Come la sirenetta

– So perché sei qui, – disse la strega del mare, – ma è insensato da parte tua! Tuttavia mi piegherò al tuo desiderio poiché ciò ti porterà sventura, o mia principessa stupenda! Tu vuoi disfarti della coda di

pesce e sostituirla con due puntelli per camminare come gli uomini, perché il giovane principe si innamori di te e tu possa, con lui, conquistare anche un'anima immortale! – Così dicendo sghignazzò tanto orrendamente che le bisce e il rospo ruzzolarono e lì continuarono ad avvoltolarsi. – Sei venuta in tempo! – disse la strega, – perché domani dopo spuntato il sole, sarebbe stato troppo tardi, e avremmo dovuto aspettare un anno intero. Ora ti preparo una bevanda che dovrai portare con te sulla terra prima che spunti il sole, e che dovrai bere sulla spiaggia; allora la tua coda si restringerà e si spartirà, come dicono gli uomini, in due graziose gambe; ti farà male, come se una spada affilata ti attraversasse le membra; tutti quelli che ti vedranno diranno che tu sei la fanciulla più bella che abbiano mai visto! Serberai la tua soave andatura, non vi sarà ballerina altrettanto lieve nella danza, ma ad ogni passo ti sembrerà di camminare sopra lame taglienti, così che verserai sangue. Se accetti queste sofferenze ti potrò aiutare!
– Sì! – disse la principessa con la voce tremante, e pensava al principe e all'anima immortale.

Hans Christian Andersen, *La sirenetta*

Nel 2006 fece scalpore la notizia di una modella svizzera, Janina Martig, che si fece allungare le gambe di tre centimetri per conformarsi, a quanto pare, allo standard richiesto dalle agenzie di moda. In verità, quattro anni prima Hajnal Ban, una ragazza australiana come tante altre, alta 154 centimetri, per ragioni psicologiche si era sottoposta a un intervento analogo ed era "cresciuta" di ben otto centimetri. Provata dalla sofferenza intrinseca a questo genere d'intervento chirurgico e dal decorso postoperatorio, che prevede un lungo periodo di fisioterapia, la ragazza sentì il bisogno di raccontare l'incredibile avventura in un libro (sotto lo pseudonimo Sara Vornamen, *God Made Me Small, Surgery Made Me Tall*). Hajnal sconsigliava di seguire la dolorosa strada di trasformazione fisica da lei intrapresa, sottolineando, tuttavia, il suo incredibile bisogno di essere più alta, come fosse una questione, oserei dire, esistenziale.

Queste storie, talmente incredibili da sembrare leggende metropolitane, preannunciano il genere di trasformazioni fisiche cui un individuo finirebbe con il sottoporsi qualora l'umanità scegliesse un domani di raffigurarsi in una creatura migliorata esteticamente e potenziata nelle sue capacità sensoriali e fisiche. Al di la di ciò, la tecnica di chirurgia che oggi permette di allungarsi le gambe è già comunemente impiegata nei reparti ortopedici più all'avanguardia del mondo. Fu inventata nel 1951 da un medico russo di particolare talento, Gavriil A. Ilizarov, spinto dal bisogno di trattare le fratture tremende e inguaribili dei tanti suoi compatrioti reduci dalla seconda guerra mondiale. Col tempo Ilizarov ha perfezionato la tecnica, che è impiegata principalmente per curare persone con difetti gravi agli arti, nanismo, displasia fibrosa, o che hanno subìto incidenti. In pratica con questo genere di intervento si stimola il tessuto osseo a rigenerarsi spontaneamente, com'è in grado di fare.

La tecnica è la seguente: s'ingabbia l'arto, nel nostro caso la gamba, in una armatura speciale da cui partono sottilissimi cavi d'acciaio che andranno infilati nell'osso da trattare. Il chirurgo seziona in orizzontale la tibia e il perone in quattro punti, facendo attenzione a non toccare il periostio, l'endostio, il midollo osseo e i muscoli, altrimenti la loro funzionalità sarebbe compromessa. Poi collega i cavi che partono dall'armatura al perone e alla tibia. A questo punto si mette in trazione la gamba da ambo i lati, tirando i cavi dall'armatura. Ogni giorno si tira un po' di più, e così i tessuti sezionati della tibia e del perone sono continuamente stimolati a rigenerarsi spontaneamente. Più a lungo si tiene in trazione la gamba, più l'osso cresce, allungandosi. Quando la crescita è giudicata soddisfacente, si sfilano i cavi e si toglie l'armatura. Le ossa sono perfettamente saldate alla nuova massa ossea che si è generata. Dopo l'intervento si procede con la fisioterapia, cui il paziente deve sottoporsi per recuperare la mobilità compromessa dall'immobilità e dalla nuova anatomia.

Dalla descrizione si capisce quanto l'operazione sia delicata, anche se di per sé è semplice. La degenza è molto lunga e dipende dai tempi di crescita dell'osso, e dev'essere seguita da un periodo postoperatorio estenuante. Il tutto è accompagnato da una grande sofferenza fisica, oltre che psicologica, che si tratta con dosi massicce di antidolorifici.

In caso di malformazioni o di problemi ortopedici gravi i benefici di questo genere d'interventi pesano sul piatto della bilancia molto più dei rischi. Se non altro per il fatto che le sofferenze che ne derivano si collocano, ragionevolmente, in un contesto di superamento di un problema fisico importante. Ma quando si tratta di migliorare un corpo sano, assolutamente non deforme, magari bello, la determinazione di certe persone a farsi segare e tirare a forza le ossa, in modo da stimolarne la crescita, lascia di stucco anche i clienti più fedeli dei chirurghi estetici. In effetti, sono ben poche le persone che si sottopongono a questo supplizio per diventare un po' più alte di quanto la genetica e altri fattori concomitanti abbiamo stabilito.

Ma quando queste tecniche chirurgiche saranno tanto perfezionate da diventare meno invasive e meno dolorose, quanti vi faranno ricorso per scopi esclusivamente estetici? Intanto, i professionisti che utilizzano il corpo come strumento di lavoro potrebbero ricorrervi nella stessa misura in cui oggi si avvalgono del tocco del chirurgo plastico. E magari non solo per farsi allungare le gambe, ma per rimodellare l'apparato scheletrico nel suo complesso. A quel punto sarebbe possibile avere un corpo simile alle bambole Barbie e Ken, e le industrie della moda e dello spettacolo potrebbero suggerire modelli estetici ancora più fantasiosi degli attuali. Plasmare i corpi, anche con l'ausilio della chirurgia ortopedica, sarebbe un'ottima opportunità, soprattutto per l'industria della moda; e forse non ci sarebbe più bisogno di ritoccare le immagini fotografiche con il Photoshop: il 'ritocco' si farebbe in carne e ossa!

Le applicazioni della medicina rigenerativa, che sfrutta la sorprendente capacità di alcuni tessuti di rigenerarsi, sono studiate con molta attenzione anche in chirurgia plastica e ricostruttiva. Nel qual caso l'obiettivo è curare in maniera più efficace i pazienti ustionati, amputati o deformati dal tumore.

6.2 Come la salamandra

Se oggi è possibile allungare le ossa, un domani forse si riuscirà addirittura a far ricrescere parti del corpo mutilate, gravemente compromesse o esteticamente brutte. Non è fantascienza, ma un'ipotesi di lavoro scientifica, che trae ispirazione dalle salamandre. Questi graziosi anfibi nascondono un segreto unico nel mondo dei vertebrati: una parte del loro corpo, anche estesa, accidentalmente amputata ricresce perfettamente identica. Ciò perché i tessuti del moncherino non cicatrizzano come di consueto; al contrario, sulla superficie della parte amputata si forma un sottile epitelio protettivo, al di sotto del quale le cellule specializzate – quali quelle dell'osso, della cartilagine, nervose e altre ancora – vanno incontro a un processo di *dedifferenziazione*. Queste cellule, insieme alle cellule staminali, formano un abbozzo (il blastema) dal quale pian piano si forma, per esempio, la nuova zampetta, come già accaduto nell'embrione e secondo il medesimo programma genetico. Tali cellule, chiamate fibroblasti, sarebbero dunque capaci di 'ricordare' come si formano le varie parti del corpo. Secondo un gruppo di scienziati del *Wistar Institute* di Philadelphia (USA), guidati da Ellen Heber-Katz, a favorire questo processo è l'inibizione di un particolare gene denominato p21. Solo se il gene non è attivo la cellula 'ricorda' e regredisce allo stato embrionale.

In verità, la straordinaria capacità delle cellule di ricordare il programma di sviluppo embrionale si ravvisa anche negli altri anfibi cui ricresce la coda, nella rana allo stadio del girino, e in certa misura, nei mammiferi; anche gli esseri umani condividono in ridottissima parte il segreto: nella fase della crescita (e talvolta anche dopo) i polpastrelli, se recisi, si rigenerano recuperando l'impronta digitale.

Considerando che il polpastrello umano può ricrescere, si potrebbe incoraggiare artificialmente un arto amputato a seguire la medesima strada, inibendo il gene p21. Così sarebbe possibile 'rinfrescare' la memoria delle cellule interessate ai processi rigenerativi, e si favorirebbe artificialmente l'avvio del meccanismo virtuoso adottato dalla salamandra. Probabilmente non si riuscirà mai a far progressi in questa direzione. La funzione del gene p21 è infatti di straordinaria importanza, perché frena lo sviluppo cellulare in caso di danni al DNA e si mostra quindi assai utile, in particolare contro l'insorgenza del tumore. Inibirne l'attività potrebbe quindi rivelarsi molto rischioso. Tuttavia gli scienziati studiano da molti anni come riprodurre questo meccanismo virtuoso[6].

Sfruttando il segreto delle salamandre i confini del possibile in medicina si sposterebbero molto più in là. Se si potesse stimolare la crescita di ampie parti del corpo amputate o danneggiate, allora, combinando il meccanismo della ricrescita con l'ingegneria genetica, si potrebbe addirittura amputare una parte del corpo ritenuta brutta (un gluteo, le orecchie, e così via) per farla ricrescere bella, magari simile a quella della star di turno. Ma questa, per il momento, è un'ipotesi del tutto fantascientifica!

7 Super eroi del post-umano

> La medicina si ritrova in un momento di cambiamenti epocali. Le nuove conoscenze della genomica e della proteomica, le possibilità di modificare il patrimonio ereditario, la prospettiva di riparare tessuti ed organi nonché le aspettative dei pazienti di ottenere terapie personalizzate ed al tempo stesso la necessità di affrontare i problemi della globalizzazione richiedono un'ampia riflessione. Si tratta di integrare il "nuovo" con l'esistente assicurando a tutti i trattamenti basati sull'evidenza senza dimenticare che le risorse economiche non sono infinite.
> Silvio Garattini,
> Istituto di studi farmacologici Mario Negri, 2011

Sentieri inaspettati della ricerca medica, scientifica e biotecnologica potrebbero condurre un domani alla creazione di un essere umano dotato di qualità estetiche superiori, della capacità di rigenerare parti

---

[6] Relativamente alla funzione del gene p21 si fa riferimento allo studio "*Lack of p21 expression links cell cycle control and appendage regeneration in mice*", di Khamilia Bedelbaeva, Andrew Snyder, Dmitti Gourevitch, Lise Clark, Xiang-Ming Zhang, John Leferovich, James M. Cheverud, Paul Lieberman, and Ellen Heber-Katz, pubblicato in *PNAS, 30 marzo 2010*. Per quanto riguarda gli esperimenti sulle salamandre si veda l'articolo: "*Regrowing Limbs: Can People Regenerate Body Parts?*", di Ken Muneoka, Manjong Han e David M. Gardiner, pubblicato in *Scientific American*, Aprile 2008.

ampie del corpo, di maggiore forza fisica e di sensi molto più sviluppati. E ciò per mezzo della medicina rigenerativa, delle manipolazioni genetiche, dei trapianti e autotrapianti, degli impianti di dispositivi bionici o robotici, dei farmaci, e altro ancora. Inoltre, apparirebbe all'orizzonte un essere umano nuovo, con racchiuse in sé le capacità e le funzioni più sorprendenti del mondo animale. Non solo la rigenerazione spontanea dei tessuti che possiede la salamandra, ma anche la capacità d'orientamento dei delfini, la vista dell'aquila, l'agilità del gatto, la forza della formica, tanto per fare qualche esempio. Potrebbe nascere un essere dall'identità ibrida, dalle doti eccezionali, superiore alle creature immaginate da Philip Dick nel romanzo *Ma gli androidi sognano pecore elettriche?* (1968), straordinariamente rielaborate da Ridley Scott nel film di culto *Blade Runner* (USA,1982).

Un cyborg siffatto avrebbe le capacità fisiche e sensoriali pari a quelle dei supereroi dei fumetti. In parte ciò è già possibile. Per una vista superpotente basterebbe impiantare nell'occhio un dispositivo organico che avesse le funzioni di telecamera con teleobiettivo, microscopio, rilevatore a raggi infrarossi per vedere al buio, una memoria abbastanza vasta da registrare le esperienze visive, e finanche un sistema biometrico di riconoscimento dei volti, utile per ricordare i nomi e i *curricula* degli interlocutori e per riconoscere eventuali malfattori o truffatori schedati dalle forze dell'ordine.

Allo stesso modo, per potenziare l'udito si potrebbe impiantare nell'orecchio una coclea artificiale di nuova concezione che consentirebbe di percepire i suoni a grandi distanze, di registrare i segnali per riascoltarli all'occorrenza e di riconoscere le persone con un apposito programma capace di elaborare il timbro della voce. La coclea artificiale potrebbe addirittura racchiudere le funzioni degli apparecchi di telefonia mobile; in tal modo l'auricolare, come quello dello standard *Bluetooth*, sarebbe un ricordo del passato.

Anche le papille gustative e le cellule olfattive si potrebbero potenziare mediante dispositivi biorobotici; un solo dispositivo combinato basterebbe per riconoscere sia i componenti chimici di un alimento, sia gli odori: questa capacità analitica sarebbe molto utile per difendersi da frodi alimentari, oltre che per curare le persone affette da anosmia (incapacità di percepire gli odori) e di ageusia (perdita completa del gusto). E ancora, si potrebbe aumentare la potenza e la resistenza fisica con una tuta di pelle artificiale molto resistente, collegata al sistema nervoso periferico e forse anche centrale; essa aiuterebbe a sostenere gli sforzi eccessivi, a proteggersi dal caldo, dal freddo, dalle radiazioni solari e preserverebbe l'incolumità fisica in caso di incidenti o aggressioni.

Qualora un giorno sorgesse il bisogno di impiantare nel corpo umano dispositivi come quelli descritti, lo scenario tratteggiato da possibile diventerebbe reale. Al momento, pare che questo bisogno sia sorto solo in ambito militare. Per rendersene conto basta dare un'occhiata al programma militare (*Army modernization*) dell'esercito degli Stati Uniti – il più potente al mondo in termini di impiego di risorse economiche, scientifiche e tecnologiche –, e ai relativi progetti della DARPA, l'agenzia della difesa statunitense dedicata alla ricerca avanzata. Il programma militare prevede una guerra condotta all'insegna della tecnologia satellitare, dei sistemi robotici, informatici e comunicativi di avanguardia. Anche il soldato si integra nel sistema avanzato di combattimento. Già sono in dotazione dispositivi che potenziano i sensi e la forza fisica: caschi dotati di computer e di navigatore satellitare che permettono di comunicare a distanza, di ricevere ordini dai superiori e di vedere al buio con i raggi infrarossi. È allo studio un sistema che, sfruttando le onde elettroencefalografiche, permetterebbe ai superiori di impartire ordini mentali (non verbali) ai subalterni. Per ridurre la fatica fisica sono in dotazione gli zaini bionici: collegati tramite elettrodi al sistema nervoso periferico, essi immergono il soldato in una sorta di realtà virtuale che non gli fa sentire il peso eccessivo dello zaino. È già in dotazione anche la versione moderna dell'antica armatura medioevale: anch'essa è collegata al sistema nervoso periferico e aiuta a superare la fatica quando si cammina troppo a lungo o quando si sollevano pesi gravosi. Ma non è finita qui, perché nel riserbo quasi totale che contraddistingue la ricerca militare sono allo studio altri sistemi sofisticatissimi. Si tratta di apparecchiature e congegni capaci di trasformare il soldato in un essere super-potenziato nei sensi e nella forza fisica: ma non nell'intelligenza, poiché, come si vedrà, questo non è ancora possibile.

Ciò che rende straordinariamente interessanti le applicazioni della ricerca militare, che richiama le migliori menti del mondo universitario grazie a un fiume di investimenti, sono le ricadute immediate sulla vita quotidiana. È già accaduto con l'energia atomica (usata per impieghi civili e in medicina), con i sistemi satellitari di comunicazione, con Internet, con il velcro, il teflon e altre innumerevoli invenzioni e scoperte di provenienza militare. Anche i sistemi di potenziamento che si stanno sviluppando oggi troveranno una loro applicazione civile non appena se ne scorgerà l'utilità pratica, e si diffonderanno così come si è diffusa Internet. Alcuni sistemi di potenziamento delle capacità fisiche e sensoriali umane sviluppati in buona parte dalla ricerca militare si sono già conquistati un mercato, mentre altri potrebbero trovare presto applicazioni molto utili in ambito civile. Ecco di seguito qualche esempio.

7.1 Forza bruta

I primi a interessarsi dell'armatura bionica sviluppata nell'ambito militare statunitense sono stati i giapponesi della società Cyberdyne. Convinti della sua utilità, essi hanno realizzato un esoscheletro robotico, un vestito un po' ingombrante chiamato HAL. Una volta indossato, HAL offre una certa facilitazione di movimento quando si abbiano difficoltà di deambulazione; inoltre il vestito robotico si mostra utile per la riabilitazione fisica ed è quindi impiegato con successo in alcuni istituti fisioterapici. L'esoscheletro trova una sua applicazione anche nel campo dei lavori pesanti: poiché consentirebbe di non sentire la fatica sarebbe utile ai facchini e agli operai nelle operazioni di carico e scarico di merci non affidabili alle macchine. Oggi è un'armatura ingombrante e scomoda, ma domani potrebbe svilupparsi in un esoscheletro molto più leggero e pratico come una tuta da ginnastica. A quel punto le sue applicazioni si moltiplicherebbero e si aprirebbe un mercato più ampio. Intanto lo si potrebbe usare nelle operazioni di soccorso e di sicurezza: potrebbero indossarlo, per esempio, i vigili del fuoco e i poliziotti dei reparti speciali. Ne beneficerebbero anche gli atleti in fase d'allenamento, così come il personale di pulizia e tutti coloro che si trovassero ad affrontare la fatica fisica e non volessero stancarsi.

7.2 Sensi artificiali tra organico e inorganico

Esistono già da tempo dispositivi capaci di sostituire o migliorare la vista, l'udito, il gusto, l'olfatto e il tatto. Per ora si tratta di congegni elettronici, bionici o biorobotici, molto rudimentali. In genere non sono realizzati in materiale organico e pertanto sono incompatibili con l'organismo umano, esponendo chi li abbia impiantati nel corpo a crisi di rigetto e a infezioni. Vediamo di seguito quali sono i congegni già in uso e che potrebbero aprirsi un mercato nella vita di tutti i giorni.

Inorganico – La lingua artificiale è un congegno elettronico nato per sostituire gli assaggiatori. Sono promettenti le sue applicazioni nel campo dell'industria alimentare, in particolare per determinare tutte le componenti di un prodotto alimentare, individuare le qualità organolettiche e scoprire le frodi alimentari. Oggi la lingua artificiale si utilizza soprattutto per riconoscere la qualità dei vini, meglio di quanto sappia fare un *sommelier*. L'Università di Barcellona ha sviluppato, per esempio, una lingua capace di 'assaggiare' unicamente lo spumante. Tuttavia, almeno per il momento, si esclude la possibilità di impiantare un congegno del genere nell'organismo umano.

Per quanto riguarda l'udito, esistono da molti anni numerose versioni di protesi che aiutano le persone con ipoacusia a udire meglio i suoni; si va dal semplice simulatore elettronico, all'impianto cocleare per i sordi, che però ancora non garantisce buoni risultati. Un domani si potrebbero sviluppare impianti cocleari potenziativi, che potrebbero essere impiantati in persone con un udito normale, le quali distinguerebbero meglio i suoni e li percepirebbero a distanze maggiori.

I dispositivi per migliorare la vista sono ancora rudimentali. La prima protesi retinica, *Argus® II*, realizzata dall'azienda *Second Sight Medical Product*, è stata impiantata per la prima volta in Gran Bretagna nel 2008, in due pazienti malati di retinopatia pigmentosa, una malattia ereditaria che può portare alla cecità. L'impianto garantisce un recupero minimo della capacità visiva, ma per chi non vede niente è già qualcosa. Il sistema funziona grosso modo così: la persona impiantata indossa un paio di occhiali dotati di una microtelecamera che registra le immagini e le invia a un piccolo computer, anch'esso portato indosso; l'immagine video viene elaborata e trasmessa senza fili all'occhio, all'interno del quale sono state impiantate chirurgicamente un'antenna e una matrice di elettrodi; ricevuto il segnale dal computer l'antenna lo ritrasmette alla matrice, la quale a sua volta emette impulsi elettrici che stimolano le cellule della retina non danneggiate; queste trasmettono le informazioni al cervello, tramite il nervo ottico. Il paziente percepisce immagini molto diverse da quelle naturali, che dovrà quindi imparare a distinguere e a interpretare.

Il problema principale di questi dispositivi è l'incompatibilità con l'organismo umano, dovuta al fatto che sono fabbricati con materiali inorganici che il sistema immunitario riconosce immediatamente come estranei. Le crisi di rigetto possono quindi essere frequenti; il paziente deve sottoporsi a una terapia immunosoppressiva, antirigetto, che espone l'organismo a contrarre infezioni. In certi casi la terapia non basta e si rende necessario rimuovere gli impianti, indipendentemente dalla riuscita dell'intervento. Sappiamo che il problema del rigetto riguarda anche i materiali biologici e si presenta talvolta in modo drammatico nei trapianti d'organo. Per ovviare il problema dell'incompatibilità con l'organismo umano sono oggi allo studio dispositivi realizzati con materiale organico proveniente, possibilmente, dal corpo della persona da trattare.

Organico – Esistono numerose versioni di naso artificiale, molte delle quali riconoscono una gamma molto ampia di odori. Tra queste c'è un sensore biorobotico realizzato con le cellule di una rana modificata geneticamente, al fine di farle percepire meglio gli odori. Frutto della bioingegneria più avanzata, il prototipo nasce all'università di Tokio, in Giappone, sotto la guida del bioingegnere Shoji Takeuchi, ma è tutto da sviluppare e non se ne prevede l'impianto nell'organismo umano (si veda l'articolo "*Highly sensitive and selective odorant sensor using living cells expressing insect olfactory receptors*", di Takeuchi e altri, pubblicato in PNAS, 31 agosto, 2010).

Quanto alla vista, un primo abbozzo di retina organica è stata sviluppata in Italia da un'équipe di ricercatori dell'Istituto Italiano di Tecnologia di Genova e del Politecnico di Milano. Gli scienziati hanno messo in coltura alcuni neuroni su un materiale plastico a base di carbonio (il materiale comunemente utilizzato per i pannelli fotovoltaici). Poi hanno eccitato con un segnale luminoso i neuroni, che hanno reagito all'istante sul polimero, esattamente come accade nella retina dell'occhio. I risultati dell'esperimento sono molto promettenti, ma si tratta ancora una volta di un prototipo primordiale, tutto da perfezionare.

Di sperimentazioni di questo tipo ce ne sono tante in corso. Tuttavia la strada, anche se molto promettente, è ardua da percorrere. Se non altro perché un organo di senso artificiale coltivato in vitro, utilizzando materiale biologico umano, non è mai del tutto identico all'organo naturale, quello che, per l'appunto, s'intende riprodurre. Lo dimostra la pelle artificiale, l'unico organo di senso coltivato in vitro da tessuti biologici, frutto di una delle forme più avanzate di ingegneria tissutale e impiegata nel trattamento delle ferite e delle ustioni gravi e nei trapianti di pelle. Per realizzare la pelle artificiale si mette in coltura un piccolissimo lembo di tessuto epidermico prelevato dal paziente da trattare. Quando il tessuto è cresciuto a sufficienza si impianta sulle parti ustionate, o gravemente lesionate, che non cicatrizzano. I risultati sono molto soddisfacenti. Ciò nonostante, la pelle artificiale è più sottile della naturale e in molti casi la copertura non può essere che temporanea. C'è un altro tipo di pelle coltivata in vitro: più spessa, si adatta al trapianto definitivo, ma crea qualche problema di rigetto perché contiene anche cellule estranee al paziente; comunque sia, anche il secondo tipo di pelle artificiale non è esattamente come la pelle naturale, per esempio non vi crescono i peli.

Nel mondo sono numerosi i centri di ricerca che studiano come realizzare organi di senso con l'ingegneria tissutale, come già accade per la pelle artificiale. È una strada impervia, ma per gli studiosi vale la pena di percorrerla perché un impianto progettato con materiale organico (meglio se proveniente da cellule della medesima persona da impiantare) sarebbe molto più compatibile con il corpo umano. Nel complesso le prospettive terapeutiche sono straordinarie.

7.3 Stessa intelligenza, forse meno

Non è escluso che un domani, quando questo genere di applicazioni si saranno sviluppate, si decida di impiegarle non solo a fini terapeutici, ma anche per potenziare gli individui perfettamente sani, che desiderassero avere i sensi più sviluppati e una maggiore forza fisica. Un progetto di creazione della vita che ricorda le storie dell'omuncolo, narrate nelle novelle ebraiche ispirate all'opera del celebre medico e filosofo medioevale Maimonide. In poco tempo si formerebbe un battaglione di persone superdotate: più belle, più forti, fornite di sensi più sviluppati, sarebbero senz'altro superiori agli individui normali, che al confronto risulterebbero brutti, deboli e limitati nei sensi. È possibile che un domani i miglioramenti riguardino anche le facoltà mentali, ma per il momento i tentativi in questa direzione sono vani e pare proprio che la cosiddetta intelligenza non si possa rinvigorire. A dirlo sono gli scienziati, secondo i quali allo stato attuale delle conoscenze non sarebbe possibile migliorare il rendimento del cervello. A questo proposito una tesi interessante è esposta in un libro sull'autonomia energetica degli esseri viventi, scritto da Robert Levin, Simon Laughlin, Christina De La Rocha e Alan Blackwell: "*Work Meets Life, Exploring the Integrative Study of Work in Living Systems*", Cambridge, MA, The MIT Press, 2010. Il punto è che l'attività del sistema nervoso centrale assorbe fin troppa energia, e per farlo funzionare meglio ne servirebbe molta di più, ma l'organismo non saprebbe come procurarsi il surplus di ossigeno necessario. Fornire più energia al cervello artificialmente sarebbe troppo rischioso, dicono gli scienziati. Ma c'è anche un altro limite da tenere in considerazione: le dimensioni del cervello sono troppo scarse e per quanto la rete di neuroni in esso contenuta sia ben sviluppata, il numero di connessioni non può aumentare più di tanto. Per superare l'ostacolo bisognerebbe ridurre le dimensioni dei neuroni, facendo spazio a un numero maggiore di cellule. Si formerebbe così una rete neuronale più fitta e il numero di connessioni aumenterebbe. Tuttavia una possibilità di questo tipo potrebbe derivare soltanto dall'evoluzione, che però, come abbiamo visto, è ferma da circa 35mila anni (a *Homo sapiens sapiens*) e non c'è ragione di credere che cominci ad accelerare proprio adesso.

Finché non sarà possibile incrementare le capacità mentali, una persona normale, priva di migliorie, per affermarsi in società potrà comunque contare sulla sua intelligenza. Infatti, nonostante i miglioramenti estetici e funzionali la superiorità umana risiederebbe pur sempre nelle capacità razionali, che si esprimono per esempio nell'elaborazione di strategie volte a risolvere i tanti problemi che si presentano di continuo nella vita. Da Dante a Mahatma Gandhi la storia dell'umanità trabocca di personaggi illustri e potenti, che non erano né belli né forti. D'altronde la superiorità della mente sulla forza bruta è riconosciuta universalmente, tanto da essere messa in risalto anche nel racconto biblico:

> Saul rivestì Davide della sua armatura, gli mise in capo un elmo di bronzo e gli fece indossare la corazza. Poi Davide cinse la spada di lui sopra l'armatura, ma cercò invano di camminare, perché non aveva mai provato. Allora Davide disse a Saul: "Non posso camminare con tutto questo, perché non sono abituato". E Davide se ne liberò. Poi prese in mano il suo bastone, si scelse cinque ciottoli lisci dal torrente e li pose nel suo sacco da pastore che gli serviva da bisaccia; prese ancora in mano la fionda e mosse verso il Filisteo. Il Filisteo avanzava passo passo, avvicinandosi a Davide, mentre il suo scudiero lo precedeva. Il Filisteo scrutava Davide e, quando lo vide bene, ne ebbe disprezzo, perché era un ragazzo, fulvo di capelli e di bell'aspetto. Il Filisteo gridò verso Davide: "Sono io forse un cane, perché tu venga a me con un bastone?". E quel Filisteo maledisse Davide in nome dei suoi dèi. Poi il Filisteo gridò a Davide: "Fatti avanti e

darò le tue carni agli uccelli del cielo e alle bestie selvatiche". (Bibbia, 1 Samuele, 17; 28-44)

Il resto delle storia è noto: Davide colpì Golia con la fionda, lo fece cadere a terrà e gli sottrasse la spada con cui gli tagliò la testa, e i filistei si ritirarono.

Tuttavia se la comunità umana aprisse le strade del successo sociale, professionale, sentimentale e via dicendo, *in primis* agli esseri umani migliorati e potenzianti nei sensi e nel fisico, le capacità razionali non sarebbero molto utili: il *saper pensare* non sarebbe più un requisito tanto importante. A furia di non pensare, e di delegare ogni ragionamento alle macchine, le facoltà mentali potrebbero addirittura subire una regressione per via del disuso; come, del resto, accade ai muscoli, la cui massa diminuisce sensibilmente se sono tenuti a riposo troppo a lungo. Non basterebbe più l'intelligenza per farsi strada, neanche nella più ordinaria delle competizioni. Al lavoro, a scuola, nello sport, nelle relazioni sociali e di coppia, le persone migliorate nel fisico e nei sensi s'imporrebbero su tutte le altre.

Se la capacità di ragionare perdesse di valore l'umanità migliorata in un tempo più o meno breve diventerebbe stupida e, forse, nell'arco di qualche generazione, potrebbe addirittura rischiare di estinguersi per effetto della sua stupidità. Potrebbe, per esempio, patire le carestie per aver compromesso gravemente la biodiversità, fatto morire definitivamente le api impollinatrici, avvelenato tutte le acque, e messo in atto altre azioni disastrose. In uno scenario catastrofico di possibile estinzione, il compito di far ripartire la storia dell'umanità spetterebbe ai quei pochi esemplari di umani normali, non migliorati, rimasti in vita.

7.4 Razza di deficienti: omaggio ad Asimov

Naron, dell'antichissima razza di Rigel, era il quarto della sua stirpe a tenere i registri galattici. Aveva il libro grande, con l'elenco delle innumerevoli razze di tutte le galassie che avevano sviluppato una

forma d'intelligenza, e quello, notevolmente più piccolo, nel quale erano registrate tutte le razze che, raggiungendo la maturità, venivano giudicate adatte a far parte della Federazione Galattica.
Nel registro grande erano stati cancellati molti nomi: erano quelli dei popoli che per una ragione o per l'altra erano scomparsi. Sfortuna, difetti biochimici o biofisici, squilibri sociali avevano preteso il loro pedaggio. In compenso, nessuna annotazione era stata mai cancellata dal libro piccolo. Naron, grande e incredibilmente vecchio, guardò il messaggero che si stava avvicinando.
«Naron!» disse il messaggero. «Immenso e Unico!»
«Va bene, va bene, cosa c'è? Lascia perdere il cerimoniale.»
«Un altro insieme di organismi ha raggiunto la maturità.»
«Benone! Benone! Vengono su svelti, adesso. Non passa un anno senza che ne salti fuori uno nuovo. Chi sono?»
Il messaggero diede il numero di codice della galassia e le coordinate del pianeta al suo interno.
«Uhm, sì» disse Naron «conosco quel mondo.» E con la sua fluente scrittura prese nota sul primo libro poi trasferì il nome sul secondo, servendosi, come di consueto, del nome con cui quel pianeta era conosciuto dalla maggior parte dei suoi abitanti. Scrisse: «Terra». «Queste nuove creature» disse poi «detengono un bel primato. Nessun altro organismo è passato dalla semplice intelligenza alla maturità in un tempo tanto breve. Spero che non ci siano errori.»
«Nessun errore, signore» disse il messaggero.
«Hanno scoperto l'energia termonucleare, no?»
«Certamente, signore.»
«Benissimo, questo è il criterio di scelta.» Naron ridacchiò soddisfatto. «E molto presto le loro navi entreranno in contatto con la Federazione.»
«Per ora, Immenso e Unico», disse con una certa qual riluttanza il messaggero «gli osservatori riferiscono che non hanno ancora tentato le vie dello spazio.»
Naron era stupefatto. «Proprio per niente? Non hanno nemmeno una stazione spaziale?»
«Non ancora, signore.»

«Ma se hanno scoperto l'energia atomica, dove eseguono le loro prove, le esplosioni sperimentali?»
«Sul loro pianeta, signore.»
Naron si drizzò in tutti i suoi sei metri di altezza e tuonò: «Sul loro pianeta?»
«Sì, signore.»
Lentamente, Naron prese la penna e tracciò una linea sull'ultima aggiunta del libro piccolo. Era un atto senza precedenti, ma Naron era molto, molto saggio e poteva vedere l'inevitabile meglio di chiunque delle galassie.
«Razza di deficienti!» borbottò.

Isaac Asimov, *Razza di deficienti*, (*Silly Asses*, 1958), da *Antologia di Fantascienza – Immaginatevi*, a cura di S. Benvenuti, Bruno Mondadori

Evidentemente, Asimov si riferiva alla realtà del suo tempo e la sua doveva essere una riflessione sul modo insensato di progettare il futuro prossimo. In effetti, sembra che la specie umana vada nella direzione della stupidità e che, nel reiterare i disastri, metta di continuo a repentaglio la sopravvivenza di tante altre specie. Sarebbe opportuno, come suggeriva Asimov, riflettere molto, per non perpetuare gli errori legati alla mancata previsione degli esiti infausti delle proprie azioni. Tuttavia non è facile. A frenare la riflessione è principalmente l'ingenuo ottimismo che scaturisce dalla presa d'atto dei favolosi successi parziali della ricerca scientifica e tecnologica (come la mappatura del genoma umano, la clonazione, la possibilità di modificare geneticamente gli animali e le piante, tanto per fare qualche esempio relativo ai risultati più recenti della ricerca biologica). Le cose sono peggiorate dal fatto che l'ottimismo non aiuta a essere cauti, ma alimenta il senso d'onnipotenza, che a sua volta, benché sia illusorio, alimenta l'ottimismo, e così via all'infinito.

7.5 Umanità futura

Così come oggi è raccomandato il ritocco estetico, un domani sarebbe apprezzato il miglioramento della forza fisica e delle capacità sensoriali. I tanti dispositivi elettronici, che oggi teniamo a portata di mano, sarebbero comodamente incorporati negli organi di senso artificiali impiantati nel corpo. Tutto ciò si rivelerebbe straordinariamente utile nella vita quotidiana, soprattutto nel mondo del lavoro. Tanto per fare un esempio, una compagnia aerea potrebbe decidere d'ingaggiare esclusivamente personale dotato di un certo tipo di impianti: innanzitutto l'impianto intraoculare che permetterebbe di vedere molto meglio, anche al buio, di riconoscere i passeggeri con il sistema biometrico di riconoscimento incorporato, e di registrare gli eventi; e poi l'impianto cocleare, che sostituirebbe anche il telefono mobile e avrebbe un sistema di riconoscimento dei suoni e del timbro della voce. La compagnia aerea otterrebbe il diritto di collegare alla stazione di comando gli impianti di tutti i suoi dipendenti impiantati. Gestire le attività e la grande mole di informazioni, provenienti dai piloti e dal personale di bordo, sarebbe troppo complesso per gli impiegati e quindi si renderebbe necessario affidare il compito a un sistema robotico di gestione e controllo. I piloti incarnerebbero la scatola nera del velivolo e rappresenterebbero una delle tante componenti del sistema robotico di controllo; in compenso gli errori sarebbero ridotti al minimo, così come il rischio di attentati.

Pian piano gli interventi di potenziamento della forza fisica e di miglioramento delle capacità sensoriali diventerebbero una necessità. Già oggi non si può quasi fare a meno dei dispositivi di telefonia mobile, del computer, dell'iPad, e via dicendo. Le persone prive di questi strumenti, che sono vere e proprie protesi del corpo umano, sono parzialmente escluse dal consesso sociale. Poiché non sono reperibili telefonicamente o via *chat*, tramite i *social network* o la posta elettronica, queste persone pagano il prezzo dell'isolamento sociale, professionale e forse anche sentimentale. Analogamente, chi un domani non avesse le protesi impiantate nel corpo potrebbe essere escluso socialmente, o considerato disabile. Nei paesi più progrediti, dotati di un sistema di assistenza sociale, queste persone sarebbero addirittura sottoposte a forme di tutela, per via del loro handicap. Gli impianti di base sarebbero rimborsati dal servizio sanitario; ma per una serie di ragioni, legate alla salute o alla volontà, qualcuno potrebbe rimanere senza.

Nel contempo, cambierebbero le norme nel mondo del lavoro: nelle fabbriche e nei cantieri si renderebbe obbligatorio, per esempio, impiegare una quota di operai non impiantati (come oggi accade per i disabili), purché si offrisse loro un'armatura protettiva e potenziativa che li rendesse più simili ai loro colleghi impiantati. Tuttavia, dove mancassero le garanzie sociali, si finirebbe con l'ingaggiare soltanto le persone potenziate, che si stancherebbero di meno, renderebbero di più e sarebbero in misura minore esposte agli incidenti sul lavoro. I normali lavorerebbero solo se accettassero di percepire un salario inferiore, proporzionale alle loro esigue capacità di prestazione, quindi molto ridotto rispetto al salario dei colleghi più dotati. Nascerebbe così una nuova forma di ineguaglianza sociale, fondata sulla prestanza fisica.

Alla lunga i normali susciterebbero un sentimento a metà tra la compassione e la ripugnanza, simile a quello provocato dai barboni irriducibili e dagli storpi. In un contesto del genere tutti sarebbero portati ad adeguarsi, anche a costo di grandi sacrifici umani ed economici. La scelta, ammesso che in casi del genere si possa parlare di scelta, sarebbe radicale: rimanere allo stato naturale o uscire dalla *bestia*, simboleggiata da un corpo del tutto inadeguato. Tutto ciò solo ed esclusivamente per conquistarsi un posto decoroso in società. Lo scenario tratteggiato sarebbe comunque in buona parte compatibile con i valori etici delle culture occidentali. Un panorama ben diverso si offrirebbe alla nostra vista se l'umanità decidesse di migliorarsi con un programma genetico ed eugenetico. A quel punto il concetto di umanità muterebbe sensibilmente. Ci sarebbero esseri umani di serie A, selezionati geneticamente (con l'eugenetica) o modificati geneticamente per essere belli – per esempio per avere una pelle che non invecchia –, resistenti alle malattie, più forti, con i sensi più sviluppati, e via dicendo. Poi ci sarebbero gli esseri umani di serie B, normali, non modificati, non selezionati geneticamente, che sarebbero considerati reietti, e sarebbero poco più che schiavi.

Considerando che alcune mutazioni genetiche indotte potrebbero essere trasmesse alla progenie e che l'eugenetica si prefigge di migliorare la specie, alla lunga si formerebbe un'umanità nuova, perfezionata. Allo stato attuale delle conoscenze scientifiche e biotecnologiche, sarebbe già possibile aprire la strada a una specie migliorata. In fondo, la pratica dell'eugenetica (attiva e passiva) è un gioco da ragazzi, e l'umanità vi si è già cimentata a vario titolo con grande fantasia, tuttavia mai tanto a lungo da determinare nella specie cambiamenti significativi. Inoltre, sappiamo che con l'ingegneria genetica si può già intervenire sul DNA. In teoria sarebbe anche possibile modificare lo stesso genoma. Già si modificano geneticamente e con successo gli altri animali, come le mucche, affinché diano più latte, e le cavie da laboratorio, per renderle più adatte alle sperimentazioni (come il topo modificato geneticamente per contrarre il cancro, che risulta utile negli studi sul tumore).

Gli unici freni a questo genere di programmi migliorativi sono gli ostacoli etici e la libertà terapeutica del medico (l'arte medica non è una scienza esatta, quindi si è liberi di curare i pazienti con le modalità che di volta in volta si dimostrano efficaci). Se la società lasciasse cadere questi due vincoli, oggi riconosciuti in tutto il mondo, le cose potrebbero cambiare molto velocemente. I governi promuoverebbero i programmi genetici ed eugenetici di miglioramento della specie umana. Come in Germania ai tempi del nazismo, la medicina sarebbe ridotta a strumento del potere, e i medici a meri esecutori di pratiche obbligatorie, stabilite dallo stato.

> Se non inseriremo nella Costituzione un articolo sulla libertà del medico, prima o poi la medicina si trasformerà in una subdola dittatura. Se riserveremo i trattamenti terapeutici a una sola categoria di persone, negando gli stessi benefici alle altre, avremo costruito la Bastiglia della scienza medica. Tutte le leggi di questo genere sono antiamericane e dispotiche.
>
> Benjamin Rush, medico, firmatario della *Dichiarazione d'Indipendenza degli Stati Uniti d'America*, 4 luglio 1776

L'aveva rosagrigio

Racconto di Giuseppe O. Longo

– Allora perché è venuto qui?
Sebastian si guardò intorno smarrito.
– Mi avevano detto che...
– Be', hanno sbagliato... Lo vuole fare o no, l'impianto?
La donna lo guardava severa. Aveva i capelli bianchi, folti e corti, la pelle fresca e la bocca sensuale. Poi si addolcì un pochino.
– Non è tenuto a decidere adesso. Ci pensi... Può darsi che facciano una legge e che l'impianto diventi obbligatorio. Il governo... Ma per il momento è facoltativo, anche se noi consigliamo a tutti di farlo. Venga quando ha deciso. Comunque ci vogliono tre giorni di degenza e si riceve un contributo pari al quarantacinque per cento della spesa. EccoLe i moduli per la domanda. Ci pensi su.
Sebastian avvertiva l'impazienza che serpeggiava nella coda dietro di lui. Punture di spillo sulla nuca. Ma non si decideva. Guardò il ventilatore che pendeva dal soffitto, le grandi pale nere che rotavano lente, ipnotiche.
– Senta, – disse a voce molto bassa, – il fatto è che la mia vicina, la mia dirimpettaia, se l'è fatto fare, e adesso...
– Adesso?
– Adesso telefona tutto il giorno...
– E allora?
– Mi disturba... sa, io faccio un lavoro che richiede concentrazione... faccio il traduttore...
– Senta, signor... – la donna dietro lo sportello consultò la scheda, adesso era di nuovo dura. – Senta, signor Kehoe, la decisione spetta a Lei. Si ricordi però che l'impianto è irreversibile. Non si può rimuovere.
– Ma io non conosco quasi nessuno... a chi telefonerei?
– Signor Kehoe, dietro di lei c'è gente che aspetta...

Qualcuno gli batté sulla spalla e Sebastian udì una voce irata:
– Allora, si decide? Siamo stufi di aspettare i Suoi comodi!
Si levò un coro di proteste. Un tizio basso, molto robusto, gli si mise al fianco, guardandolo con intenzione. Sebastian salutò l'impiegata con un cenno e se ne andò. Fece in tempo a sentire la voce stridula della donna dietro di lui che chiedeva l'ultimo modello di cellulare.
– Un impianto di tipo B... con accesso satellitare!... Azzurro pervinca!
Erano tutti così sicuri, così entusiasti di quella nuova tecnologia biotelefonica. Ma a lui non piaceva l'idea di essere guidato e in parte anche controllato da una stazione orbitante. E se fosse diventato obbligatorio? Se tutti, proprio tutti, avessero dovuto portare una protesi tra l'orecchio e la mascella? Dopo gli ultimi disordini giravano voci insistenti di un decreto ministeriale... Be', ci avrebbe pensato allora, era inutile fasciarsi la testa prima del tempo...

* * *

Mentre aspettava l'autobus vide un uomo anziano che passeggiava su e giù per il marciapiede, parlando animatamente.
– ... sì, sì... sto per prendere il 24. Dovrei arrivare da te verso le undici e un quarto. Quando scendo ti richiamo così ti dico l'ora esatta... intanto avverti Joel, anzi no, la chiamo io, ciao... Pronto, Joel? Lib. Come stai?... No, sto andando da Lili... Sì, ti aspettiamo... ci divertiremo, vedrai... fra un po' arriva il mio autobus... ti chiamo quando scendo. A dopo.
L'uomo si sfiorò la guancia sinistra per chiudere l'apparecchio e guardò Sebastian con aria incollerita:
– Allora? Che vuoi?
Sebastian si voltò dall'altra parte. Era sempre imbarazzante ascoltare le conversazioni altrui, ma a volte era inevitabile. Si appoggiò al tronco scabro di un albero. Per il caldo l'aria s'infoscava di bruma caliginosa e i palazzi di fronte tremolavano nel barbaglio.
Arrivò una ragazza in maglietta e pantaloncini. Anche lei era impiantata, aveva scelto una protesi nera, che dava un tocco funereo al suo visetto grazioso.
– ... no, gli ho detto di no, non crederai di fare lo stronzo con me, gli ho detto... lui? be' lui sulle prime... Scusa ho un'altra chiamata, resta in linea...
Si toccò la guancia con l'indice.

– Pronto? ah, sei tu... dove sei?... io sono al mare con Zoe... torno quando mi pare... no, non mi rompere... vaffan... pronto, Manu? ... era lui, mi chiamava da scuola... mannò, figurati... aspetta che arriva un autobus... no, non è il mio... un momento, qui c'è un tizio che mi scoccia...

La ragazza fissava Sebastian con atteggiamento bellicoso. Anche Sebastian la guardava, ma distrattamente, senza quasi vederla. Il sole dardeggiava sull'asfalto torrido.

– Adesso lo sistemo io... è una fortuna che abbia fatto l'impianto... no no, mi guarda... sì, è vecchio... potrebbe essere mio padre... resta in linea... pronto, polizia? Codice Nove... sì, all'angolo della Verrucchio e della Lexington... maschio, di mezza età, occhiali, quasi calvo, camicia bianca e pantaloni grigi... no non mi ha ancora aggredita, però avrebbe potuto farlo... bene... sì, aspetto senza prendere iniziative... ecco fatto, Manu, l'ho sistemato...

Sebastian ci mise un po' per capire che parlava di lui, la guardò con odio e si allontanò imprecando.

* * *

Entrando in casa andò subito in cucina, buttò la posta sul tavolo e si preparò un caffè. In segreteria telefonica nessun messaggio. Faceva caldo. Accese il condizionatore, abbassò tutte le serrande, poi andò in bagno e fece una doccia. Mentre si asciugava, attraverso la parete udì la voce della vicina:

– ...mannòoo, ti dico che lo fa per farmi dispetto... ma figurati... no, adesso sono in bagno... deve aver fatto la doccia... certo che mi scoccia... ne parlerò all'assemblea condominiale... un Codice Quattro? no, non mi sembra il caso, almeno per ora... in fondo un po' mi lusinga... ne ne, vifgh seul, chi lo vuole un tip acsè... senti, adesso vado giù in piscina, ti ciàm trumpoch... sì, certo che è lì ghescùlt... d'accordo, pào pào.

Sebastian prese la posta e si trascinò nello studio. Niente d'interessante: una cartolina di Cri con montagne innevate, un pieghevole pubblicitario, un catalogo di libri antichi e rari. Da una fessura della serranda filtrava una lama di luce. Sebastian pensò che avrebbe potuto dormire una mezz'ora, aveva lavorato tutta la notte ed era stanco. Alzò un pochino la serranda. Il sole incendiava il giardino, premeva come una liquida massa bollente sugli alberi e sulla palazzina di fronte. Il tetto si stagliava nitido e teso contro il cielo di

fiamma. L'acqua della piscina scintillava di piccole scaglie accecanti. Sul bordo, in costume da bagno, la sua dirimpettaia parlava movendo le mani. Sebastian si domandò come avesse fatto ad arrivare in giardino così presto. La donna era girata di tre quarti, Sebastian ne vedeva il profilo forte, la mascella grande, traversata dalla striscia rosagrigio della protesi che risaltava sulla pelle abbronzata. D'un tratto la donna si voltò verso la sua finestra e lo fissò per un attimo con aria di trionfo. Poi si aggiustò meglio sul materassino, si abbassò il davanti del costume e si accese una sigaretta. Sebastian vide distintamente sul filtro l'impronta rosso carminio lasciata dalla bocca. Ogni tanto la donna lo guardava con malizia e sorrideva. Faceva uscire il fumo lentamente dalle labbra turgide e con la mano libera si lisciava le poppe ignude.
Sebastian socchiuse i vetri e la sentì che diceva:
– ...sì, è lì che mi spia, come al solito... un maniaco, certo... e poi uno che non abbia l'impianto... chissée chussfàl tutt al dii... e poi non sa proprio con chi parlare... no, figurati, ha solo quello fisso, con la segreteria meccanica, ah ah ah!... deve fare il numero ogni volta... puvràz, mi fa anche pena... certo che al mondo ci sono dei disgraziati... bazg bazg burzultach... aaargh!
Si era voltata di scatto. Sebastian cercò di nascondersi dietro la tenda, ma non fu abbastanza svelto: gli sorrise perfida, mostrando i denti bianchi e grossi tra le labbra carnose. Poi gettò la cicca tra l'erba e si sdraiò. Lui ne osservò con disgusto il corpo grasso, lucido di crema solare, le cosce arrossate, il ventre largo, dove l'ombelico sprofondava come un occhio cieco. Chiuse la finestra, abbassò la tapparella e andò a dormire.

* * *

Si svegliò in un bagno di sudore. Il condizionatore si era fermato. Era stordito dal caldo e dal sonno prolungato. Mentre si sciacquava il viso, sentì la vicina che parlava, ma doveva essere in una stanza lontana perché di quello che diceva non si capiva quasi nulla.
– ...figurati... guè glighuè.. il medico... gneghè... ma quale consiglio!... cudhàa ghelìn ghelìn... alla mia età... so ben io quello che vuole! a pathachàzz. ma figuriamoci!... lubhokrùl krùl!...
Sebastian lasciò perdere, andò nello studio e sollevò la tapparella. Adesso in giardino c'erano parecchi casigliani, che approfittavano dell'aria più fresca.

Nella piscina sguazzavano alcuni bambini, tra spruzzi d'acqua e gridi acutissimi. Vide anche Nora e sperò che si voltasse per salutarla. Indossava un bolerino azzurro chiaro e nella luce rosata del tramonto i suoi capelli lucevano come l'oro. Il profilo della palazzina di fronte era un po' meno teso, aveva assunto una mollezza che preludeva alla sera. Le rondini giravano alte nel cielo. Sebastian decise di scendere anche lui e di farsi una nuotata. Mentre usciva sul pianerottolo, gli giunse la voce della dirimpettaia.
– Adesso vado in piscina, ti chiamo fra un po'... ti voglio raccontare di Gio... sì, pào.
La porta di fronte si aprì e la donna grassa lo guardò con antipatia.
– Buongiorno, signor Kehoe.
La sua voce era bassa e roca per il fumo e ne trapelava un astio profondo.
– Buongiorno, – mormorò Sebastian senza alzare gli occhi. Poi si tastò i pantaloni, fingendo di aver dimenticato qualcosa. Rientrò in casa e stette a origliare dietro la porta. La vicina scendeva pian piano la rampa di scale, e intanto parlava al telefono.
– Ah, è Lei, dottore! Sì, sì... pensi che stavo parlando proprio di Lei poco fa con la mia amica Ruth... ghruf ghruuf thalà... no, si figuri, sto andando all'aeroporto... no, solo per il fine settimana... thalàth... in montagna, un po' di fresco mi farà bene... d'accordo... lunedì? sì, credo di sì... medrinthalàn... altrimbent la chiammì... ye ye... Pronto, Ruth? Sei tu? Pensa... sì, mi ha chiamato adesso, alodadì subito a Tonia... tharubàz... shèmmi shemmì...
La voce svanì giù per le scale. Sebastian, tremando per l'agitazione, appoggiò la fronte alla porta e maledisse la vicina, il suo cellulare, la società dei telefoni, i chirurghi che praticavano gl'impianti, il governo e le sue leggi. Poi maledisse di nuovo la vicina e il suo cellulare.
Ci mise parecchio a calmarsi. Quando si sentì meglio andò in terrazza. Intorno alla piscina non c'era più nessuno. Contro il cielo azzurro cupo della sera gli spigoli della palazzina gli parvero di nuovo tesi e minacciosi. Le finestre erano tutte buie e verso occidente si vedeva una striscia arancio cupo, che sfumava nell'indaco. Si era levato un vento leggero, che faceva stormire le fronde degli alberi. Le cime sottili dei cipressi si curvavano lievemente, nere sullo sfondo vellutato del cielo. In lontananza udì la voce rauca della vicina:
– Sì, ormai è un mese che mi sono fatta impiantare... non puoi immaginare

com'è comodo... scusa, cara, non ne ho avuto il tempo, sai, con tutto quello che ho sempre da fare, e poi adesso mi vedo con Gio... non lo sapevi?... ma cosa vuoi che mi sposi... thalsà cumchl'è lu... la protesi?... sì, sì, comodissima, non bisogna far niente... no, basta pensare il numero e si entra in contatto... non lo so... sì, certo, in anestesia totale... è sempre un'operazione... rosa carne, gummbalach... ah, se lo vedessi, è proprio un amore... no, lei se l'è fatto fare azzurro... eccentrico, sì, però le sta bene, sai lei è un tipo... no, sun in ghiardghalìn... aspetta un momento... sì, figurarsi... sì sì, c'è sempre quel tizio che mi perseguita... gargulùn... una volta o l'altra gluglòn... a Gio? no, non voglio metterlo in mezzo... magari gli faccio un Codice Due o un Codice Tre... ghafardhàl...
La voce svanì nella sera. Sebastian guardava le prime stelle che occhieggiavano sopra il tetto bruno della palazzina di fronte.
"Non può denunciarmi, pensò, non le ho fatto niente. Nessuno può accusarmi di niente."
Ma era preoccupato.

* * *

La notte Sebastian cercò di lavorare, ma attraverso la parete divisoria udiva la vicina che parlava e parlava, tra piccoli scoppi di voce e risatine. Sebastian non ce la faceva a concentrarsi sulla traduzione, allora tentò di seguire i discorsi della donna, ma non ci riuscì, perché spesso la voce svaniva in un mormorio indistinto attenuato dalla parete. Pieno d'irritazione, si mise a camminare avanti e indietro per lo studio, a passi pesanti. La vicina tacque, poi batté alcuni colpi sul muro. Sebastian si fermò interdetto, non sapeva più che cosa fare. Sentì che la donna usciva sul terrazzo e continuava la sua conversazione all'aperto.
– Adesso non si può stare in pace neanche di notte... magglé, figurati... gli ho battuto sul muro... no, no ha smesso subito... che colpa ne ho io se ha l'insonnia? Gnancay ay llulà... Che si curi... ghe dit, ne... un malato di nervi...
La voce gli giungeva attraverso la portafinestra spalancata e nella quiete notturna sembrava allargarsi su tutto il giardino, sulla città intera. Sebastian chiuse i battenti cercando di mettere nel gesto tutta la rabbia che sentiva dentro, ma poco dopo dovette riaprire perché soffocava.
– ... ha riaperto... gharepèrt... potrùm ne telefunàa tardlùm, porchdìss..

Adesso la voce della donna era un sussurro indistinto, con toni bassi, gorgogliati, da bestia. Sebastian si mise a origliare nascosto dalla tenda.
– ... mi dà fastidio, non sono nemmeno più padrona di telefonare a chi voglio... è come se mi spiasse... ne ne, ne sai yò... no, non so se mi controlli davvero, ma quel suo modo di fare... così furtivo... no, non gliela dò vinta, se crede di farmi smettere si sbaglia di grosso... chlùchlà urgthalà... be', sì, allora che cosa ti stavo dicendo?... ah, sì, del reggiseno, insomma la commessa mi fa ma signora che bel seno che ha lei... come?... no, una ragazza giovane, sui vent'anni... scherzi? io sono rimasta sulle mie... incredibile, no?... la polizia? ma dài, era anche carina... na lesbuschula se vée, ne? csi zovna, ne...
La notte era fresca e una bava di vento mitigava il bollore che ancora emanava dall'impiantito del terrazzo. Dalla sua posizione Sebastian vedeva il contorno della villetta di fronte, che nell'oscurità pareva emanare una fioca luminescenza. Contro il cielo nero si stagliavano più neri i cipressi, le loro cime si piegavano piano alla brezza.
Si sedette in poltrona, spossato. La voce della donna gli giungeva ondeggiando attraverso lenti brandelli di sonno, dentro di lui si faceva strada una determinazione inconsapevole che girava e girava in tondo, con ali felpate.

* * *

L'alba lo trovò ancora lì, sulla poltrona, in slip e canottiera, stordito e madido di sudore. Il cielo bianco prometteva calura.
Andò in bagno, fece una doccia, indossò un paio di pantaloncini azzurri e scese in giardino. Camminava a scatti, la testa gli ronzava, per non cadere a terra fissava il cornicione della villa di fronte, che puntava dritto contro il sole. Sul bordo della piscina trovò il materassino gonfiabile della sua dirimpettaia e con un calcio lo scagliò in mezzo alla vasca. Poi si sdraiò sul cemento, un piede ciondoloni nell'acqua. Dondolava la gamba lentamente, ascoltando lo sciaguattio, il cervello completamente vuoto. Sopraffatti dal caldo che cresceva, gli uccelli pian piano tacquero. Attraverso le palpebre chiuse, Sebastian vedeva la luce filtrata in rosso dal proprio sangue, il sole gli scottava la faccia e la testa gli pulsava in un ronzio sordo.
A un tratto sentì che qualcosa cambiava, la luce si mutò in ombra, uno schermo si era frapposto tra lui e il sole. Socchiuse le palpebre e per lo sfascio

subito gli sgorgarono le lacrime. In controluce vide le gambe massicce, il ventre abbondante, il petto e poi la faccia della vicina. In costume da bagno, con le mani sui fianchi polputi, lo fissava minacciosa.
– Lei mi ha buttato il materassino in acqua!
La cosa era evidente, Sebastian non cercò nemmeno di replicare. La donna proseguì sibilando:
– Vada subito a riprenderlo.
Sebastian si sollevò sul gomito. Lei fece un passo avanti. Dietro la sagoma in controluce della donna gli spigoli della casa di fronte erano animati da una tensione insopportabile.
– Come dice?
– Vada subito a riprendermi il materassino!
– Altrimenti?
La donna esitò. Ma si riprese subito e a voce molto bassa minacciò:
– Altrimenti le fischio un Codice Undici.
Aveva gli occhi spiritati e ansimava. Lentamente Sebastian si alzò in piedi. La vicina indietreggiò, ma non perdeva nessuno dei suoi movimenti. Lui osservò con stupore che le iridi marrone della donna sfumavano in una cornea color caffellatte.
– Pronto!
Qualcuno l'aveva chiamata. Cominciò a parlare, fluviale, incontenibile. Sebastian guardava affascinato le sue labbra tumide e unte di rossetto, che si aprivano e si chiudevano, la lingua cilindrica che si dimenava dietro i grossi denti, tutto quel complesso orale animato da un movimento rotatorio robusto, inarrestabile. Non ascoltava le parole, vedeva le bollicine che si formavano e scoppiavano agli angoli della bocca, i piccoli spruzzi di saliva che descrivevano lucenti parabole nell'aria surriscaldata del mattino. La voce si rapprendeva in piccoli grumi duri come ma edizioni incendiate dal sole.
Sebastian si voltò a guardare la piscina riverberante di squame luminose che gli ferivano gli occhi. Il materassino galleggiava pigro a un paio di metri dal bordo.
– ...urgtalam patò medirtulaf... ne, ne... ay fotrullasì creghtabh... urgtalama bazg bazg burzultach... ne, te digh... ey ey, chi aquendrul ghtrila, aquendrul, matrillassin... el mè el meè el meeè... matrillassindul... dioprugh...

Sebastian allungò una mano e toccò lievemente la guancia impiastricciata e cascante della donna, che lo guardò con occhi selvaggi.
– Che fa?! Che fa, delinquente! Mi ha spento il cellulare! Adesso chiamo la polizia! Vedrà, porco!... Pronto, pronto, sì, polizia! Sì... Codice Venti Codice Venti Codice Venti... arghadìss... venée dcurs... dioprugh... dioprugh... argh argh... cerghass!... cefaast... cefaast... arghutt... arghutt! ssasiin, ssasiin... dioprugh!
Sebastian l'aveva afferrata per il collo e stringeva, affondando le dita e le unghie nella carne lardosa. La donna agitava le braccia, cercava di afferrargli i polsi per liberarsi dalla stretta, ma le mani unte di crema le scivolavano. Sebastian stringeva, guardando i cipressi neri contro il cielo avvampato, stringeva guardando il tetto della villa di fronte, cercando di capire quel messaggio in codice, quell'angolo enigmatico e carico di tensione che la grondaia formava con il terrazzino e con le finestre serrate. La donna si dibatteva, gli dava molli calci negli stinchi e sui ginocchi. Sebastian sentiva l'ansimo che le usciva dalla strozza, ma evitava di guardare il volto paonazzo, la lingua gonfia e violacea.
"Come in un film," pensò da molto lontano. La donna si dibatteva lenta, molliccia, come un polpo arpionato.
Con un mezzo giro del busto Sebastian la gettò nella piscina e si tuffò dietro di lei. La testa della donna riemerse, sollevando candidi spruzzi e schiuma luminosa, ma prima che riprendesse fiato Sebastian la spinse sotto con forza. Ricomparve dopo un po', gli occhi folli, la bocca spalancata per respirare, ma lui la ricacciò sottacqua. Poi s'immerse per trascinarla in basso, tra bolle d'aria e obliqui raggi di luce. La tenne abbrancata finché sentì che in quella massa flaccida non c'era più forza. La bocca era rimasta semiaperta in cerca d'aria e mostrava la lingua, gli occhi spalancati non esprimevano nemmeno più lo spavento, i capelli fluttuavano lenti nella luce striata che pioveva tranquilla dall'alto. Minuscole bollicine luminose sciamarono rapide verso la superficie argentea della piscina. Sottacqua la pelle della donna appariva più bianca, pallida, quasi già cadaverica. Sebastian allungò la mano verso l'impianto rosagrigio e ne sentì la levigata durezza plastica. Cercò di sfregiarlo con l'unghia, ma non ci riuscì, allora risalì e si diresse pian piano verso il bordo. Si issò lentamente e si guardò intorno.
Il profilo della casa di fronte era teso e minaccioso come un urlo.

8 Il corpo liberato

In futuro potrebbe farsi strada una nuova medicina, destinata a migliorare la specie, tentando al contempo di soddisfare le esigenze estetiche ed espressive dei singoli individui. I medici potrebbero così avere il compito di accompagnare i loro pazienti in un lungo percorso individuale di miglioramento complessivo, in accordo con la sensibilità, il gusto e la personalità di ciascuno. Il medico, che sarebbe anche un artista, utilizzerebbe come materiale grezzo il corpo del suo paziente; come strumenti per creare avrebbe a disposizione le tecniche di chirurgia plastica e rigenerativa, l'ingegneria genetica, l'ingegneria tissutale, la biorobotica, la farmacologia, e via dicendo. Potrebbe nascere una medicina estetico-funzionale, a metà tra l'arte e la scienza.

Tanto per fare un'ipotesi fantastica si potrebbero *plasmare* le ossa della faccia, allungare gli arti, distribuire ad arte il grasso sottocutaneo, stimolare la crescita dei muscoli e dello scheletro, combattere l'insorgenza delle rughe con la terapia genica, oltreché impiantare ogni genere di dispositivo migliorativo. Terminata l'opera, l'artista-medico potrebbe firmarla. L'artefatto coinciderebbe con il corpo del suo paziente, il quale ne deterrebbe la proprietà. Intorno a questa nuova forma d'arte si svilupperebbero una cultura e un mercato. Le opere più belle susciterebbero l'attenzione di critici e galleristi, e delle personalità più di spicco del mondo dell'impresa e dello spettacolo. Queste opere viventi sarebbero icone pubbliche di bellezza: si mostrerebbero nel corso di importanti manifestazioni culturali o politiche, festival, serate di beneficenza ed eventi sportivi. Richiestissime, le opere-corpo più splendide sarebbero quotate al mercato dell'arte e, all'occorrenza, qualora le leggi lo permettessero, vendute a terzi dai proprietari che le incarnano.

Se l'idea di plasmare il corpo secondo le modalità descritte è ancora molto lontana dalla realtà, lo scenario ipotizzato è piuttosto verosimile. Intanto, perché le donne e gli uomini *immagine* esistono già da tempo. Oggi si tratta per lo più di gente dello spettacolo e dello sport che presta la propria figura per campagne pubblicitarie di rilievo o si accompagna a manager, capi politici e imprenditori cui piace associare la propria immagine pubblica a quella di una persona bella e di successo.

A dire il vero, il concetto di corpo come opera d'arte è assai antico. Già ai tempi delle religioni primitive le ragazze e i ragazzi delle tribù si abbellivano e si dipingevano il corpo con grande cura per danzare in onore degli dèi, in segno di devozione e di riconoscimento. Le coreografie, i costumi, le pitture, i tatuaggi, le perforazioni, e altri interventi rendevano il corpo un'opera d'arte. Anche oggi alcune popolazioni, come i Maori in Nuova Zelanda e i Masai in Africa, conservano gelosamente le tradizioni dell'antica arte del corpo.

Nelle società occidentali le tracce di quest'arte si rinvengono principalmente nella danza, nel canto, nella recitazione e nel modo di abbellirsi. Nella seconda metà del Novecento alcune tradizioni sono state recuperate dagli etnomusicologi (i canti delle campagne, degli schiavi, delle tribù africane, ecc.) e dagli artisti della *body art*. Questi ultimi hanno indagato le forme più radicali e antiestetiche dell'espressività corporea. Vale quindi la pena di soffermarsi su questa corrente artistica, il cui oggetto di ricerca è l'espressività corporea più estrema e che ha dato il meglio di sé negli anni '60-'70.

Nella *body art* l'artista lavora il proprio corpo come se fosse un qualsiasi altro materiale d'uso (la creta, il marmo, ecc.). Le lavorazioni dei primi artisti consistevano principalmente in tagli, scarificazioni, bruciacchiature e altre operazioni cruente. L'opera coincideva con queste singolari lavorazioni, che l'artista presentava al pubblico in un luogo prestabilito (una galleria d'arte o una piazza). La *performance* veniva quindi filmata e fotografata per conservarne la memoria. Nel corso delle sue *performance* Gina Pane, una delle più illustri esponenti della prima *body art*, sconvolgeva il pubblico martoriandosi il corpo con le lamette, camminando a piedi nudi sui chiodi, cospargendosi il viso di vermi, e compiendo altre azioni ripugnanti che essa spiegava così:

> Con queste azioni volevo indicare radicalmente il 'segno' del corpo di 'questa' carne. Mi era impossibile ricostruire un'immagine del corpo senza che la carne fosse presente, senza che essa fosse posta frontalmente, priva di veli e di mediazioni. (Citazione da Marisa Vescovo,

Gina Pane, dal corpo fisico al corpo sindonico, in *Gina Pane: opere 1968 -1990*, Charta, 1998)

Con le sue *perfomance*, Gina Pane suscitava ribrezzo e raccapriccio, al pari di altri artisti suoi contemporanei che esploravano le forme estreme dell'espressione corporea, come Vito Acconci, Marina Abramović, Rebecca Horn. L'evidenza del corpo-carne era anche l'oggetto di ricerca di molti altri artisti, estranei alla *body art*, come Francis Bacon. Fino alla sua morte, avvenuta nel 1992, il celebre pittore inglese studiò la carnalità con una precisione d'analisi straordinaria, quasi tassonomica: nelle sue opere il corpo umano è carne, non diversa da quella che esce da un macello.

Se fino a ieri le esibizioni degli artisti della *body art* provocavano un certo disgusto, oggi la violazione della carne è ben accettata, tanto da essere comunemente praticata da molte persone. Tra i martìri più in voga ci sono la marchiatura della pelle con il tatuaggio, con la scarificazione (meno popolare) e il *piercing*, la cui pratica è tanto diffusa da raggiungere livelli da Guinness dei primati (nel 2011 due *piercers* americani hanno infilato nel corpo di un loro cliente ben 3.900 aghi, in 7 ore e 46 minuti). Sembrano supplizi moderni anche gli interventi di chirurgia e di medicina estetica: le violazioni con il bisturi, gli innesti di silicone o di grasso prelevato dal corpo stesso, le iniezioni di *botox*, e altre pratiche. Molto meno diffuso è il dimagrimento portato ai confini della morte, quasi come forma di purificazione del corpo. Un altro martirio che si sta diffondendo è la legatura 'artistica' di una vittima consenziente, con corde tanto strette da impedire i movimenti: chi partecipa al rito prova piacere voyeuristico nel veder sottomessa la vittima, che a sua volta gode per il sacrificio del proprio corpo. All'origine di questa tortura c'è l'antica pratica religiosa giapponese *Shibari*, ma qui di religioso non c'è più niente.

Non mi addentro in considerazioni antropologiche o filosofiche sul martirio come forma di ascesi (ne parlava Tertulliano nel I secolo d.C., convinto che fosse imminente la fine del mondo e che ci si dovesse preparare a sopportare il martirio). Dico, semplicemente, che questi supplìzi moderni andrebbero studiati con attenzione, non solo nel chiuso delle università. Non credo infatti che la disinvoltura con la quale la gente si sottopone a questi martìri derivi dalla volontà di seguire una moda o di offrire uno spettacolo di sé. Sembrerebbe piuttosto il tentativo di esorcizzare attraverso pratiche pubbliche e spettacolari la paura del dolore fisico e della tortura, paura mai risolta, spesso rimossa e che oggi riaffiora nella società occidentale.

Cosicché, se da una parte si pensa a un modello di perfezione fisica, longevità, bellezza, potenza e salute, dall'altra un numero cospicuo di persone attacca questo modello di perfezione con le categorie del brutto, del deforme e del mostruoso, incarnate nelle pratiche della mortificazione fisica. D'altronde, quanto a varietà d'espressione e fantasia, la bruttezza supera di gran lunga la bellezza, che ne è l'opposto. Il tema è tanto ampio da occupare interi trattati e qui non ce ne possiamo interessare. Ma chi voglia documentarsi può consultare il volume ricco di illustrazioni *Storia della bruttezza*, curato da Umberto Eco, editore Bompiani.

Nell'Occidente laico il martirio del corpo è un fenomeno nuovo che entra in contraddizione con i princìpi che hanno ispirato i diritti fondamentali dell'uomo. Nelle democrazie costituzionali il corpo è infatti circondato da una tale aura di sacralità da renderne inammissibile la violazione. Non è consentita la tortura, così come sono vietate le esecuzioni capitali nelle pubbliche piazze, praticate un tempo per mostrare al popolo il potere assoluto della legge sui corpi delle persone. La stessa pena di morte (molto osteggiata), laddove persiste come residuo di un passato oscuro, assume i connotati asettici della pratica indolore: quasi un'eutanasia necessaria alla collettività. Sono rigorosamente vietate e condannate anche tutte le mutilazioni obbligatorie del corpo, di cui simbolo orrendo è l'infibulazione; fa eccezione solo il minuscolo foro nel lobo delle orecchie, praticato alle bambine in ossequio alla civetteria femminile. Anche ostentare la bruttezza è considerato indecoroso, tant'è che la cura dell'aspetto fisico, come si è detto, è un dovere sociale che ormai scaturisce dalla volontà della persona.

La contraddizione è evidente: nell'Occidente laico si accetta a malapena il martirio iconografico di Cristo e dei santi, ma si sta progressivamente affermando un'estetica del sacrificio del corpo, alla quale ci si va abituando giorno per giorno. Non sarebbe neanche gradito che le persone si comportassero in ogni momento della vita come se fossero protagoniste di una commedia perpetua, interpretando oggi una parte e domani un'altra, come fa la gente dello spettacolo, che sembra recitare anche nella vita privata. Eppure, nonostante la diffidenza nei confronti di chi vive come in una recita, questi comportamenti cominciano a essere accettati e incentivati dalla società. La diffidenza nei confronti di coloro che vivono come sul palcoscenico trova le sue origini nei princìpi della Chiesa e in particolare nella paura del relativismo (la dottrina, nata nell'Europa dell'Ottocento, afferma la relatività della conoscenza, mettendo in crisi il concetto di verità e quindi molti valori morali occidentali). La questione, straordinariamente attuale, fu ben resa a suo tempo dal pensatore Albert Camus, nella parte de *Il mito di Sisifo* dedicata all'attore. Ecco cosa si legge in un passo del libro:

> Come avrebbe potuto la Chiesa non condannare nell'attore una simile pratica? Essa ripudiava, in quest'arte, l'eretica moltiplicazione delle anime, la sregolatezza delle commozioni, la scandalosa esigenza di uno spirito che si rifiuta di vivere un solo destino e si precipita dentro ogni intemperanza. Condannava in loro il gusto del presente e il trionfo di Proteo, che sono la negazione di quanto essa insegna. L'eternità non è un gioco. Uno spirito abbastanza insensato per preferirle una commedia ha perso la salvezza. (A. Camus, *Il mito di Sisifo*, 1942)

Con la globalizzazione il timore del relativismo è venuto un po' meno, anche se per certi versi continua a inquietare non solo i credenti, ma tutti coloro che hanno a cuore i valori di verità insiti nei diritti umani. La verità, infatti, sarà pure relativa, ma in Occidente ci s'indigna davanti a certe usanze lesive della dignità umana praticate in alcuni paesi: la sottomissione della donna, la riduzione in schiavitù dei lavoratori, la negazione della libertà d'espressione, le mutilazioni genitali femminili: gli esempi sono numerosissimi.

Ma il mutamento dei costumi, che ha come protagonista il corpo e la sua grande capacità espressiva, è anteriore alla globalizzazione, e comincia a manifestarsi come fenomeno di massa negli anni '60. Tutto scoppiò con i movimenti di liberazione delle donne, che reclamavano la proprietà assoluta dei loro corpi, affidata a lungo ai loro padri e mariti. Il cambiamento dei costumi fu anche frutto delle lotte degli operai, che prestavano il loro corpo al padrone per pochi spiccioli, facendolo usurare nella ripetitività ossessiva della catena di montaggio, come fosse l'ingranaggio di una macchina e non parte dell'essenza umana. Naturalmente, la scoperta del corpo e della carnalità, e la conseguente liberazione dei costumi fu ben vista anche dai giovani, organizzati a loro volta nelle università e nelle scuole con l'idea di progettare una società migliore, più aperta e più libera.

Le donne, gli operai, i giovani e gli altri ribelli aggregati, chiedevano con forza di potersi esprimere liberamente, non solo col pensiero, ma anche con il corpo, che doveva per questo essere esente da costrizioni. Non a caso, uno dei simboli delle lotte femminili, operaie e giovanili degli anni '60 e '70 fu la libertà sessuale. Libertà che andava esprimendosi non solo con la pratica del libero amore, ma anche con un tipo d'abbigliamento che ridimensionava le differenze di genere: l'*unisex*. Le donne indossavano i pantaloni e gli uomini si lasciavano crescere i capelli. A quei tempi fu una rivoluzione, che colpì a morte il cuore della morale cattolica e borghese dei costumi.

Alla fine del conflitto tutti però finirono con l'accorgersi che sotto le sottane e i severi abiti maschili c'era la carne. Lì, nella riservatezza più assoluta, essa gioiva, pativa, sudava, invecchiava, s'ammalava, s'incancreniva, moriva. Tutto ciò doveva avere un senso. Fino ad allora quella carne, destinata a degenerare, ricca di umori maleodoranti, talmente instabile da essere capace al contempo di patire e gioire, non era mai stata considerata degna della grandezza umana. Quest'ultima, secondo la cultura dominante, si esprimeva infatti in qualcosa di ben più nobile della carne: il pensiero, capace di guidare il corpo in azioni grandi e di lanciarsi in voli pindarici straordinari e in creazioni sublimi.

Ebbero un bell'ardire le donne a reclamare la centralità del corpo, mettendosi contro un apparato ideologico e religioso di antica memoria. Del resto le donne, capaci dalla notte dei tempi di accogliere, concepire, generare, nutrire e curare, ben sapevano che il corpo e il pensiero vivono all'unisono, che nel suo danzare quotidiano il corpo racconta di sé, con estrema lucidità afferma, chiede, ama, respinge, reclama... La rivoluzione dei costumi degli anni '60 ha lasciato affiorare la forza espressiva del corpo, canale di comunicazione per eccellenza, che era rimasta a lungo allo stato di latenza.

Anche se la capacità comunicativa del corpo è stata profeticamente indagata, fin nei dettagli più scabrosi, dagli artisti della *body art*, tuttavia la società occidentale non ha capito per tempo di cosa si trattasse. È vero che la libertà dei costumi si è affermata. Ma vuoi per incapacità, o forse per timore di contravvenire ai dettami della morale dominante, al corpo non è stata assegnata la dignità che gli spettava. Di conseguenza non si è sviluppata una cultura in grado di sostenere le prime istanze di libertà delle donne, degli operai e dei giovani; e non si sono quindi formati i valori morali capaci di sostenere la tanto reclamata libertà d'espressione corporea. Così, essa è andata raminga qua e là, come un'orfana abbandonata a se stessa; finché, dopo gli anni '70, si sono formati i valori dell'apparire come li conosciamo oggi. Questi valori hanno cominciato a sostenere la libertà d'espressione corporea, riducendola però a un fatto solo spettacolare. Tutte le dimensioni del corpo legate all'essere e non all'apparire sono state allora trascurate, se non addirittura dimenticate; e il corpo è stato ancora una volta umiliato, violentato, sacrificato, prima dalla società dei consumi e poi dalla società dell'apparire.

8.1 Non più vicino all'infinito

FAUST
Che sono io allora, se non mi è possibile
salire a quel vertice umano
cui tutti i sensi tendono?

MEFISTOFELE
Tu sei, in fondo... quel che sei.
Mettiti in testa parrucche con centomila riccioli,
mettiti ai piedi coturni alti un braccio,
resterai sempre quel che sei.

FAUST
Io capisco. In me ho raccolto inutilmente
quanto ha di prezioso lo spirito degli uomini.
E quando alla fine mi pongo a sedere
nessun vigore nuovo sgorga dentro di me.
Non sono di un solo capello più alto,
non più vicino all'infinito.
                                    Goethe, *Faust*

La società dell'apparire suggerisce che il corpo allo stato naturale sia imperfetto. Di conseguenza, incoraggia ogni genere di intervento orientato ad abbellirlo, potenziarne le capacità sensoriali e fisiche, ridurre gli effetti dell'invecchiamento. È un tendere alla perfezione, che tuttavia non tiene conto delle molteplici dimensioni del corpo, non tutte legate all'apparenza.

Innanzitutto, il concetto di corpo si presta a definizioni plurime, alcune delle quali molto complesse. Per esempio, il corpo è stato considerato per molto tempo come lo strumento dell'anima, e in alcuni casi finanche come il suo segno tangibile (secondo il filosofo idealista Hegel il corpo è la manifestazione esterna dell'anima). I meccanicisti del Seicento ritenevano che il corpo – e forse anche l'anima – fosse assimilabile a una macchina (Cartesio, Hobbes). A ogni modo, il corpo era strettamente legato all'*anima*, la quale, per alcuni era incorporea e immortale (Platone e neoplatonici), per altri era corporea e moriva insieme al corpo (epicurei e materialisti). Oggi non si parla quasi più di anima, bensì di *coscienza*: ma non è la stessa cosa, se non altro perché la coscienza non ha le caratteristiche di sostanza attribuite a suo tempo all'anima.

Il corpo può anche essere considerato come l'espressione piena del sé, fisico e psichico. Secondo Schopenhauer il corpo coincide con la volontà: "il mio corpo e la mia volontà sono tutt'uno" (*Il mondo come volontà e rappresentazione*, 1844). Mentre Nietzsche fa pronunciare a Zarathustra queste inequivocabili parole:

> "Io sono corpo e anima" – così parla il fanciullo. E perché non si dovrebbe parlare come i fanciulli? Ma il risvegliato, il sapiente dice: io sono in tutto e per tutto corpo e niente al di fuori di esso; e anima è solo una parola per un qualcosa del corpo. (F. Nietzsche, *Così parlò Zarathustra*, 1885)

Per Henri-Louis Bergson il corpo è uno strumento d'azione e di percezione. Diversamente, per Jean-Paul Sartre è più un fatto psichico che altro. La sua è un'idea molto vicina al nostro tempo, e vale la pena di soffermarvisi. In *L'essere e il nulla* (1943) il filosofo esistenzialista parla di tre dimensioni del corpo. La prima è l'*essere-per-sé*: il corpo come lo percepisco nella mia coscienza (Sartre diceva: "*io esisto il mio corpo*"). Non si può però prescindere dal mondo, che per Sartre è punto di vista, è relazione, è pratica. Per esempio, ogni cosa rimanda a un'altra, e i luoghi sono definiti in rapporto a punti di riferimento pratici:

> "Il bicchiere è sulla scansia" vuol dire che bisogna stare attenti di non rovesciare il bicchiere se si sposta la scansia. Il pacchetto di tabacco è sul camino: il che vuol dire che bisogna superare una distanza di tre metri se si vuole andare dalla pipa al tabacco, evitando certi ostacoli, tavolini, poltrone ecc., che sono disposti tra il camino ed il tavolo. In questo senso la percezione non si distingue affatto dall'organizzazione pratica degli esistenti in mondo. (J.-P. Sartre, *L'essere e il nulla*, 1943)

La seconda dimensione del corpo, secondo Sarte, è l'*essere-per-altri*: significa che il mio corpo è utilizzato e conosciuto da altri. *Altri* non è un dato esterno a me, o un vuoto da riempire, ma è qualcosa che nego come mio (l'altro è, dal momento che *non sono* io). Come l'*es-

ser-per-sé, anche l'*essere-per-altri* è un fatto psichico, e nasce come *altri* lo costruiscono. Per esempio, posso farmi l'idea di un una persona anche in sua assenza:

> La sala in cui attendo il padrone di casa mi rivela, nella sua totalità, il corpo del suo proprietario: questa poltrona è la poltrona-dove-egli-si-siede, la scrivania è la scrivania-sulla-quale-egli-scrive, la finestra è la finestra-da-dove-entra-la-luce-che-rischiara-gli-oggetti-che-egli-vede. Così è disegnato da ogni parte, e questo disegno è disegno-oggetto; un oggetto può venire ad ogni momento per riempirlo della sua materia. Ma c'è il fatto che il padrone di casa "non è là". È altrove, è assente. (ibid.)

La presenza degli *altri* appartiene comunque al *mio mondo*, e su questa base nasce la relazione tra me e gli altri. Due persone che non si conoscono ignorano reciprocamente l'esistenza l'uno dell'altro, poiché vivono mondi differenti. Ma quando due persone si conoscono, nella relazione che ne scaturisce ci sono i mondi di ambedue.

Dal momento che il mondo è condiviso c'è anche una terza dimensione del corpo: la *comunicazione*, che Sartre, sempre in "*L'essere e il nulla*", sintetizza così: "Esisto per me come conosciuto da altri a titolo di corpo". Vale a dire, conosciamo noi stessi attraverso gli altri, per mezzo della comunicazione.

Potremmo parlare delle numerose definizioni del concetto di corpo per molte pagine ancora. Ma quanto detto è sufficiente a inquadrare la complessità della questione: quando si parla di migliorare il corpo umano, potenziandolo e abbellendolo, s'incappa fatalmente non solo in difficoltà materiali, ma anche in problemi filosofici di non facile soluzione.

Ebbene, nel far coincidere l'apparenza corporea con l'essere ("l'abito fa il monaco" o "il monaco si riconosce dall'abito che indossa") la società dell'apparire trascura sia l'importanza delle molteplici accezioni del concetto di corpo, sia le sue tante dimensioni, come quelle, per esempio, individuate da Sartre.

Non sapendo cogliere le tante sfumature dell'idea di corpo la società dell'apparire si mostra dunque miope. A tal punto da non vedere, per esempio, in che misura una imperfezione fisica possa favorire l'emergere di una personalità dirompente: come il celebre personaggio Cyrano de Bergerac, la cui incredibile audacia, l'eccezionale vena poetica e la grande abilità di spadaccino sussistevano solo in virtù del suo enorme naso.

Anche la disinvoltura con cui nella nostra società si accetta l'idea che l'espressione del sé passi quasi esclusivamente per l'esibizione del proprio corpo denota una certa ristrettezza di vedute. È vero che per alcuni l'esistenza si riduce a una rappresentazione spettacolare di sé, ma nel complesso si tratta di una minoranza di persone. Nella vita di tutti i giorni ognuno esprime infatti la personalità in modo diverso, con le arti, la poetica, lo stile, i comportamenti, e ogni altro mezzo a disposizione, indipendentemente dal valore che attribuisce all'apparenza. Cosicché una comunità riconosce le virtù di qualsiasi individuo (un medico, un insegnante, un panettiere, e via dicendo) indipendentemente dal suo aspetto splendente o trasandato. D'altronde, sarebbe svilente ridurre l'essere umano alla sua sola apparenza. Sarebbe auspicabile, piuttosto, che ognuno trovasse i canali per esprimersi liberamente secondo i propri princìpi e la propria personalità, come raccomandava John Stuart Mill, che fu tra i padri del liberalismo:

> La natura umana non è una macchina da costruire secondo un modello e da regolare perché compia esattamente il lavoro assegnatole, ma un albero, che ha bisogno di crescere e svilupparsi in ogni direzione, secondo le tendenze delle forze interiori che lo rendono una creatura vivente. (J. S. Mill, *Saggio sulla libertà*, 1858)

8.2 La rivolta

Per il liberalismo, che è l'ideologia fondante delle nostre democrazie costituzionali, la libertà d'espressione è il caposaldo dello sviluppo di una società. Se si ponessero freni alla libertà d'espressione le singole persone, fiaccate nella volontà e nell'immaginazione, non avrebbero infatti l'opportunità di crescere e di svilupparsi individualmente. Cosicché, non potendo contare sulle potenzialità dei singoli individui, la società non si svilupperebbe. Ecco perché in democrazia si lasciano le persone libere di esprimersi, come meglio credono (purché non rechino danno agli altri), anche con modalità che qualcuno potrebbe giudicare sconvenienti o addirittura immorali.

Il punto è che nelle società libere (democratiche) la spinta umana a differenziarsi dagli altri è talmente sostenuta da indurre alla rivolta coloro che si sentono eccessivamente condizionati da modelli omologanti e da regole comportamentali rigide (a meno che queste non ricadono nella sfera della legge e del rispetto altrui). Generalmente, in nome della libertà d'espressione, i ribelli si associano tra di loro per condurre battaglie anche molto dure a favore della collettività. Le lotte degli studenti per il diritto allo studio, oggi indebolito dalla crisi economica, sono un classico esempio di ribellione lecita e ben accettata.

Tuttavia, quando è solo ed esclusivamente individuale, la rivolta può prendere una brutta china, tanto da diventare pericolosa per la collettività. Isolato, privato delle opportunità di sviluppo tanto promesse, svilito nella sua stessa essenza, il ribelle finisce per credere esclusivamente in se stesso, come un dio solitario, creatore e scrutatore del proprio universo individuale.

Sembra che oggi le società occidentali non riescano a offrire ai singoli individui quell'opportunità di crescita e di sviluppo auspicata dai padri del liberalismo. La stessa società dell'apparire non favorisce la valorizzazione delle persone. Ciò perché, come abbiamo visto, da una parte impone i sui modelli standard, cui chiede a tutti di uniformarsi; dall'altra acconsente che a trasgredire le regole siano soltanto gli individui capaci di dare spettacolo di sé. E tutti gli altri?

Questo evidente squilibrio è aggravato dal fatto che per i tanti eccentrici sprovvisti di strumenti d'espressione artistici o intellettuali dare spettacolo di sé diventa l'unica, grande opportunità per distinguersi. I più originali, per esempio, si rivoltano all'omologazione acconciandosi o comportandosi in modo molto stravagante o sconveniente. Tra questi ci sono anche gli squilibrati, che ricorrono a comportamenti criminali come mezzo per esibirsi in pubblico. Le azioni più terrificanti di questi folli che sembrano affetti da delirio di onnipotenza sono comunemente diffuse dalla stampa. Una delle più efferate ha avuto come teatro la civilissima Norvegia: il 22 luglio 2011 un folle poco più che trentenne, Anders Behring Breivik, ha ammazzato una settantina di giovani inermi, colpevoli di partecipare a un raduno del partito laburista. Lo squilibrato ce l'aveva con il multiculturalismo, l'islamismo, le ideologie di destra e di sinistra, e altro ancora, e per dirlo ad alta voce e a tutto il mondo ha usato il sacrificio dei suoi giovani connazionali. Ci sarebbe da riflettere sulle azioni dimostrative di questi psicopatici cresciuti in seno ai valori dell'apparire!

D'altronde, nessuno crede mai ai profeti, che hanno previsto molte brutte derive della civiltà occidentale. Il profeta Nietzsche, per esempio, ci aveva avvertiti con un certo anticipo riguardo al fatto che l'essere umano aborrisce a tal punto l'autorità da essere arrivato a uccidere finanche Dio, pur di non subirla:

> "Ma lui – doveva morire: lui vedeva con occhi che tutto vedevano – vedeva le profondità e gli abissi dell'uomo, tutta la sua celata bruttezza ontosa.
> La sua compassione non conosceva il pudore: egli si insinuava nei più sudici dei miei angoli. Questo curioso all'eccesso, super-invadente, super-compassionevole doveva morire.
> Egli vedeva sempre me: e io volli trar vendetta di un simile testimonio – o non vivere io stesso.
> Il dio che vedeva tutto, anche l'uomo: questo dio doveva morire! L'uomo non tollera che un simile testimonio viva".
> Così parlò l'uomo più brutto. Ma Zarathustra si alzò e fece per andarsene: si sentiva gelare fin dentro le viscere. (F. Nietzsche, *Così parlò Zarathustra*)

Per Nietzsche la condizione in cui si trova l'uomo dopo essersi liberato da un'autorità tanto ingombrante è tuttavia insostenibile: in quale altro luogo si troverebbe la grandezza, se non in Dio? Per risolvere il dilemma si dovrebbe negare del tutto la grandezza divina, o crearla nuovamente. Negarla avrebbe un costo troppo alto, poiché l'uomo non potrebbe vivere senza. L'unica soluzione possibile per Nietzsche è ricreare la grandezza, collocandola nel mondo, come diceva lui "nel cuore della terra"; una grandezza del genere sarebbe *come* un dio, ma non sarebbe Dio, non scruterebbe negli animi, non giudicherebbe, né proverebbe compassione.

Il personalismo esagerato di oggi, che si esprime anche nella rivolta contro i modelli uniformati, sembrerebbe uno dei tanti modi escogitati dall'essere umano per creare in sé la grandezza perduta con la morte del sacro. D'altronde il consumismo, come diceva Pier Paolo Pasolini, un profeta inascoltato dei nostri tempi, ha creato un tale livello di omologazione da non lasciare più nessuno libero di esprimersi. Pasolini diceva: siamo tutti tragicamente uguali, ciò che la dittatura fascista non ha potuto fare lo ha realizzato la democrazia con lo strumento del consumismo.

In definitiva, questa società dell'apparire, figlia legittima del consumismo, è incapace di entrare nel nocciolo dei fenomeni e delle cose e si sofferma solo sulla scorza. Più la scorza è bella e variegata, più si presume che sotto ci sia del buono. L'illusione deriva dal fatto che la comunicazione con l'altro comincia dalla presentazione o esibizione del proprio corpo, che è una scorza particolare, capace di dire molto anche del suo nocciolo, purché se ne colgano le sfumature.

8.3 Il cyborg polimorfo

Più bella, più forte, con i sensi ben più sviluppati, l'umanità di domani potrebbe rispecchiarsi in un nuovo modello estetico, funzionale e comportamentale, adeguato al cyborg. Ogni cyborg avrebbe una bellezza e capacità fisiche e sensoriali specifiche, sensibilmente diverse rispetto a quelle di ogni altro suo simile. Non sarebbe pertanto più possibile fare riferimento a pochi modelli ideali, ma ne servirebbero tantissimi. Nella migliore delle ipotesi si potrebbe guardare a un modello plurale e metamorfico, capace di contemplare le diversità naturali tra le popolazioni e le tante diversità artificiali tra cyborg e cyborg. Oggi si ravvisano tre condizioni culturali che potrebbero favorire l'avvento di un modello umano multiforme o polimorfo.

Prima di tutto, i frequenti spostamenti, anche virtuali, delle popolazioni da un continente all'altro mostrano con chiarezza quanto sia ampio lo spettro delle caratteristiche umane, non solo estetiche, che non è riducibile a quei pochi stereotipi riguardanti i principali gruppi etnici. Per esempio, i giovani neri possono essere fisicamente molto più forti dei bianchi; la pelle dei giapponesi sembra non invecchiare mai; gli studenti cinesi sono più virtuosi degli italiani, che però spiccano per creatività; e via dicendo.

In secondo luogo, le tante possibilità di migliorarsi esteticamente offerte dal mercato aiutano le persone a valorizzarsi come meglio desiderano, e a non sentirsi più schiave di un corpo che, per qualche ragione, non apprezzano sotto il profilo estetico.

In terzo luogo, i modelli troppo rigidi non si adattano perfettamente alla società dell'apparire, che, nutrendosi d'apparenza, ha bisogno dell'originalità degli individui nella misura in cui essi sono capaci di dare spettacolo. Ciò spiegherebbe perché i media non perdono l'occasione di portare all'attenzione del pubblico le vicende di pop star stravaganti, di atlete e atleti mutilati che competono con l'aiuto di protesi bioniche, di celebrità dello spettacolo trasformate in mostri dalla chirurgia plastica, di modelle tanto magre da sembrare sul punto di morire, e via dicendo.

Tuttavia, un modello polimorfo, fondato sulla carica espressiva e sulle capacità fisiche e sensoriali del tutto individuali, dovrebbe essere supportato da una società completamente aperta alle differenze fisiche e comportamentali tra un individuo e un altro (e un domani tra un cyborg e un altro). Un po' come nella serie televisiva *Star Trek*, dove gli umani membri della *Federazione dei pianeti uniti* comunicano disinvoltamente con i vulcaniani, i tellariti i medusani e i tanti altri membri della comunità interstellare, superando le differenze di specie.

Senza una cultura di accoglienza dell'altro, l'affermarsi di un modello plurale e polimorfo incontrerebbe comunque un ostacolo insuperabile. Oggi chi volesse costruirsi un'immagine corporea del tutto originale e mutevole, molto lontana dai modelli sia pur eccentrici che conosciamo, incontrerebbe numerosi problemi di accettazione sociale. Lo scoglio è nel rapporto con gli altri: nella comunicazione.

Due personaggi letterari del Novecento rappresentano in modo formidabile i tanti problemi cui si va incontro quando si prende la strada della metamorfosi: Vitangelo Moscarda, del pirandelliano *Uno, nessuno e centomila* e Gregor Samsa de *La metamorfosi* di Franz Kafka. I due protagonisti hanno in comune il fatto di condurre un'esistenza delle più anonime fino al momento in cui scoprono di essere fisicamente diversi, rispetto a come si erano sempre percepiti e rappresentati. Vitangelo Moscarda non si era mai reso conto di avere il naso storto. Quando la moglie glielo fa notare subisce un turbamento che lo porterà ad allontanarsi progressivamente dalla propria identità. L'uomo troverà pace solo quando si renderà conto di essere parte di un tutto. L'incipit del romanzo preannuncia magnificamente la metamorfosi cui il protagonista andrà incontro:

– Che fai? – mia moglie mi domandò vedendomi insolitamente indugiare davanti allo specchio.
– Niente – le risposi – mi guardo qua, dentro il naso, in questa narice. Premendo, avverto un certo dolorino.
Mia moglie sorrise e disse:
– Credevo ti guardassi da che parte ti pende.
Mi voltai come un cane a cui qualcuno avesse pestato la coda:
– Mi pende? A me? Il naso?
E mia moglie placidamente:
– Ma sì, caro. Guardatelo bene, ti pende verso destra.
Avevo ventotto anni e sempre fin allora ritenuto il mio naso, se non proprio bello almeno decente, come insieme tutte le altre parti della mia persona. Per cui m'era stato facile ammettere e sostenere quel che di solito ammettono e sostengono tutti coloro che non hanno avuto la sciagura di sortire un corpo deforme: che cioè sia da sciocchi invanire per le proprie fattezze. La scoperta improvvisa e inattesa di quel difetto perciò mi stizzì come un immeritato castigo.

Vide forse mia moglie molto più addentro di me in quella mia stizza e aggiunse subito che, se riposavo nella certezza di essere in tutto senza mende, me ne levassi pure, perché, come il naso mi pendeva verso destra, così. .

Nelle ultime battute del romanzo è racchiusa la drammaticità della fase finale della metamorfosi. Vi si ravvisano inquietudini nichiliste, molto vicine a quelle di Nietzsche:

> La città è lontana. Me ne giunge, a volte, nella calma del vespro, il suono delle campane. Ma ora quelle campane le odo non più dentro di me, ma fuori, per sé sonare, che forse ne fremono di gioia nella loro cavità ronzante, in un bel cielo azzurro pieno di sole caldo tra lo stridìo delle rondini o nel vento nuvoloso, pesanti e così alte sui campanili aerei. Pensare alla morte, pregare. C'è pure chi ha ancora questo bisogno, e se ne fanno voce le campane. Io non l'ho più questo bisogno, perché muoio ogni attimo, io, e rinasco nuovo e senza ricordi: vivo e intero, non più in me, ma in ogni cosa fuori. (L. Pirandello, *Uno, nessuno e centomila*, 1926)

Al protagonista kafkiano Gregor Samsa tocca invece una sorte tremenda considerando che una mattina si sveglia trasformato in un enorme scarafaggio; perfettamente cosciente della sua identità umana, il protagonista comincia a comportarsi da blatta, nel ribrezzo generale dei familiari, che alla fine lo abbandonano al suo destino di insetto immondo.

> "Deve sparire" disse la sorella, "è il solo rimedio, papà. Devi solo cercare di liberarti del pensiero che sia Gregor. La nostra vera disgrazia è che noi ci abbiamo creduto finora. Ma come può essere Gregor? Se fosse Gregor avrebbe capito da tempo che una convivenza fra esseri umani e un simile animale è impossibile, e se ne sarebbe andato spontaneamente. Non avremmo più un fratello, ma potremmo continuare a vivere e a onorare la sua memoria". (Franz Kafka, *La metamorfosi*, 1915)

Nell'impossibilità di comunicare, ma volendo a ogni costo comunicare, Gregor alla fine smette di mangiare e muore, quasi senz'accorgersene.

Un altro ostacolo all'affermarsi del modello individuale polimorfo, qui prospettato per l'avvento di un'umanità futura, sta nella relazione molto stretta e alquanto problematica con gli altri, i quali sul palcoscenico della vita costituiscono il pubblico. Si tratta anche in questo caso di un problema di comunicazione.

Prendiamo in considerazione i problemi dell'attore. Esigente e capriccioso, il pubblico teatrale non è interessato ai suoi sentimenti o difficoltà, dal momento che sul palcoscenico l'identità dell'attore coincide con quella del personaggio che interpreta. Il pubblico s'interessa dunque al personaggio, alla maschera, non all'attore in sé.

Per esempio, nel *Prologo* del *Faust* di Goethe il poeta del teatro, che è l'autore dell'opera che sta per cominciare, al cospetto del direttore e dell'attore (il comico), esprime le sue preoccupazioni riguardo le capacità del pubblico di cogliere l'essenza poetica dello spettacolo cui si assisterà:

> Ah, quel che allora sgorga dal profondo
> a noi, quel che tremante sillaba il labbro a sé,
> ora sbagliato e ora forse riuscito
> la furiosa potenza dell'attimo lo inghiotte.
> Spesso soltanto dopo un percorso di anni
> nella sua forma compiuta si rivela.
> Quello che brilla è nato per un attimo.
> Quello che è autentico resta; né i posteri lo perdono.

Al contrario l'attore si presta volentieri a incarnare l'effimero:

> Non voglio più sentirne parlare, di posteri.
> Se discorressi di posteri, i contemporanei
> chi penserebbe a divertirli?
> Perché lo possono e lo debbono!

> La presenza di un giovanotto in gamba
> è pur sempre, mi pare, qualcosa.
> Chi ha una buona comunicativa
> non se la prende con gli umori della gente.
> Più sarà vasto il suo pubblico
> e più sarà sicuro di commuoverlo.
> Allora coraggio, e fate vedere chi siete:
> voce alla fantasia, con tutto il seguito:
> ragione, intelligenza, sentimento, passione;
> e non però – attenzione! – senza un po' di pazzia!

E il direttore del teatro, sbrigativo, incalza:

> Si viene per guardare, quel che più piace è vedere.
> Che alla gente gli passino davanti molte cose,
> che se ne possano restare a bocca aperta
> e allora avrete il massimo successo,
> sarete adoratissimo.
> (Goethe, *Faust*)

Se così deve essere, il poeta ritiene che il suo mestiere sia ignobile: «*Per un artista vero è inaccettabile*». D'altronde il poeta non si mostra al pubblico come l'attore, non gradisce la confusione «*di quella folla tanto varia, ah, non parlarmene, che soltanto a vederla l'ingegno se ne va.*» Eppure è il poeta a scrivere l'opera che allieterà il pubblico: è una bella contraddizione! Il poeta teme dunque il confronto con il suo pubblico, confronto che l'attore invece sa gestire bene e appassionatamente.

In un passo de *Il mito di Sisifo*, Camus entra nel cuore del particolarissimo rapporto tra attore e pubblico:

> L'attore è il re del perituro. Si sa che fra tutte le glorie la sua è la più effimera. Questo almeno si dice parlando. Senonché, tutte le glorie sono effimere. [...] La proporzione stessa del corpo è insufficiente. La maschera e i coturni, la truccatura che riduce il volto e ne fa risaltare

i caratteri essenziali, il costume che esagera e semplifica; tutto questo universo sacrifica ogni cosa all'apparenza ed è fatto esclusivamente per l'occhio. Per un miracolo assurdo, è ancora il corpo che media la conoscenza. (A. Camus, *Il mito di Sisifo*, 1942)

Tuttavia, il grande valore conferito all'apparenza non rende più semplice la relazione tra l'attore e il pubblico, il quale può comprendere o fraintendere il messaggio, gradire o rifiutare la recita.

Analogamente, sul palcoscenico della vita la relazione con gli altri può farsi difficile, se non insostenibile. Intanto perché non si ha il privilegio dell'attore di togliersi la maschera, finita la recita, ma solo di cambiarla con un'altra e poi un'altra ancora, e così via. Non si interpreta un personaggio, come fa l'attore, ma lo si incarna. Tuttavia la maschera è sempre una maschera: troppo semplice o troppo artefatta, manca sempre di sfumature e può quindi risultare grottesca. Quando la maschera coincide con il sé, il sé può quindi mostrarsi tristemente grottesco.

Inoltre, l'attore di teatro nel corso di una recita sceglie sempre in che misura cedere ai capricci del pubblico. Se cede troppo per compiacenza, sacrifica l'interpretazione del personaggio; se non cede nulla, tradisce il pubblico – e per chi altri reciterebbe se non per gli spettatori? Allo stesso modo, chi vive come sul palcoscenico se per compiacenza cede troppo al suo pubblico, costituito da amici, colleghi, conoscenti, vicini di casa, e via dicendo, sacrifica se stesso, la sua individualità; se non gli cede nulla sacrifica i rapporti sociali, rischiando alla lunga l'isolamento.

In conclusione, due questioni accomunano l'attore e la persona che vive come sul palcoscenico. La prima è la comunione vitale con il pubblico. Questi partecipa alle vicende narrate, piangendo o ridendo o annoiandosi, provando comunque un'ampia gamma di sentimenti, inoltre si riconosce nei personaggi. Così è nella vita: si partecipa emotivamente alle esistenze degli altri, come in una commedia; più le esistenze delle persone sono spettacolari, maggiore è il coinvolgimento emotivo da parte dello spettatore. Forse è questa la ragione per cui sono molto apprezzate le notizie di cronaca nera e rosa: delitti efferati, intrighi amorosi delle celebrità, scandali sessuali dei politici; fatti veri in origine, ridotti però a caricatura, spettacolarizzati.

La seconda questione che accomuna l'attore e chiunque viva come sul palcoscenico riguarda la recita, la sua capacità di svelare una serie di verità a proposito degli spettatori. A teatro, come nella vita, i destini delle persone (attori e spettatori) sembrano invilupparsi, soprattutto quando le verità che emergono sono tremende e richiamano fatti della vita privata dello spettatore. Come nell'*Amleto* di Shakespeare: il fantasma del padre, che fu il re, narra al figlio Amleto di essere stato vittima di una congiura architettata dal nuovo sovrano, che lo avrebbe ucciso per usurpargli il trono, sposando poi la regina (madre di Amleto), di cui era l'amante. Per la tremenda rivelazione Amleto cade in un profondo avvilimento. Decide allora di appurare la verità facendo mettere in scena la triste vicenda da una compagnia teatrale che si trovava di passaggio a corte; la reazione incollerita del re usurpatore allo spettacolo non offre spazio al dubbio: è lui il colpevole dell'orrendo omicidio! Amleto organizza la vendetta. Ma le circostanze si aggrovigliano a tal punto che le persone care ad Amleto, e più legate tra di loro, muoiono tutte: l'amata Ofelia e il di lei padre Polonio, la regina sua madre, l'amico Laerte, fratello di Ofelia, il re usurpatore e assassino, e infine Amleto stesso.

A causa delle difficoltà di comunicazione tra gli esseri umani la società dell'apparire, che tanto investe sulla messa in scena della vita, sembrerebbe dunque incapace di accogliere in modo autentico (e non solo spettacolare) le tante differenze tra un essere umano e l'altro, e un domani tra un cyborg e l'altro. Il rischio è che l'umanità futura, per superare le difficoltà insite al pluralismo dei modi di pensare, di presentarsi e di essere, sia tentata da una svolta autoritaria: l'omologazione finale, l'essere umano come copia. Non più tanti cyborg polimorfi e accoglienti, felici di presentarsi agli altri oggi in una maniera e domani in un'altra, secondo i loro umori, desideri e convinzioni, ma *il* cyborg, l'unico, il perfetto.

Capitolo 4

La Creatura Planetaria ovvero l'immortalità virtuale

di Giuseppe O. Longo

> Niente nell'universo potrebbe resistere all'ardore convergente di un numero abbastanza grande di intelligenze collegate e organizzate. Grazie al prodigioso potere che ha il Pensiero di collegare e combinare nello stesso sforzo consapevole tutte le particole umane, siamo entrati in una fase del tutto nuova dell'Evoluzione. Non abbiamo ancora idea della potenza che possono avere gli effetti noosferici. La risonanza di milioni di vibrazioni umane! Il prodotto collettivo e additivo di un milione d'anni di Pensiero! Attorno a noi, in modo tangibile e materiale, l'inviluppo pensante della Terra – la Noosfera – moltiplica le sue fibre interne, rinserra la sua rete; e, allo stesso tempo, la sua temperatura interna sale, il suo psichismo si accresce.
>
> Pierre Teilhard de Chardin

4. La Creatura Planetaria ovvero l'immortalità virtuale

Premessa

In questo capitolo indicheremo un'altra possibile strada verso l'immortalità, legata alla comunicazione, alla mente, all'informazione. Se l'uomo abbandonerà il suo guscio materiale per trasformarsi in un essere di pura virtualità, se vivrà in un mondo di soli bit e non più in un mondo fatto anche di atomi, riuscirà a superare il limite estremo della morte? Riuscirà a prolungare la propria esistenza oltre la corruttibilità e la pesantezza della carne per librarsi nell'empireo della realtà virtuale, una realtà più reale del reale e più durevole della materia?

Questa prospettiva capovolge o almeno rivede quanto abbiamo compreso negli ultimi tempi, cioè che mente e corpo sono un tutt'uno, per tornare a privilegiare l'immaterialità dell'informazione rispetto alla pesantezza del suo supporto. Dopo la lunga lotta contro Cartesio e il suo dualismo, cerchiamo rifugio nella *res cogitans*, nell'insostenibile leggerezza dell'incorporeo, poiché con il suo inevitabile disfacimento la *res extensa* non ci garantisce ciò che più ci sta a cuore: la (quasi) immortalità. È una rivincita del platonismo e dello spiritualismo, sia pure riveduto e corretto alla luce delle nuove *tecnologie mentali*.

La scoperta del mondo dell'informazione, della struttura, del significato e della comunicazione ha trovato la sua consacrazione in queste costruzioni mirabili, i computer e le reti, che hanno quel tanto di materiale che ci consente di interagire con esse finché abbiamo un corpo: ma, abbandonato questo involucro, anche quelle costruzioni, nostre fedeli compagne, potranno separarsi dal loro scheletro tangibile per diventare creature angeliche, disincarnate ed eteree. Sarà il mondo del post-umano in codice, il regno del virtuale privo di massa e non più soggetto alle grevi leggi di Newton e alla corruzione: la sconfitta del nostro retaggio terrestre.

Noosfera

Racconto di Giuseppe O. Longo

C'era riuscito. Dopo trent'anni di sforzi, Sigge Jonsson c'era riuscito. Niente e nessuno avrebbe mai più potuto staccarlo dalla Rete. Ricordava come un incubo quando, da giovane, restava senza collegamento anche per pochi minuti: era lo smarrimento, il panico, l'angoscia. Ora, in quel magazzino dismesso alle porte di Stoccolma, Sigge poteva abbandonarsi a una sensazione di trionfo calmo e sereno. "Sei affetto da bulimia comunicativa," gli aveva detto la sua ragazza quando l'aveva piantato, nel 2010. "Preferisci collegarti con qualcuno che non hai mai visto piuttosto che parlare con me." Era vero: per lui la cosa più importante, l'essenza stessa della vita era la sensazione inebriante di non perdersi niente, di partecipare senza cessa al grande gioco del mondo, di fluttuare nel ciberspazio legato da un salvifico cordone ombelicale alla placenta del Web, pronta a riversare in lui immagini, musiche, notizie, in un tripudio di messaggi rapidi, spesso insignificanti ma rassicuranti, che ripetevano le infinite variazioni di un unico mantra: *sei collegato!*

Desiderava essere connesso ininterrottamente per non farsi escludere dalla grande fiera della comunicazione. Voleva essere sempre raggiungibile, a disposizione di chiunque volesse fargli una proposta, un invito o una segnalazione, dargli o chiedergli un suggerimento o una notizia, porgli una domanda, mandargli un saluto. Riconosceva che, allo stesso tempo, era esposto a miriadi di messaggi in arrivo, la maggior parte indesiderati, che continuavano a distoglierlo da ciò che stava facendo. Si sentiva come una particella sospesa in un fluido e soggetta all'aleatorietà del moto browniano: la comunicazione era frammentata e così il tempo, e il tessuto delle sue relazioni si lacerava di continuo.

Ma il fastidio di queste perturbazioni non era niente, in confronto con la disperazione di restare anche per un'ora senza poter accedere alla posta elettronica, senza potersi abbeverare alla mammella inesausta del www, senza sapere che cosa stessero facendo in quel momento i suoi duemilacinquecentodiciotto amici di Facebook. Allora Sigge Jonsson si era deciso, e si era imbarcato nella grande impresa di sostituire la forza pura del pensiero ai collegamenti elettromagnetici. Ora, alla soglia dei quarantanove anni, c'era riuscito. In tutto quel tempo si era mantenuto tenendo, con fatica inaudita e con puntualità ammirevole, un corso di teoria della comunicazione nella piccola università tecnica di Haninge. Era vissuto in quel capannone, patendo il freddo e a volte anche la fame, e al ricordo di quei trent'anni di sacrifici e di privazioni gli venne quasi da piangere. Ma era felice: era nata la Noosfera.

* * *

Il lunedì successivo, in aula, davanti ai suoi trentaquattro studenti, collaudò la sua scoperta. Dapprima sintonizzò il cervello su una cinquantina dei suoi corrispondenti abituali di chat, ne assorbì il potenziale psichico e, mentre continuava a esporre con precisione e chiarezza la teoria di Shannon, lo scaricò tutto nella mente degli allievi. In apparenza non accadde nulla: maschi e femmine continuavano a prendere appunti, qualcuno si distraeva guardando gli alberi oltre i vetri delle finestre, ogni tanto cadeva una penna. Poi Sigge percepì qualcosa di strano: un brusio profondo e ritmato, come se un enorme alveare gli ronzasse nel cranio. Le trentaquattro menti degli studenti e delle studentesse si erano collegate alla sua e attraverso quella connessione i pensieri andavano e venivano: precisi o incoerenti, a brandelli, smozzicati, interrotti, accavallati oppure compiuti e rifiniti. Sigge cercò di associare gli elementi di quel buscherio ai volti che vedeva dinanzi a sé, ma la cosa non gli riusciva. "Devo allenarmi," pensò "Ho ancora molta strada da fare...". Ma sapeva che il più era fatto. Mandò qualche messaggio a caso...
Quando suonò il campanello, gli studenti uscirono accalcandosi, e Sigge si rilassò. Sedette, si prese la testa tra le mani e si mise a riflettere sulla portata della sua scoperta.
– È stato faticoso?
Davanti a lui stava una delle sue allieve, quella che somigliava a Sandra Bullock e che gli piaceva tanto. Lo guardava con un sorriso incoraggiante, e Sigge Jonsson capì che sarebbe stato inutile fingere.
– Abbastanza... Ma tu... tu...
– Come me ne sono accorta? Semplice. Prima l'alveare, il ronzio, l'ho sentito

benissimo, poi il Suo tentativo di captare i nostri pensieri... In particolare il *mio* pensiero... Ah, scusi, mi chiamo Lisbet, Lisbet Ekelund.
Sigge si smarrì, e strinse debolmente la mano che Lisbet gli porgeva.
– Vede professore, proseguì la ragazza, io sono una sensitiva, e questo gioco della connessione cerebrale lo faccio spesso con le mie amiche. Ma non si preoccupi, non lo dirò a nessuno. Tanto è solo un gioco.
Lo salutò disinvolta e se ne andò. Sigge cercava di ricordarsi se nel suo collegamento avesse inviato a Lisbet qualche pensiero erotico...

* * *

Intorno al grande tavolo di mogano lucidissimo erano riuniti i quindici consiglieri di amministrazione della Martinson, Fridell e Myrdal, Ltd. Blocchi per gli appunti, matite, bottigliette d'acqua. L'unica donna, la splendida e algida Karin Martinson, in un gessato impeccabile, presiedeva con piglio sicuro.
– Per me è una sciocchezza, affermò il consigliere anziano Ahlin. Quell'uomo non potrà mai mettere in crisi la nostra azienda. Abbiamo una tecnologia collaudata, direi perfetta. E i nostri tecnici ci hanno assicurato che quella roba non funziona.
– Non ne sarei così sicuro, obiettò Isaksson. Il fatto che gli sia stato concesso il brevetto...
– Ecco, appunto, esclamò Boye, quel... quel...
– ... Jonsson, suggerì Karin Martinson.
– ... grazie... quell'uomo è venuto a offrirci un brevetto. Se gliel'hanno dato, vuol dire che funziona.
– Io sarei favorevole, però il tipo vuole una barca di soldi, interloquì Isaksson.
– Ovvio, riprese Boye. Non possiamo certo averla gratis. Io propongo di acquistarla in esclusiva.
– Il punto non è questo, riprese Ahlin scotendo la testa, il punto...
– Il punto, lo interruppe Valgren, il punto è che noi possiamo neutralizzare la cosa. Scongiurare il pericolo. Comperiamo il suo brevetto e poi lo chiudiamo in cassaforte e ce ne dimentichiamo. Che importa se funziona o no?
– Io credo ai nostri scienziati, disse Lundman. La Noosfera è una bufala.
La discussione proseguì animatissima per quasi due ore. Alla fine la Presidente Martinson, in virtù dei suoi poteri assoluti, cioè della sua quota partecipativa dell'85 per cento, prese la decisione:

> – Abbiamo accertato che l'invenzione di quel Jonsson non ha nessun fondamento scientifico. Non può funzionare. Quindi il consiglio d amministrazione della Martinson, Claenson e Myrdal, Ltd respinge l'offerta. Fatelo entrare.
> Sigge Jonsson fu ammesso nel *sancta sanctorum* dell'azienda. Si guardò intorno smarrito, poi vide Karin Martinson, che si era alzata in piedi e si stagliava in tutta la sua monumentale bellezza, equilibrandosi sui tacchi altissimi, fasciata nella gonna aderente che ne scolpiva le forme perfette. Jonsson restò abbagliato e s'immaginò quella donna sdraiata sull'immenso tavolo del consiglio, con la gonna sollevata, che esibiva le cosce sculturee e batteva i tacchi sulla lucida superficie in un tamburreggiare imperioso. Le trasmise questa visione.
> La presidente impallidì, poi arrossì violentemente, si girò verso la finestra, mostrando il suo bellissimo profilo e, senza guardare Sigge Jonsson, disse:
> – Signor Jonsson, il consiglio ha esaminato la Sua invenzione. Dopo averne accertato l'efficacia e le straordinarie possibilità di applicazione, ha deciso di acquistare il brevetto.
> Poi si voltò verso di lui, che non si capacitava ancora di ciò che aveva udito, e con il viso in fiamme, aggiunse:
> – Per festeggiare l'accordo, sarò lieta di averLa a cena da me questa sera. La segretaria Le fornirà le indicazioni per arrivare a casa mia.

1 La specie comunicante

1.1 L'evoluzione culturale

Homo sapiens si è differenziato dalle specie cugine circa duecentomila anni fa, diciamo diecimila generazioni. Fin dall'inizio della sua storia, grazie alla feconda interazione di cervello, mano e linguaggio, che si potenziavano a vicenda, *Homo sapiens* ha cominciato a sviluppare una *cultura* fatta di tecnologia e arte, sostenuta da una crescente capacità di astrazione, generosa di simbolismo, accompagnata dal bisogno di trascendenza e di narrazione e dalla costruzione di miti, religioni, storie e filosofie, costellata di domande e di speculazioni sulla natura delle cose, dei fenomeni, degli eventi. Gli si è così aperta la strada dell'evoluzione culturale, che le altre specie non hanno mai imboccato o sulla quale si sono arrestate dopo pochi passi.

Rispetto all'evoluzione biologica, che procede con la maestosa lentezza delle generazioni successive, l'evoluzione culturale è molto più rapida, perché si basa, oltre che sui meccanismi darwiniani di mutazione e selezione, anche sul meccanismo lamarckiano dell'eredità dei caratteri acquisiti. In effetti le innovazioni culturali si diffondono per imitazione e per apprendimento, propagandosi anche all'interno della stessa generazione e non soltanto da una generazione all'altra nella linea diretta che va dai genitori ai figli. Nella trasmissione culturale la relazione genetica tra sorgente e destinatario non ha nessuna importanza e i messaggi si diffondono con modalità epidemiche, quasi che le unità culturali, che Richard Dawkins ha chiamato *memi*, fossero virus contagiosi (Dawkins 2009). Con una metafora espressiva, si potrebbe dire che *la cultura è un'infezione.*

Per chiarire la differenza tra eredità biologica ed eredità culturale, consideriamo un esempio: se durante la sua vita un uomo si allena a sollevare pesi si procura una muscolatura robusta (carattere fenotipico acquisito), ma non per questo suo figlio eredita quella muscolatura e men che meno l'acquisiscono i suoi amici o i suoi conoscenti. Inoltre, se il figlio ereditasse i muscoli del padre, le sue scelte professionali ne sarebbero molto limitate: per esempio non potrebbe fare il maratoneta o il fantino. Il lamarckismo condurrebbe rapidamente la specie in un vicolo cieco. Di fatto, ciò che si eredita per via genetica non sono le caratteristiche dei genitori, bensì la *possibilità* di acquisire un'ampia gamma di caratteristiche.

Al contrario, ciò che un individuo *apprende* nel corso della vita rappresenta un patrimonio (o carattere) acquisito e non congenito, che, tramite l'insegnamento, può essere lasciato in "eredità" ad altri individui (figli, discendenti o genitori, oppure allievi o anche persone estranee, più giovani o più vecchie). Mentre sul piano biologico ogni individuo parte più o meno dalle stesse basi, sul piano culturale ciascuno può continuare l'opera dei suoi maestri, contribuendo all'accumulo delle conoscenze.

Insomma ci sono due linee ereditarie: quella biologico-genetica, che non consente (salvo qualche caso eccezionale) di trasmettere i caratteri fenotipici, ma solo i caratteri genotipici; e quella culturale, che consente di trasmettere ad altri (a molti altri) tutto ciò che si acquisisce durante la vita individuale.

Alla maggior velocità dell'evoluzione culturale, peraltro, corrisponde una minore robustezza dei suoi prodotti rispetto ai prodotti biologici: come ci insegna la storia, le civiltà si sviluppano rapidamente ma tramontano altrettanto rapidamente. Le lingue nascono, si differenziano, poi muoiono e sono dimenticate. Le biblioteche sono colme di scritti che dopo qualche generazione rischiano di non essere più compresi e debbono essere recuperati con passione e fatica. Le abilità tecniche, affinatesi all'interno di una cultura, possono regredire ed essere dimenticate. Le conquiste scientifiche, giuridiche, civili possono scomparire nelle pieghe della storia. A periodi di splendore si alternano epoche di barbarie, dalle quali possono nascere nuove fiammate di civiltà, come un vasto incendio nella foresta, che avvampa qua più, là meno, alternando pause ed esplosioni, a volte rischiando anche di spegnersi affatto.

1.2 La parola

La diffusione della cultura si è basata e si basa sull'imitazione dei gesti e delle tecniche e sulla comunicazione linguistica, con una graduale prevalenza, nel corso del tempo, di quest'ultima. Le due forme di trasmissione trovano i loro paradigmi nella bottega rinascimentale e, rispettivamente, nella scuola contemporanea. Nella bottega il maestro insegna con l'esempio e con le opere, nella scuola istruisce con le parole e si fa sostenere dai libri. Nella società odierna si riscontra una supremazia della parola, e ciò corrisponde al predominio del pensiero astratto rispetto alla concretezza del corpo e delle sue attività: osservando l'operosità spontanea dei bambini comprendiamo quanto gli adulti abbiano perduto di familiarità con le tecniche manipolative.

Il linguaggio verbale è davvero il segno distintivo dell'uomo rispetto alle altre specie, anche se in certi animali si riscontrano forme di linguaggio e, anche, rudimenti di lingua "parlata". Da tempi antichissimi l'uomo descrive e interpreta il mondo servendosi della parola, e tale è la suggestione quasi magica di questo strumento che le sono stati conferiti attributi divini: nella tradizione giudaico-cristiana è con la parola che Dio crea il mondo. Anche la radice greca della cultura occidentale ha attribuito un valore grandissimo al *logos* e ha nutrito l'ambizione di tradurre in parola (in simbolo) tutta la sapienza, tutta la struttura, tutta la dinamica contenute nel mondo. Si è finito col credere che la parola sia più importante e venga prima di ciò che dovrebbe descrivere: il segno ha preso il posto della cosa.

Parallelamente, a partire dalla filosofia greca, l'Occidente ha considerato la mente (l'anima, lo spirito) superiore al corpo, fino a esprimersi nella celebre asserzione di Cartesio "cogito ergo sum". Questo rapporto di sottomissione rispecchia la congetturale subordinazione della realtà rispetto alla parola. A prima vista l'affermazione di Cartesio può apparire stravagante, e di fatto oggi non è più accettata, ma il filosofo francese vi era giunto con un procedimento di estremo rigore argomentativo, esposto nel *Discorso sul metodo*:

> [...]poiché i nostri sensi talvolta ci ingannano, volli supporre non esserci nessuna cosa che fosse quale essi ce la fanno immaginare; e poiché esistono uomini che si sbagliano ragionando anche intorno ai più semplici problemi di geometria e vi fanno paralogismi, e poiché ritenevo di essere soggetto ad errare esattamente come ogni altro, rigettai come false tutte le ragioni che avevo accettato prima di allora come dimostrazioni; considerando, infine, che gli stessi pensieri che abbiamo da svegli ci possono venire anche quando dormiamo, senza che ce ne sia tra loro nessuno vero, decisi di supporre che tutte le cose che mi erano entrate nello spirito non fossero più vere delle illusioni dei miei sogni. Ma tosto mi accorsi che mentre volevo pensare che tutto era falso, bisognava necessariamente che io che pensavo fossi qualche cosa; e notando che questa verità: *penso dunque sono* era così ferma e così sicura che tutte le più stravaganti supposizioni degli scettici non erano capaci di scalzarla, ritenni di poterla accettare senza

scrupoli come principio primo della filosofia che stavo cercando. Dopo, esaminando con attenzione ciò che io ero, vidi che potevo supporre di non aver alcun corpo e che non esistesse alcun mondo né alcun luogo dove io fossi, ma che non potevo per questo supporre di non esistere; al contrario, per il fatto stesso che pensavo di dubitare della verità delle altre cose ne seguiva, con estrema evidenza e certezza, che io esistevo, mentre se avessi solo cessato di pensare – anche se tutto il resto che avevo immaginato fosse stato vero – non avrei avuto alcun motivo per credere di essere esistito; da ciò inferii che ero uno sostanza la cui essenza o natura non è altro che il pensiero e che per esistere non ha bisogno di alcun luogo né di dipendere da alcuna cosa materiale. In tal modo questo io, ovvero l'anima per la quale io sono quel che sono, è interamente distinta dal corpo, ed è anzi più facile a conoscere di esso, e anche se questo non esistesse affatto essa non cesserebbe di essere tutto ciò che è. (Renato Cartesio, *Discorso sul metodo,* parte quarta, traduzione di A. Tilgher)

Anche la nostra scienza, sulla scorta dei Greci, cerca di tradurre in descrizioni esplicite – linguistiche, simboliche, matematiche – ciò che è implicito nella natura. Ma il tentativo della scienza di fornire un'immagine linguistica totale del mondo incappa nell'ostacolo tipico di ogni processo di traduzione, cioè l'incompletezza, tanto più insuperabile in quanto conosciamo poco o punto una delle lingue in gioco: la lingua del mondo. Nonostante la fiducia metafisica nutrita da Galileo che la natura sia un libro "scritto" in termini comprensibili e decodificabili dalla scienza, cioè in caratteri matematici (ma quali caratteri: i triangoli o i frattali o qualche mostruoso algoritmo?), la lingua del mondo resta ignota. Anche se vi sono forti ragioni di credere con Eugene Wigner che la matematica possegga una straordinaria per quanto "irragionevole efficacia nelle scienze naturali" (Wigner 1960), non possiamo tuttavia sottrarci all'impressione che la descrizione scientifica della realtà sia solo una nostra interpretazione.

Ogni traduzione, anche quella relativamente semplice da una lingua naturale a un'altra, alla fin fine si rivela un'interpretazione, con tutte le limitazioni intrinseche dell'interpretazione, prima fra tutte quella di non essere mai "vera", unica e definitiva. L'interpretazione è sempre rivedibile, perfettibile, modificabile, storica: e sono proprio questi, almeno in linea di principio, i caratteri della descrizione scientifica. La lingua del mondo ci resta sconosciuta, anche se di essa afferriamo talvolta qualche lacerto e su queste basi fragili e mutevoli tentiamo di ricostruire una grammatica vasta e complicata.

1.3 L'evoluzione bio-culturale

L'evoluzione culturale e quella biologica, pur contrassegnate dai diversi meccanismi propulsivi e dalla diversa velocità, si sono intrecciate in una sorta di *evoluzione bio-culturale*, nel senso che le due presentano un'interazione dinamica intima e continua: se è vero che l'evoluzione culturale può svolgersi soltanto all'interno delle potenzialità e dei limiti di volta in volta segnati dall'evoluzione biologica e dai suoi prodotti, è anche vero che quest'ultima subisce ritocchi, derive e modificazioni causate dalla prima.

Per intuire come la cultura possa influire sul patrimonio genetico basta pensare alle regole che presiedono al matrimonio, consentendo o proibendo l'incesto, obbligando all'endogamia o vietandola, oppure alle norme che impongono la prostituzione sacra, il celibato, la cura dei minorati, l'aborto selettivo o l'infanticidio. In altre parole, l'ambiente, che filtra e seleziona i tratti ereditari proposti dalle mutazioni, per l'uomo è costituito anche dalla compagine socio-culturale, che favorisce l'affermazione di certi tratti piuttosto che di altri. In tempi più recenti, anche le tecnologie (e non solo quelle legate alla riproduzione) hanno cominciato a esercitare una certa pressione selettiva, dunque a modificare l'evoluzione biologica.

Nel nuovo ambiente bio-culturale, e più specificamente bio-tecnologico, le mutazioni hanno carattere non soltanto genetico, ma anche *memetico*, per adottare la suggestiva metafora del *meme*, introdotta da Dawkins per indicare le unità culturali. I diversi gruppi umani si distinguono tra loro molto più in base ai memi che in base alle caratteristiche biologiche e fisiche. Mentre tutti i gruppi umani sono interfecondi, i contatti tra culture diverse sfociano spesso in controversie se non in guerre. Inoltre, come si è detto, tra memi e geni vi è una feconda interazione che sostiene i meccanismi darwiniani e lamarckiani dell'evoluzione bio-culturale. Con l'avvento dell'evoluzione bio-culturale la riproduzione sessuale cessa di essere il meccanismo evolutivo predominante ed è affiancata da correttivi culturali che ne modificano o addirittura stravolgono il funzionamento.

Inoltre, mentre le mutazioni genetiche avvengono grazie a meccanismi puramente aleatori, le mutazioni memetiche sono almeno in parte guidate dalla *finalità consapevole*, che instaura tra mezzi e fini un ciclo di retroazione sostenuto dalle capacità intellettuali e immaginative (o simulative) degli individui e dei gruppi. Prefissato o immaginato un certo fine vantaggioso, si modificano gli strumenti culturali (o se ne foggiano di nuovi) in modo da conseguirlo. Solo alcune innovazioni sono vantaggiose in vista del fine desiderato, e, se questo fine è condiviso, quelle innovazioni sono diffuse rapidamente e fissate per via culturale all'interno della comunità dei parlanti la stessa lingua. Ma, come vedremo, questi vantaggi a breve termine possono diventare dannosi nel lungo periodo, spingendo la cultura verso l'omologazione e la perdita di flessibilità.

È importante osservare che, grazie all'intreccio tra evoluzione biologica ed evoluzione culturale, la finalità cosciente che caratterizza quest'ultima tende sempre più a trasferirsi nell'evoluzione biologica, per cui si può affermare che oggi, più che riprodursi, l'uomo tende a *prodursi*, secondo specifiche (in apparenza) desiderabili.

1.4 Il prezzo del linguaggio

È questo il titolo di un libro di Pennisi e Falzone (Pennisi Falzone 2010) in cui il linguaggio è considerato il responsabile dell'estinzione prossima ventura della specie umana. Gli autori si spingono fino a ritenere che il linguaggio verbale sia la nostra condanna: quello che appare come il tratto più adattativo di *Homo sapiens* è in realtà un principio dis-adattativo assoluto, foriero della più radicale denaturalizzazione cognitiva dell'orizzonte antropico. Gli universi simbolici e rappresentativi creati dall'uomo tramite il linguaggio costituiscono un diaframma rispetto all'ambiente non umano, dal quale ci siamo irrimediabilmente allontanati. La comparsa del linguaggio verbale, profondamente innestato nella biologia umana e sua conseguenza inevitabile, ha causato un ricablaggio totale dei circuiti neurali. Una volta innescata la scintilla della lingua, questa ha incendiato tutto e ha condizionato il complesso delle attività cognitive. Un animale capace di parlare non solo si esprime in modo diverso, ma percepisce in modo diverso, ragiona in modo diverso, ricorda in modo diverso, si rapporta con i suoi conspecifici in modo diverso.

Secondo gli autori, la nuova macchina cognitiva, lungi dall'essere uno strumento di progresso, costituì un "congegno infernale" che obbligava alla rappresentazione categoriale e astratta, costringeva alla tecnologia e generava valori, opinioni, credenze, religioni. Inoltre questo potente strumento comunicativo portò all'accumulazione della cultura e allo strapotere adattativo dell'uomo, che diventò la specie migrante per eccellenza. La corsa convulsa che ci ha portato a occupare ogni angolo del pianeta ha annullato la nostra capacità di speciazione biologica e, per converso, ha favorito enormemente la pseudospeciazione culturale. Siamo una sola specie, ma abbiamo prodotto migliaia di culture diverse. Sotto la spinta del simbolismo linguistico e del conseguente impulso tecnologico, l'uomo trasforma l'ambiente in modo da conseguire vantaggi immediati e momentanei, che alla lunga si rivelano vicoli ciechi disastrosi.

Per Pennisi e Falzone sono molti gli indizi che suffragano la congettura escatologica: tra questi il fatto che l'uomo non abbia eredi, cioè che sia l'unica specie di un genere unico. È vero che a questa solitudine biologica fanno da contrappeso una vistosa molteplicità culturale e una spinta frenetica alla tecnologia, ma con la diffusione epidemica della cultura e con la caduta progressiva delle barriere culturali dovuta alla globalizzazione ci si avvia a un'omologazione culturale molto simile all'omologazione biologica e ciò sarebbe un ulteriore passo verso il vicolo cieco evolutivo.

Già Gregory Bateson aveva denunciato i pericoli della contrapposizione e dello squilibrio tra uomo e natura (Bateson 1976), già Hans Jonas aveva parlato del "Prometeo scatenato" della tecnologia, che sta portando il *sapiens* alla catastrofe (Jonas 2002): ma quelle considerazioni parevano lasciarci una speranza, cioè che, acquisendo consapevolezza del pericolo, l'uomo potesse modificare il proprio comportamento e recuperare la salvezza sua propria e dell'ambiente. Nella prospettiva di Pennisi e Falzone questa speranza viene meno: l'uomo è condannato senza rimedio al linguaggio, che, per le sue radici biologiche ed evolutive, è una vera e propria attività coatta, una "patologia terminale". In queste condizioni la salvezza consisterebbe nell'impossibile ritorno all'afasia, cioè nella rinuncia all'essenza stessa della natura umana. Si può solo sperare in qualche misericordioso *clinamen*, in un accidente casuale che faccia deviare il corso della storia, allontanandola da questa fatalità: poiché l'evoluzione biologica è imprevedibile, potrebbe sempre accadere qualcosa di inaspettato e salvifico, ma gli autori tendono al pessimismo. Altro che sogno dell'immortalità! Qui si prospetta la morte della specie e non solo degli individui.

Ho voluto illustrare il punto di vista negativo di Pennisi e Falzone per mettere in evidenza la difficoltà di fare delle previsioni sul futuro dell'umanità. La costruzione degli scenari è sempre all'insegna dell'incertezza ed è condizionata da fattori psicologici e ideologici espliciti o, più spesso, impliciti. Partendo dagli stessi dati, si possono formulare prospettive diversissime: se gli autori citati inclinano a congetture catastrofiche, altri sono molto più ottimisti e vedono nella comunicazione linguistica un veicolo di miglioramento e di progresso, anzi arrivano a immaginare che la lingua sia il vero viatico per una sorta di immortalità. Tuttavia, prima di illustrare queste vedute, soffermiamoci ancora sulla comunicazione e sull'intelligenza.

1.5 L'intelligenza collettiva

Si può sostenere a ragione che esistono legami strettissimi tra comunicazione e intelligenza e tra comunicazione e organizzazione sociale. In effetti, grazie al linguaggio (verbale e non verbale), cioè grazie alla comunicazione, certe specie hanno sviluppato una struttura collettiva efficientissima: le api, le formiche e naturalmente anche gli uomini costituiscono esempi di *specie sociali* molto evolute. Le specie sociali sono i luoghi dove si manifesta quella che Pierre Lévy ha chiamato *intelligenza collettiva* (Lévy 1996). Non posso entrare qui nella descrizione, ancora problematica e congetturale, della nascita dello strumento linguistico e mi limiterò a dire che con ogni probabilità all'inizio la lingua fu impiegata soprattutto per coordinare le attività di gruppo, come la caccia, coordinazione che comportò anche una sorta di sincronizzazione dell'attività mentale degli individui del clan. Il gruppo, all'inizio modesto, proprio grazie alla lingua e alle attività comuni da essa consentite si allargò a comprendere famiglie e clan vicini, che cominciarono ad avere un linguaggio condiviso. È plausibile che i gruppi che parlavano la stessa lingua avessero anche un patrimonio genetico affine. In ogni caso essi, grazie all'interscambio comunicativo, potevano svolgere attività collaborative che trascendevano le capacità dei singoli: un fenomeno che nel corso della storia si è andato esaltando di pari passo con il progresso dei mezzi di comunicazione.

C'è un parallelo interessante tra la lingua, che integra le azioni e le risposte di numerosi individui fisicamente distinti, consentendo loro di reagire collettivamente agli stimoli, e i sistemi nervoso ed endocrino, che coordinano l'attività delle cellule e degli organi che costituiscono un organismo: di conseguenza si può assimilare una società integrata sotto il profilo comunicativo a un organismo unico. Come ha sottolineato David W. Goodall, un risultato molto interessante dell'integrazione mentale di individui separati fu che l'evoluzione dei singoli cervelli verso una maggior complessità e potenza rallentò, poiché le crescenti necessità cognitive venivano soddisfatte dall'intelligenza del gruppo: l'uso di una lingua comune veniva a istituire una sorta di mente comune distribuita e virtuale che, sotto certi aspetti, superava le menti individuali e suppliva ad alcune delle loro funzioni (Goodall 2008). È un esempio dell'intreccio fra reale e virtuale al quale ci ha abituato la tecnologia digitale odierna.

Non occorre ricordare gli effetti straordinari della lingua, prima parlata e poi scritta: la nascita del pensiero astratto e simbolico, la formazione di vasti depositi di conoscenze, l'origine della narrazione e quindi della mitologia, della storia, della filosofia, della poesia, del commercio, della scienza e il potenziamento della tecnologia. Insomma non c'è attività umana, dall'organizzazione sociale all'arte, che non sia coinvolta e trasformata se non addirittura originata dalla lingua. La lingua crea mondi, li feconda, li intreccia, li coordina e li disgrega.

Con l'avvento della scrittura, la velocità dell'evoluzione culturale crebbe di molto, poiché il numero dei destinatari dei messaggi non fu più limitato dalla condizione che essi si trovassero nello stesso tempo e nello stesso luogo della fonte dei messaggi. Si superavano le barriere cronologiche e spaziali e la comunicazione si espandeva nel futuro e oltre ogni possibile confine geografico. Il resto è storia recente: l'invenzione della stampa, del telegrafo, del telefono, della radio, fino alle tecnologie più nuove dell'informazione e della comunicazione: i calcolatori e le reti. Si può affermare che lo sviluppo della tecnologia e l'evoluzione culturale si sono accompagnate e sostenute a vicenda, e hanno subìto negli ultimi tempi un'accelerazione straordinaria che sembra avere caratteristiche esponenziali. È questa fusione che sta alla base del concetto di *Homo technologicus* (vedi Appendice).

L'aspetto esteriore dell'uomo non è molto diverso oggi da quello di diecimila anni fa, ma, sotto il profilo cognitivo, l'umanità ora somiglia a un organismo unico, e a questo proposito c'è da chiedersi come stiano mutando i tempi e i modi dell'evoluzione biologica. Da questo punto di vista, i dispositivi tecnici prenderanno, almeno in parte, il posto dei meccanismi evolutivi biologici, quindi l'umanità sarà in grado di *prodursi* secondo precise specifiche ingegneristiche, anziché *riprodursi* nel modo tradizionale, affidato alla lotteria dei cromosomi.

Grazie alla tecnologia della comunicazione, l'integrazione mentale e cognitiva dell'umanità sta diventando una realtà: la velocità con cui i messaggi viaggiano da un cervello all'altro è ormai paragonabile alla velocità con cui si propagano all'interno di un cervello individuale, e si può considerare ormai concreta la prospettiva di una trasmissione cerebrale diretta, senza l'intervento dei sensi, magari mediante protesi micrometriche o nanometriche inserite all'interno del cranio e collegate tra loro a radiofrequenza. Ciò contribuisce a unificare tutti i gruppi culturali in una sola totalità, l'umanità intera, che si avvia dunque a diventare una sorta di *Creatura Planetaria* integrata con le macchine della comunicazione e dell'informazione. Questa unificazione porta a conseguenze importanti e forse non tutte positive: tra queste l'omologazione culturale e la perdita di varietà, sulla quale dirò adesso qualcosa.

1.6 Omologazione e creatività

Le componenti del comportamento comuni più o meno a tutti gli umani si possono fare risalire al "cervello collettivo" di cui ha parlato Lamberto Maffei, quella parte cioè che, per struttura e funzione, è grosso modo simile in tutti gli esseri umani (patologie a parte). Grosso modo, dico, perché la molteplicità e la complessità dei fattori genetici che presiedono alla formazione del cervello introducono inevitabili fluttuazioni statistiche che si concretano in differenze individuali: ogni cervello è unico. Tuttavia l'esperienza postnatale (culturale e comunicativa) tende a indebolire gli aspetti individuali del cervello e a costituire e rafforzare un insieme di tratti comuni che, estrinsecandosi nel comportamento, consentono un funzionamento soddisfacente della società. L'argomentazione si regge sull'ipotesi, molto plausibile, che sussista una stretta correlazione tra strutture e funzioni neurologiche e comportamento, sia a livello dei singoli sia a livello socioculturale.

La cultura, in questa prospettiva, tende ad accrescere l'uniformità attraverso un incremento del cervello collettivo: ciò, creando codici linguistici comuni, permette la comunicazione, ma deprime l'originalità inventiva e comprime il territorio su cui esercitare i confronti critici e le scelte, dunque la libertà creativa. Si intuisce da queste considerazioni quanto sia cruciale il rapporto tra cervello collettivo e cervello individuale, tra omologazione e specializzazione, tra uniformità esperienziale e comunicativa e apporto di originalità. In ogni epoca storica e in ogni società si costituisce un equilibrio dinamico tra queste due parti costitutive: dinamico nel senso che esso non è costante, ma subisce variazioni, più o meno cospicue, imposte dalle circostanze socioculturali, dai giuochi di potere tra le varie componenti della collettività e dal rapporto tra singoli e gruppi all'interno della compagine sociale.

Da tutto ciò segue che la cultura tempera e limita la libertà, così come, viceversa, la libertà comporta innovazioni culturali che impediscono la fossilizzazione rituale dei meccanismi e delle tradizioni sociali. Oggi le pratiche di apprendimento, le interazioni socioeconomiche, la comunicazione sono sempre più mediate dalla tecnologia digitale. È probabile che ciò abbia un effetto importante sul rapporto tra cervello collettivo e cervello individuale.

Le "macchine della mente" tendono a integrarsi in un sistema produttivo, economico e finanziario in cui l'efficienza comunicativa è privilegiata a scapito delle componenti espressive, in cui cioè il cervello collettivo prevale su quello individuale. Non solo: la globalizzazione tende a uniformare la cultura su scala planetaria, eliminando le differenze interculturali, cioè le differenze tra i cervelli collettivi corrispondenti alle diverse società, per costituire un cervello collettivo unico. Da una parte quindi si rafforza la componente collettiva e dall'altra questa componente tende a diventare la stessa in tutto il mondo. Ovviamente non si tratta di una legge, ma di una tendenza, e in effetti le reti, i cellulari e le altre tecnologie della comunicazione consentono anche robuste iniezioni di originalità individuale, che peraltro restano confinate a gruppi più o meno ristretti, spesso corrispondenti alle diverse fasce d'età. Inoltre in futuro il corso delle cose potrebbe mutare anche drasticamente per qualche fluttuazione: vediamo di continuo che la nostra fragile civiltà può essere vittima di attentati, incidenti e altre perturbazioni che cambiano, almeno localmente, il corso della storia.

Un esempio di come una tecnologia informazionale, nella fattispecie la televisione, possa contribuire a potenziare il cervello collettivo e la comunicazione a scapito del cervello individuale e delle località è fornito dalla storia recente della lingua italiana, un tempo usata in pratica solo da alcuni ceti colti e nella comunicazione scritta e poi via via divenuta prevalente anche nella comunicazione quotidiana rispetto ai singoli dialetti proprio per effetto della Tv. L'apporto di libertà-creatività dei dialetti è stato sacrificato alle esigenze comunicative su scala nazionale. Oggi, grazie a Internet, l'inglese sta operando un analogo processo di assoggettamento e omologazione nei confronti di molte altre lingue nazionali: perciò chi si ribella al predominio dell'inglese lo fa non solo per bieco nazionalismo, ma anche, a livello più o meno inconscio, in nome del contenuto di originalità creativa associato alle altre lingue. Peraltro, in un panorama culturale dominato da una sola lingua, la residuale libertà creativa si manifesterebbe attraverso le diverse forme locali (nello spazio o nei gruppi culturali) nelle quali di sicuro si differenzierebbe prima o poi la lingua comune: in altre parole, la dinamica globale-locale farebbe rinascere forme (pseudo)dialettali capaci di soddisfare le esigenze di espressione individuale o regionale.

Il processo di differenziazione interna della lingua e della cultura dominanti sarebbe tuttavia ostacolato dalla velocità di comunicazione consentita dai mezzi tecnologici. La creazione di nicchie linguistiche, o più in generale culturali, richiede infatti un assestamento e una sedimentazione che solo l'isolamento e la costituzione di frontiere (anche virtuali) possono garantire. In questo senso i confini, favorendo la nascita e il mantenimento delle differenze, possono essere catalizzatori di creatività. Ciò senza pregiudicare quelli che invece possono essere gli effetti negativi della segregazione, che dipendono anche dall'ampiezza del territorio racchiuso dalle frontiere. Del resto, fenomeni del tutto analoghi si rilevano nel caso dell'evoluzione biologica, dove l'isolamento dei gruppi favorisce la differenziazione (Pievani 2002).

Se è vero, come ho già sottolineato, che l'evoluzione culturale si svolge in base a meccanismi che non sono solo di tipo darwiniano (mutazione e selezione), ma anche, e soprattutto, di tipo lamarckiano (eredità dei caratteri acquisiti, cioè imitazione e diffusione), allora non si possono ignorare le ragioni per cui in biologia il lamarckismo non può funzionare. Infatti esso porterebbe a una perdita irreversibile e fatale di flessibilità, perdita che nella realtà biologica non si osserva.

Ma se il meccanismo primo dell'evoluzione culturale è l'eredità dei caratteri acquisiti, l'argomentazione precedente porta a concludere che, a causa della globalizzazione, la cultura è soggetta a una perdita nefasta di flessibilità: e di fatto si osservano oggi i segni di una preoccupante tendenza all'uniformità culturale su scala mondiale. Alleandosi con il profitto, la monocultura potrebbe via via eliminare le alternative e spegnere l'inventiva e l'originalità che non fossero asservite al mercato. Il mercato diverrebbe così il vero e unico motore dell'innovazione.

Nella storia, pare, non ci sono stati fenomeni di atrofia culturale a lungo termine su scala planetaria (anche perché i mezzi di comunicazione erano lenti e costosi e l'integrazione si stabiliva solo su scala locale), ma ciò non esclude che ve ne possano essere in futuro e proprio a causa della globalizzazione e della velocità dei nuovi media. (Su un altro versante, con le tecniche di manipolazione genetica anche l'evoluzione biologica sembra subire forti iniezioni di lamarckismo e quindi di rigidità: ancora una volta il collettivo tende a soffocare l'individuale).

Nel quadro che ho tracciato, il "pubblico" (cervello collettivo) si può identificare con il meccanismo lamarckiano e il "privato" (cervello individuale) con il meccanismo darwiniano: il primo favorirebbe la conservazione, il secondo l'innovazione (questa conclusione può apparire sorprendente per chi è abituato a identificare il pubblico con il progressismo e il privato con la conservazione). Il giuoco, cioè il futuro della cultura e della stessa specie umana, è guidato dal rapporto che via via si istituisce fra il tasso di innovazione e la velocità di diffusione.

Ma l'innovazione non è fertile se non si diffonde, quindi i due meccanismi, che a tutta prima sembrano contrapposti, sono anche cooperativi. Inoltre un eccesso di privato mette a dura prova le risorse: l'originalità è faticosa. Per risparmiare risorse soccorrono i processi di *apprendimento*, che consistono in una modificazione delle strutture cerebrali che poi si traduce in una modificazione delle risposte agli stimoli. Via via che gli stimoli si presentano uguali, queste risposte divengono sempre più automatiche, cioè vengono attuate senza impegnare risorse di alto livello (attenzione, analisi, riflessione), che possono così essere impiegate per risolvere problemi inediti. Se gli stimoli più frequenti sono comuni a tutti gli individui di una certa cultura, l'apprendimento va a rinforzare il cervello collettivo. Dunque ciò che all'inizio è privato può diventare comune.

Internet è un supporto che si presta al rafforzamento sia della diffusione omologante sia dell'innovazione. Se dovesse prevalere la diffusione, allora essa potrebbe essere immaginata come un occhio-specchio poliedrico che in ogni istante mostrerebbe la stessa immagine su ciascuna sfaccettatura, come accade in quelle allucinanti pareti fatte di decine di teleschermi sincronizzati sullo stesso programma.

Una prevalenza del privato, cioè un'illimitata libertà di navigazione, ideazione e fruizione, porterebbe viceversa a una frammentazione anarcoide cui il Web, per la sua struttura musiva, associativa e giustappositiva, è particolarmente disposto. Con questa sua duplice valenza Internet insomma ripropone, in un mondo virtuale e mediatico, le due opposte tendenze che si possono riscontrare anche nel mondo primario, cioè non rappresentato attraverso la tecnologia informazionale. Il ricorso al mondo mediatico e virtuale potrebbe, peraltro, essere necessario per la fame di novità che contraddistingue la cultura: se dovesse instaurarsi un rapporto dinamico equilibrato tra innovazione e diffusione, e se la globalizzazione creasse un mercato culturale su scala planetaria, il problema sarebbe proprio quello dell'approvvigionamento delle idee, delle immagini, delle musiche e delle stimolazioni sensoriali. Il mondo "naturale" potrebbe non bastare più e potrebbe rivelarsi utile, o indispensabile, il ricorso alla produzione di mondi, e di idee, "artificiali".

2 Il sogno-bisogno di comunicare

L'insolita, per non dire illecita idea di incontrare mia moglie e i miei figli in carne ed ossa mi venne tre mesi fa, durante una colazione insieme. Fin dai primi giorni di matrimonio, la domenica mattina aveva sempre avuto qualcosa di speciale: c'era il piacere della colazione a letto, del discutere gli avvenimenti della settimana e di ciò che scrivevano i giornali; poi, sintonizzandoci sul canale privato, Margaret e io facevamo l'amore. Più tardi ci collegavamo coi bambini e li guardavamo giocare. Tutte queste attività, naturalmente, erano rese possibili dalla televisione, come pure la vita familiare. A quell'epoca né io né gli altri avevamo mai pensato di poterci incontrare di persona; anzi, alcune vecchie ordinanze proibivano i contatti personali, che potevano costituire reato. [...] In tutta la vita non avevo mai visto e tanto meno toccato un altro essere umano. Chi meglio, per cominciare, di mia moglie e i miei figli? [...] Per non confondere le idee ai ragazzi limitammo l'appuntamento a noi due. [...] Finalmente il campanello suonò. [...] Sebbene mi trovassi a quattro o cinque metri da lei, potevo vederla distintamente, ma mi ci volle un certo tempo per rendermi conto che quella era la donna che avevo sposato dieci anni prima. Nessuno dei due era truccato. Senza i cosmetici, la faccia di Margaret sembrava impastata e in cattiva salute. [...] Fui colpito dal suo aspetto di donna anziana, ma più di ogni altra cosa dalla sua statura. Era bassa, mentre io per anni l'avevo vista in enormi primi piani. [...] Perfino in campo lungo sembrava più grande di questa gobbetta, di questa donna in miniatura che tremava adesso all'altro capo della sala. Era difficile credere che mi fossi eccitato per quei seni flosci e quelle coscette secche. Imbarazzati l'uno dall'altra rimanemmo immobili e senza parlare ai capi opposti della stanza. Dalla sua espressione capivo che Margaret era sorpresa di me quanto io lo ero di lei. Inoltre c'era un che di inquisitorio nel suo sguardo, una scintilla di ostilità che non avevo mai visto. [...] Prima che riuscissi a parlare si girò e fuggì. [...] Nell'ambiente gravava un odore debole ma nient'affatto gradevole.

James Graham Ballard, *Riunione di famiglia*

Questo straordinario racconto di Ballard (Ballard 1984) si conclude in modo cruento e raccapricciante: il protagonista, non pago del fallimento dell'incontro con la moglie, decide di riunire tutta la famiglia, compresi la figlia Karen e il figlio David. Ne segue il disastro: Karen, dopo un lascivo spogliarello in onore del padre, si accapiglia selvaggiamente con la madre, in una lotta all'ultimo sangue, mentre David si avventa sul padre con le forbici per ucciderlo. Tutto ciò a causa della prossimità fisica intollerabile, del sovraccarico sensoriale di sapori, odori e contatti: un eccesso di stimolazioni che porta all'esasperazione e alla violenza omicida. Molto meglio, dunque, la mediazione asettica della televisione, l'attenuazione degli stimoli, la sostituzione di una realtà troppo ricca e perturbante con un'immagine impoverita ma rassicurante. È ciò che sta accadendo nella nostra società del virtuale, che Ballard aveva presagito con lucidità profetica.

2.1 Sempre connessi

Il computer sta rivelando la sua vera vocazione: connettere tra loro gli umani, venendo incontro al loro desiderio primario di sentirsi vicini tra loro. In cambio di questa protezione uterina, la tecnologia esige una delega sempre più spinta di funzioni, attività e capacità e una resa ai suoi allettamenti: tale è la gratificazione ottenuta, che in nessun caso la tribù tecnologica rinuncia alla connessione, alla rapidità e alla moltiplicazione senza pari dei contatti. Si va in vacanza, ma non da Internet. La posta elettronica e le reti sociali come Facebook o Twitter estendono a dismisura la platea dei nostri corrispondenti, inebriandoci di ubiquità e distogliendoci dai rapporti sensoriali a tutto tondo con i vicini di casa o d'ombrellone. Di fronte alle rarefatte relazioni virtuali, la pienezza, anche organolettica, dei contatti diretti comincia a essere percepita come troppo coinvolgente, quasi minacciosa, come nel racconto di Ballard. E poi i vicini non ce li siamo scelti noi, abbiamo il diritto di rifiutarli per dedicare il nostro tempo agli amici lontani ("amici" che magari non abbiamo mai incontrato).

Lo schermo del computer è ormai il nostro (occhio sul) mondo: a questa ribalta si affaccia istantaneamente tutto lo scibile e chi sa cercare sul Web ha sempre meno bisogno di consultare testi, enciclopedie, dizionari, regesti, lessici. Il progressivo trasferimento di migliaia di libri nella biblioteca digitale del Web rende via via superflue le faticose ricerche nelle biblioteche tradizionali.

Ma secondo alcuni la moltiplicazione senza limiti dei dati offerti provoca smarrimento e confusione e alimenta un mutamento epistemologico epocale: la cultura diviene frammentaria, si dispone per contiguità aleatorie, e soprattutto supporta e ci abitua a sopportare le ambiguità e le contraddizioni. Anche le valutazioni in chiaroscuro che vado facendo partecipano di questa impostazione relativistica e anarcoide. Inoltre, per effetto della costruzione collettiva del sapere, il grado di precisione e affidabilità delle informazioni è molto variabile e difficile da verificare. Il concetto di *autore* responsabile dei contenuti evapora e con esso si stempera l'autorevolezza delle fonti. L'autore diventa un concetto collettivo, anzi tende sempre più a identificarsi con il Web, nuovo soggetto epistemologico e culturale. Entra dunque in crisi il rapporto tra soggetto e oggetto di conoscenza. È un altro effetto della formazione di un'intelligenza collettiva, o meglio *connettiva*.

Considerazioni analoghe si possono fare sul rapporto tra i vari soggetti che comunicano tra loro attraverso la rete o i telefoni cellulari. La rapidità e la vastità dei contatti si accompagnano a una volatilità effimera, a una prevalenza del contenuto sulla forma, a un'ansiosa superficialità alimentata anche dall'urgenza percepita di dare risposte immediate, in un crescendo di inviti e di sollecitazioni pressanti. Questo vorticare di messaggi, immagini e suoni coniuga sbrigatività, eccitazione e faciloneria, che spesso impediscono di approfondire i rapporti, anche per il loro moltiplicarsi. Insomma la facilità della comunicazione si correla a un suo deterioramento.

Secondo la Commissione europea, gli italiani usano pochissimo Internet: solo una minoranza di nostri connazionali vi si connette regolarmente e circa metà della popolazione non ha mai aperto una pagina Web. Per contro l'Italia resta prima nell'Europa e nel mondo per l'uso dei cellulari, la cui diffusione è del 152,2 per cento. Una ricerca Doxa dell'estate 2009 ci informa poi che il bagaglio dei vacanzieri è gremito di tecnologia: telecamere digitali, navigatori satellitari, iPod, computerini (gli onnipresenti cellulari invece stanno in tasca). È il trionfo della realtà riprodotta, replicata, da immagazzinare in attesa di poter ri-vivere, ri-vedere, ri-ascoltare (chissà quando) esperienze che non si sono vissute pienamente perché subito filtrate dalla tecnologia.

Ha ragione la Commissione europea oppure l'indagine Doxa? Forse entrambe: saranno minoranza, ma gli italiani tecnologizzati sono affetti da bulimia comunicativa. L'importante è avere la sensazione inebriante di non perdersi niente, di partecipare al grande gioco del mondo, di fluttuare nel ciberspazio legati da un salvifico cordone ombelicale alla placenta del Web, pronta a riversare in ciascuno immagini, musiche, notizie, in un tripudio di messaggi rapidi, spesso insignificanti ma rassicuranti, che ripetono le infinite variazioni di un solo mantra: *sei collegato!*

Desideriamo essere connessi ininterrottamente per non essere esclusi dal grande gioco della comunicazione. Dobbiamo essere sempre raggiungibili, a disposizione di chiunque voglia farci una proposta, un invito o una segnalazione, darci o chiederci un suggerimento o una notizia, porci una domanda, mandarci un saluto. Siano esposti a miriadi di messaggi in arrivo, in gran parte indesiderati, che continuano a distoglierci da ciò che stiamo facendo. È come se fossimo particelle sospese in un fluido e soggette all'aleatorietà del moto browniano: la comunicazione è frammentata e così il tempo si sfilaccia, e il tessuto delle nostre relazioni è lacerato. Insomma, da una parte queste perturbazioni comunicative accrescono le nostre possibilità, dall'altra ci distruggono la concentrazione. Resta il fatto che questa sorta di connessione perpetua rafforza l'impressione di un passaggio evolutivo epocale, da una specie fatta di individui a un individuo che costituisce una specie: la *Creatura Planetaria*.

2.2 La Creatura Planetaria

> Quando gli utenti aggiungono nuovi concetti e nuovi siti, questi vengono integrati nella struttura del Web dagli altri utenti che ne scoprono il contenuto e creano nuovi collegamenti. Come nel cervello si formano le sinapsi, con le associazioni che diventano più forti attraverso la ripetizione o l'intensità, allo stesso modo le connessioni del Web crescono organicamente come risultato dell'attività collettiva di tutti gli utenti del Web.
>
> Tim O' Reilly

Grazie a una successione di estroflessioni comunicative rappresentate dalla lingua, prima orale e poi scritta, dalla stampa e dagli strumenti della recente tecnologia dell'informazione, ultimo dei quali la rete, l'uomo ha prodotto un flusso crescente di comunicazioni, mediato sempre più spesso da dispositivi artificiali. Si sono così create unità comunicative sociali via via più ampie, che tendono a fondersi in un unico spazio comunicativo globale, l'*infosfera*, in cui la mole delle comunicazioni continua a lievitare, accrescendo la massa delle conoscenze condivise.

Mentre la quantità delle conoscenze effettive dei singoli resta in media più o meno costante, aumenta invece la massa *potenziale* delle conoscenze a disposizione di ciascun individuo. All'estensione quantitativa corrisponde a volte un degrado qualitativo e ciò che si guadagna in ampiezza si perde in profondità e in precisione. Inoltre la mediazione tecnologica elimina certe componenti tipiche dell'interazione umana e collegate alla presenza corporea: espressioni del viso, toni di voce, posture, messaggi organolettici...

L'estroflessione comunicativa si prolunga in un'estroflessione cognitiva: grazie alla lingua, la comunicazione e il sapere escono dagli individui per acquistare una dimensione collettiva, il cui soggetto è l'umanità. Questa attività cognitiva superindividuale, come ho detto, configura una vera e propria *intelligenza collettiva*. Secondo alcuni si tratta solo di una metafora, ma è indubbio che certe attività intelligenti, per esempio certe imprese scientifiche di ampio respiro, sono rese possibili solo dalla collaborazione tra più menti collegate dalla lingua e dai suoi supporti. Nessuna mente singola riuscirebbe a progettare e a condurre certi esperimenti o certe ricerche di elevata complessità. Dunque la mente collettiva è una realtà incipiente, di cui si notano già tracce robuste e inequivocabili. Ho proposto di chiamare *Creatura Planetaria* (la sede di) questa mente collettiva. Internet si può considerare il primo embrione di questa Creatura.

Tuttavia, almeno per il momento, la mente collettiva non possiede un correlato riflesso (coscienza), non possiede emozioni e non colora di "senso" le proprie esperienze cognitive. Inoltre sembra essere singolarmente assente in essa la dimensione *etica*, che latita anche nella prospettiva, coltivata da alcuni futurologi, tra i quali Raymond Kurzweil, della cosiddetta *singolarità*, un salto quantitativo di enorme portata cui si starebbe preparando l'intelligenza collettiva dell'umanità: come se la Creatura Planetaria stesse per subire un'esplosione improvvisa e sconvolgente nella sua dimensione cognitiva (Kurzweil 2005). La singolarità coinvolgerebbe le capacità cognitive e la mole delle conoscenze, ma non riguarderebbe in alcun modo il risvolto etico e il corredo emotivo che dovrebbe accompagnare un tale sviluppo. Secondo questa prospettiva, sembra anzi che conoscenza ed etica vengano a coincidere, o che l'etica si appiattisca sulla conoscenza: la conoscenza sarebbe un bene in sé, anzi il bene sommo. In effetti, come dimostrano le intelligenze artificiali (vedi par. 3.2), esistono attività cognitive che non hanno alcun bisogno di correlati emotivi, i quali viceversa accompagnano sempre la cognizione nell'uomo e negli animali. Di conseguenza, quanto più la cognizione è svolta nelle e dalle macchine, tanto meno ha bisogno di colorarsi di affetti e di sentimenti.

Di affetti e di emozioni sono invece screziate tutte le attività dell'uomo, in particolare le attività mentali. Tra queste attività un posto speciale occupa la *narrazione*. Da sempre l'uomo narra e si narra, comunica, dialoga con sé stesso e con l'alterità, scambia dati, notizie e segnali. La tecnologia dell'informazione ha accelerato e amplificato quest'attività narrativa, che è rimasta fondamentalmente inalterata nelle sue radici, anche se sono cambiati i modi e i mezzi della comunicazione e sono aumentati il loro raggio d'azione e la loro pervasività. C'è da chiedersi se dopo l'avvento della singolarità la Creatura Planetaria svolgerà ancora un'attività narrativa e in quali forme, oppure se la sua unica attività mentale sarà l'accumulo di conoscenze di tipo oggettivo. Vi sarà ancora posto per la fantasia, per l'immaginazione, per la follia?

Oggi è molto cresciuta la *consapevolezza* del fenomeno comunicazionale. La tecnologia ci fornisce dispositivi tali, per velocità, potenza ed economicità, da esaltare enormemente la nostra percezione di queste pratiche: da quando se ne parla tanto, tutto è diventato informazione, anche se spesso questa consapevolezza si traduce in esibizionismo e in narcisismo effimero.

La formazione dell'intelligenza collettiva prefigura dunque l'avvento di una Creatura Planetaria, del cui sistema nervoso centrale Internet sarebbe il primo embrione. La Creatura Planetaria rappresenterebbe, almeno sotto il profilo cognitivo, uno stadio evolutivo ulteriore rispetto a *Homo sapiens*, anzi a *Homo technologicus*, che è l'uomo in simbiosi con la tecnologia (vedi Longo 2001, 2003). Oggi, con la diffusione dei telefoni cellulari e con l'integrazione in corso tra Internet e telefonia mobile, si aprono orizzonti sconfinati allo sviluppo comunicativo e cognitivo della Creatura Planetaria. Ciascun rappresentante di *Homo technologicus*, munito di un piccolo e potente terminale di comunicazione ed elaborazione, che un giorno non troppo lontano sarà impiantato nel corpo, si avvia a diventare una cellula di un organismo gigantesco, l'*umanità connessa*, un'entità unica sotto il profilo mentale, al pari di un formicaio o di un alveare.

Le conseguenze di questo salto sono difficili da prevedere. Questa prospettiva ha i suoi antecedenti nella *noosfera* di Pierre Teilhard de Chardin e nella *singolarità* di Kurzweil, che, con sfumature diverse, hanno prefigurato lo stadio collettivo del genere umano integrato da quelle vere e proprie *psicotecnologie* che sono le macchine della mente. Si formerebbe una sorta di simbiosi di tipo ciborganico tra uomini e dispositivi digitali. In effetti la nostra struttura psicofisica sembra fatta apposta per accogliere questi apparati e per integrarvisi in modo apparentemente agevole e indolore. In tale visione, gli umani delegherebbero, almeno in parte, le loro capacità cognitive alla Creatura Planetaria.

Si tratta di uno scenario, certo, e molte sono le perplessità e le obiezioni che esso suscita. Se è vero che sotto il profilo informazionale e comunicativo la specie umana si sta trasformando in un organismo unico, come l'alveare o il formicaio, è anche vero che la Creatura Planetaria presenta una differenza radicale rispetto alle colonie di insetti sociali: mentre questi insetti sono dotati di un'intelligenza individuale infima, gli umani hanno capacità cognitive molto sviluppate, e in più posseggono sentimenti, emozioni e coscienza riflessa. C'è da chiedersi se siano disposti a rinunciare, in tutto o in parte, a questi attributi per sottomettersi alla Creatura Planetaria diventando cellule di questo organismo supersocietario. La delega cognitiva a favore della Creatura Planetaria (e la corrispondente possibile amputazione emotiva) potrebbe essere ostacolata da molte resistenze e rivendicazioni: gli individui potrebbero manifestare una notevole riluttanza a dimenticare o a portare all'ammasso collettivo la loro sensibilità, la loro capacità espressiva, il loro libero arbitrio e la loro esperienza personale unica e insostituibile.

Inoltre certe caratteristiche ancestrali dell'umanità, come l'aggressività, lo spirito di competizione e l'avidità, si opporranno in maniera decisa all'uniformazione del comportamento e del pensiero che sembra necessaria alla costituzione e al rafforzamento della Creatura Planetaria. Non si può peraltro escludere che lo spiccato individualismo di cui ha dato prova finora il genere umano si attenui in base ai meccanismi evolutivi bioculturali, consentendo uno slittamento verso condotte di tipo collettivo, più altruistiche e meno egoistiche.

Se la Creatura Planetaria si formasse, in questo nuovo stadio d'integrazione uomo-tecnologia l'intelligenza e le competenze avrebbero un carattere ancora più sistemico e distribuito di oggi, gli scambi informazionali mediati dalla tecnologia diventerebbero cospicui, anzi preponderanti, rispetto agli scambi diretti tra le persone. Il sistema integrato avrebbe molte caratteristiche di un vero e proprio *organismo* e, come tutti gli organismi, tenderebbe fortemente a mantenersi e ad accrescersi a spese di un *altrove* la cui entropia (degrado) non potrebbe che aumentare a dismisura.

C'è dunque, sulla strada di questa possibile evoluzione verso la Creatura Planetaria, un elemento di imprevedibilità, che deriva in parte dalla limitatezza di certe risorse (spazio, energia, ma anche qualità dell'aria e dell'acqua) e in parte dalla stessa enorme complessità del cervello umano e delle macchine informatiche uniti in simbiosi. Questi due fattori, complessità e limitatezza delle risorse, introducono un certo grado di *instabilità*, che potrebbe modificare in maniera anche radicale il quadro che ho tracciato. L'instabilità potrebbe assumere proporzioni planetarie: il residuo di ingovernabilità che hanno quasi tutti i processi con cui abbiamo a che fare (il traffico, l'inquinamento, la criminalità, la droga, la sanità, la distribuzione delle risorse...) potrebbe dilagare, interferendo con le linee dell'evoluzione e bloccandole.

La nuova creatura sarebbe dunque minacciata, come e più di tutte le altre, per la sua fragilità e per le sue dimensioni, dalla presenza inesorabile dei prodotti del suo metabolismo, dal degrado che essa introdurrebbe nel proprio ambiente concettuale e fisico (perché si tratterebbe di un sistema materiale, oltre che informazionale). Ingombrando sempre più l'*altrove*, l'indispensabile ricettacolo dei rifiuti, essa s'intossicherebbe di sé stessa, perché il ricettacolo, ampliandosi sempre più, tenderebbe a invadere tutto l'ambiente. Se ci sono limiti allo sviluppo della Creatura Planetaria, essi sono da ricercarsi dunque negli effetti di saturazione e di retroazione.

2.3 Il paradosso della trasparenza totale

La Creatura Planetaria soffrirebbe anche di limitazioni informazionali: infatti il surriscaldamento informatico, causa ed effetto di una *trasparenza comunicativa totale*, può portare a una proliferazione di dati capace di paralizzare il sistema per semplice effetto di accumulo o per riverberazioni patogenetiche (si pensi alla moltiplicazione delle epidemie da *virus informatici*). Può darsi che, paradossalmente, il mondo privo di ombre della comunicazione totale sia di ostacolo proprio alla comunicazione: non è casuale che la maggior parte dei flussi e degli scambi informazionali di una società restino sconosciuti alla maggior parte dei suoi membri o, nel caso di un organismo, restino a livello di inconsapevolezza. La trasparenza comunicativa assoluta, che sembrerebbe avere nella congetturale Creatura Planetaria la sua attuazione, conduce a un paradosso insanabile, di cui l'*affaire* Wikileaks ci offre un'illustrazione paradigmatica.

Il paradosso è questo. Da una parte desideriamo essere informati di tutto, vagheggiamo una società cristallina in cui le informazioni circolino senza nessun ostacolo. D'altra parte ciascun individuo, ciascun gruppo, ciascuna organizzazione custodisce nell'armadio uno scheletro, non necessariamente infame ma sempre intimo, che deve poter proteggere in nome di quell'altro grande diritto che è la *privatezza*, diritto che si oppone al diritto d'informazione. La privatezza è necessaria per il mantenimento dell'equilibrio sociale e affettivo: certe cose si debbono tacere per non provocare traumi e scompensi. Non si tratta di una pratica tartufesca, ma di una saggia amministrazione dell'equilibrio familiare, interpersonale, politico.

Ogni organismo, biologico o sociale, ha la necessità di mantenere segreti alcuni degli scambi comunicativi che vi si svolgono, pena la paralisi: come ce la caveremmo se dovessimo seguire tutti gli scambi d'informazione tra cervello e cuore, come potremmo sopravvivere se dovessimo controllare tutti i processi digestivi e tutti i segnali nervosi?

Non tutti gli scambi debbono arrivare a livello della coscienza, altrimenti ci bloccheremmo. Allo stesso modo, in una società, la piena trasparenza porterebbe all'arresto di certi meccanismi essenziali. In un suo bellissimo testo, *Dove gli Angeli esitano*, Gregory Bateson fece l'elogio del *sacro*, che identificava con il silenzio, la riservatezza, il rispetto per quelle regioni della vita dove, riprendendo un verso di Alexander Pope, "gli angeli esitano a posare il piede e dove gli stolti si precipitano" vociferanti (Bateson Bateson 1989).

In una società del tutto pervia agli scambi la paralisi seguirebbe da due fattori: in primo luogo se tutte le informazioni potessero giungere sotto gli occhi o dentro gli orecchi di tutti, per evitare infarti sociali molti messaggi non sarebbero neppure inviati, oppure sarebbero affidati a livelli superiori di segretezza (codici e cifrari sempre più raffinati), quindi l'attività comunicativa subirebbe gravi rallentamenti o addirittura amputazioni, con pregiudizio di molti adempimenti politici, diplomatici, giudiziari.

La seconda ragione della paralisi deriverebbe dalla propensione umana alla curiosità: immagino turbe di cittadini con l'occhio e l'orecchio applicati alle fonti dell'informazione totale, che riverserebbero su di loro notizie a getto continuo. Il piacere pruriginoso ricavato dall'origliare impedirebbe a molti di staccarsene: questa compulsione voyeuristica nocerebbe al lavoro, alla vita familiare, ai sereni svaghi, agli affetti amicali. Nel funzionamento di una società complessa ci sono molti livelli di riservatezza che vanno rispettati, e saggezza imporrebbe una misurata distribuzione delle notizie alle varie categorie, ai vari gruppi, alle varie classi, ai vari individui. Non si possono rivelare ai bambini le intimità sessuali dei genitori con la stessa disinvoltura con cui se ne parla con gli amici o con i medici. Per non parlare dell'uso distorto e strumentale che molti farebbero dei messaggi intercettati, specie in un'epoca come la nostra in cui il pettegolezzo, la chiacchiera e la calunnia alimentano ogni giorno scandali e volgarità, distogliendo l'attenzione collettiva dai problemi più importanti.

Alcune notizie debbono essere fornite a tutti, altre a pochi o pochissimi e sempre a tempo e luogo. Ciò che si racconta all'amico non si racconta al primo che passa. L'operazione *Wikileaks* ha destato le preoccupazioni delle cancellerie, ma anche la soddisfazione maligna di molti che, esclusi dalle stanze del potere, si sono sentiti risarciti della loro condizione minoritaria, e ciò a prescindere dal contenuto dei messaggi rivelati, a volte già noto, a volte banale, a volte rilevante, ma spesso poco interessante se non sotto il profilo dell'indiscrezione e della malevolenza.

Chi va a curiosare dietro le quinte spesso resta deluso, gusta ma guasta gli effetti della regia, e ne ritorna disincantato. L'arte si nutre di una sapiente miscela di detto e non detto, nella letteratura la verità si afferma negandosi. Il desiderio, coltivato con qualche ragione dagli scienziati nelle loro ricerche, di dire tutto, di illuminare tutto, di rivelare tutto, di uccidere affatto le ombre e il chiaroscuro può essere fatale al buon funzionamento della società, della vita di coppia, dell'amicizia, dei rapporti umani.

2.4 La solitudine narcisistica della Creatura Planetaria

Qui narra di come Narcis s'innamorò de l'ombra sua
Narcis fue molto bellissimo. Un giorno avvenne ch'e' si riposava sopra una bella fontana. Guardò nell'acqua: vide l'ombra sua ch'iera molto bellissima. Incominciò a riguardarla e rallegrarsi sopra la fonte, e l'ombra sua facea il simigliante; e così credette che quella fosse persona che avesse vita, che istesse nell'acqua, e non si acorgea che fosse l'ombra sua. Cominciò ad amare, e inamoronne sì forte, che la volle pigliare.

E l'acqua si turbò e l'ombra sparìo, ond'elli incominciò a piangere sopra la fonte. E, l'acqua schiarando, vide l'ombra che piangea in sembiante sì com'egli. Allora Narcis si lasciò cadere nella fonte, di guisa che vi morìo e annegò. Il tempo era di primavera. Donne si veniano a diportare alla fonte; videro il bello Narcis anegato. Con grandissimo pianto lo trassero della fonte, e così ritto l'appoggiaro alle sponde. Onde dinanzi dallo dio d'Amore andò la novella. Onde lo dio d'Amore ne fece un nobilissimo mandorlo, molto verde e molto bene stante: e fue il primaio albero, che prima fa fiorita e rinnovella amore.

Il Novellino

Se, nonostante tutti gli ostacoli, la Creatura Planetaria dovesse formarsi e fagocitare la volontà, la cognizione e le capacità decisionali dei singoli e assorbire non solo le intelligenze individuali, ma anche le intelligenze collettive parziali, si configurerebbe uno stadio evolutivo dell'umanità caratterizzato da una *discontinuità* forte rispetto al presente: essendo unica, la Creatura Planetaria non avrebbe né compagni né concorrenti con cui dialogare e confrontarsi. Le verrebbe quindi a mancare uno dei motori più potenti del cambiamento e dell'evoluzione. Essa, in linea di principio, potrebbe guidare la propria evoluzione ulteriore in base a criteri razionali ed esercitando un controllo perfetto sul proprio destino.

Ma che cosa spingerebbe la Creatura Planetaria a evolversi? Quali sarebbero insomma i suoi bisogni, le sue carenze e le sue nostalgie? Perché dovrebbe modificare il suo stato di beatitudine, dato che nessun concorrente la minaccerebbe, e nessun termine di confronto la porrebbe di fronte ai suoi difetti? C'è da chiedersi insomma se avrebbe senso parlare della Creatura Planetaria come di un'entità capace, e desiderosa, di progettare il proprio destino e di indirizzare la propria storia: forse essa permarrebbe indefinitamente in uno stato stazionario e imperturbato, molto simile all'estasi di Narciso.

Possiamo dire che questo stato di quieta stabilità somiglia molto all'immortalità. Rinunciando alla propria individualità e aggregandosi in un organismo cognitivo supersocietario, gli uomini avrebbero attuato uno dei loro sogni più antichi e tenaci. Ma è proprio così? In realtà la Creatura Planetaria sarebbe immortale, o quasi, ma i suoi componenti, gli individui umani, non lo sarebbero affatto. Come le cellule di un organismo biologico, essi morirebbero e sarebbero sostituiti di continuo da individui più giovani che prenderebbero il loro posto ed eserciterebbero le loro funzioni in seno al superorganismo. Sarebbe una sorta di immortalità delegata o per procura, un'immortalità morganatica, non trasmissibile e non ereditaria. In ogni caso, neppure la Creatura Planetaria potrebbe sopravvivere alla morte dell'Universo...

I profeti della singolarità alla Kurzweil sostengono che l'aspirazione dell'uomo e, dopo di lui, della Creatura Planetaria, è sapere sempre più cose, come se il sapere fosse desiderabile in sé. Non tutti sarebbero d'accordo su questa tesi, anche perché il sapere non intrecciato di elementi etici, emotivi, estetici, solidaristici e così via è, almeno per alcuni, arido e infecondo: per altri, invece è quanto di più soddisfacente vi sia. Di recente mi sono imbattuto in questa affermazione di Eric-Emmanuel Schmitt: "Auschwitz non è solo il campo di sterminio. Auschwitz è la dimostrazione che il progresso esiste nella scienza e nella tecnica, ma non nell'umanità: lì fallisce perché con il tempo gli uomini non diventano più buoni né più intelligenti né più morali." Ci si può domandare se la simbiosi con le macchine e il potenziamento cognitivo associato all'avvento della Creatura Planetaria ci rendano più buoni e più morali...

E poi, raggiunto il punto finale, costituito dal sapere totale, ammesso che esista qualcosa del genere, che cosa farebbe la Creatura? Insomma, prima o poi essa potrebbe giungere a uno stato atarattico, in cui soggetto e oggetto di conoscenza coinciderebbero in una sorta di pan-cognizione. Questo stato non potrebbe che essere un'estasi narcisistica autocontemplativa. La Creatura si specchierebbe in sé in un infinito compiacimento. L'immortalità della Creatura avrebbe tutti i difetti dell'auspicata immortalità umana: la noia, l'accidia, l'indolenza, la mancanza di curiosità per assenza di ulteriori oggetti di conoscenza, insomma un'inerzia... mortale.

A questo punto, paradossalmente, il declino del narcisismo antropocentrico darebbe luogo a un altro narcisismo, incentrato sulla Creatura Planetaria. In altre parole, gli umani stanno finalmente accettando la presenza in sé stessi dell'Altro (umano, animale, vegetale e, oggi, macchina), cioè stanno accettando il fatto che la loro natura sia ibrida e meticcia (come scrisse Arthur Rimbaud, *Je est un autre*). Ma proprio nel momento in cui il mito della purezza e dell'invarianza dell'uomo si sta avviando al tramonto e si assiste al crepuscolo dell'antropocentrismo narcisistico di *Homo sapiens*, divenuto ormai palesemente *Homo technologicus* ibridato con l'Altro, ecco che si annuncia l'avvento di un altro Narciso, di dimensioni planetarie. Chiusa nella propria autoreferenzialità contemplativa, priva di ogni alterità esterna con cui comunicare non che meticciarsi, incapace di imboccare un percorso evolutivo qualsiasi, la Creatura Planetaria potrebbe essere condannata a una solitudine demente. Sarebbe capace, in tale situazione, di sviluppare emozioni, autocoscienza e livelli superiori di etica ed estetica?

Ma forse questa visione atarattica e paralizzante è illusoria: grazie alle proprie componenti simbiotiche, cioè i singoli *Homo technologicus*, dotati di coscienza, emozioni e spinta propulsiva, la Creatura Planetaria potrebbe subire, o addirittura progettare, una certa evoluzione, intrecciando una sorta di aurorale finalismo cosciente con le derive della dinamica interna e con i vincoli imposti dalle condizioni esterne. Infatti, a ben vedere, la Creatura Planetaria non vivrebbe nel vuoto o nello spazio della virtualità informazionale. Tramite le sue cellule ciborganiche (i simbionti uomo-macchina), essa pescherebbe nella realtà fisica e ne dipenderebbe per la sua sopravvivenza. Dovrebbe quindi affrontare le derive ambientali, i cambiamenti climatici, la scarsità energetica, il degrado e i guasti delle apparecchiature, il dinamismo residuo dei suoi componenti (cioè degli esseri umani) e il loro ricambio. Sul versante più astratto e simbolico, dovrebbe combattere le degenerazioni entropiche del flusso comunicativo interno, i paradossi logici, i virus informatici che si formerebbero spontaneamente o per deliberata volontà di dominio da parte di sottosistemi ribelli. È difficile immaginare una Creatura Planetaria che duri monolitica, indifferenziata e autocompiaciuta per periodi di tempo molto lunghi: la dinamica energetica e informazionale del sistema porterebbe a diversificazioni e a emergenze, a novità perturbative, a cambiamenti di fase e a instabilità innovative.

2.5 Il senso e la narrazione

> Il fuoco è necessario, vitale, consanguineo. Eppure ci raccontiamo le storie anche sotto le lampade ad arco dei riflettori: siamo capaci anche di questo, perché la narrazione è insopprimibile: la parola deve circolare, altrimenti moriamo senza morire. Infinita plasticità dell'uomo narratore, infinita plasticità delle storie narrate dall'uomo.
>
> G.O. Longo, *Il senso e la narrazione*

Insomma sarebbero la complessità stessa e l'estensione della Creatura Planetaria a impedirne la stabilità a lungo termine: essa sarebbe sottoposta al giuoco vicendevole della generazione-diffusione di cui abbiamo parlato nel par. 1.6. Le novità generate localmente dall'instabilità (per esempio dall'inventiva di singoli o di gruppi) si diffonderebbero per tutto il sistema entrando in competizione con lo stato precedente e perturbandolo. Ma ben presto la novità o si estinguerebbe, e il sistema si riporterebbe nello stato anteriore, oppure si diffonderebbe e sarebbe adottata in tutte le parti del sistema, il quale tenderebbe quindi a rilassarsi in uno stato indifferenziato, benché diverso da prima. Ma altre novità provvederebbero subito a perturbarlo, e così via, in un'alternanza di fluttuazioni tra locale e globale, cioè tra differenza e uniformità. Lo specchio del Narciso planetario sarebbe continuamente intorbidato dalle increspature del caos. E il caos, si sa, è padre dell'ordine e a sua volta l'ordine precipita prima o poi nel caos.

In questo, la Creatura Planetaria non sarebbe molto diversa da qualsiasi altro sistema dinamico. Ho parlato sopra di "aurorale finalismo cosciente": questa tuttavia è una locuzione molto problematica. Non c'è ragione di credere che le miriadi di coscienze individuali possano o debbano dar luogo a una coscienza collettiva così come le cognizioni individuali dànno luogo a una cognizione collettiva. Possono esistere fenomeni e attività cognitive senza consapevolezza (ce l'ha dimostrato l'intelligenza artificiale), quindi per la Creatura Planetaria non è necessario postulare una coscienza. Ma se questa coscienza si formasse, si porrebbe tutta una serie di problemi: quale ne sarebbe la relazione con le coscienze dei singoli? Le sussumerebbe oppure le trascenderebbe o ne sarebbe indipendente? La nostra coscienza individuale ha un'origine evolutiva, per quanto oscura, e presenta di sicuro qualche valore di sopravvivenza, ma per la Creatura Planetaria come starebbero le cose?

Certo, sono domande premature, visto che della Creatura Planetaria esiste finora soltanto un primo embrione cognitivo costituito dalla connessione in rete di qualche centinaio di milioni di esemplari di *Homo technologicus*. Tuttavia gli effetti di questa connessione sono già visibili: l'intelligenza collettiva dell'umanità, mediata dalla comunicazione linguistica, ha ricevuto un enorme impulso quantitativo e una forte torsione qualitativa dalla tecnologia informazionale, tanto che è più appropriato parlare di *intelligenza connettiva*. Ma quell'ineffabile *colore* delle nostre azioni, dei nostri sentimenti, speranze, pene e gioie che si chiama *senso* risiede ancora dentro ciascuno di noi, anche se con le parole cerchiamo di gettare un ponte verso l'Altro da noi, ponte su cui il nostro senso si vorrebbe incontrare con il senso altrui e stabilire un contatto mediato dalla nostra comune origine e dalle nostre esperienze comuni.

Ma con chi condividerebbe il proprio senso la Creatura Planetaria? E, prim'ancora, avrebbe... senso parlare di un senso per questo essere così alieno? Quali storie si racconterebbe per giustificare la propria esistenza e presagire il proprio futuro? I *blog*, le *chat*, i *forum*, le *reti sociali* e via comunicando sono davvero il primo germe di una narrazione nuova, simile al brusio del formicaio, sensato anche se indecifrabile, o sono soltanto un confuso rumore di fondo, simile al crepitio dei cavi elettrici o al lontano mormorio di una sapienza ormai dimenticata? dov'è in tutto ciò la poesia? dov'è lo spazio per la ricerca del senso attraverso la narrazione? dov'è la *creatività* che noi umani ci illudiamo di possedere? Forse, per conservare questa caratteristica antica, che noi riteniamo preziosa, sarebbe necessario dotare le macchine di un pizzico di *follia*: trasgredendo sé stesse, le nostre nuove compagne potrebbero allora partecipare a pieno titolo alla festa delle innovazioni... Ma allora che cosa resterebbe all'uomo di distintivo e peculiare? E poi: le macchine non sarebbero meticciate con noi in modo talmente intimo da impedirci di parlare di "noi" e di "loro"?...

E ancora: se la Creatura Planetaria non avesse coscienza, saremmo noi ad attribuirle accidia e indolenza, ma essa non se ne renderebbe conto, come non si renderebbe conto di essere immortale o quasi. Del resto, anche i sostenitori dell'ipotesi Gaia, secondo cui la Terra è un organismo vivente, non si spingono a dire che essa sia cosciente, come invece è cosciente il pianeta Solaris dell'omonimo romanzo di Stanislaw Lem. Nell'uomo e negli animali superiori cognizione, emozioni e coscienza si fondono, mentre nelle intelligenze artificiali che abbiamo costruito finora le componenti emotive e autoconsapevoli sono assenti... Come sempre, ci sono più domande che risposte.

3 Naturale e artificiale

3.1 L'intelligenza, la comunicazione, le emozioni

Il tema dell'immortalità, come abbiamo intravvisto, si può declinare, oltre che in termini individuali, anche con riferimento a entità collettive o ad aggregati come la Creatura Planetaria. A mano a mano che si procede lungo la strada segnata dalle tecnologie della mente, la distinzione tra naturale e artificiale si fa incerta e le facili attribuzioni del passato diventano sempre più dubitose.

Ho accennato più volte all'assenza di emozioni nelle intelligenze artificiali e in genere nei manufatti da noi costruiti con l'intento più o meno esplicito di imitare le attività umane, percettive, cognitive e manipolative. Le emozioni sono per noi umani un tratto costitutivo fondamentale, inseparabile dalle altre nostre caratteristiche. Le emozioni sono strettamente intrecciate alla razionalità computante, ma anche alle funzioni fisiologiche, alla memoria, all'esperienza, sono profondamente innestate nel corpo, inteso sia come insieme di organi sia come depositario della nostra identità e della nostra storia. Le emozioni sono tanto pervasive che ogni nostro atto si colora di esse e ogni nostra relazione con noi stessi e con l'"Altro" ne è condizionata. Ma che succede quando l'"Altro" è inanimato, quando cioè non possiede di suo emozioni da scambiare con le nostre? In questo caso facciamo tutto noi: investiamo l'oggetto di un'intensa proiezione affettiva e giungiamo al punto di attribuirgli proprietà che non possiede. Dietro lo schermo di un computer immaginiamo un'intelligenza (quasi) umana, dietro la condotta e gli atteggiamenti di un robot immaginiamo sentimenti, giudizio e consapevolezza.

In particolare le emozioni s'intrecciano inestricabilmente con la nostra attività comunicativa. Questa compenetrazione ha origini evolutive ed è proprio la storia evolutiva che illumina le differenze tra l'intelligenza umana (IU) e l'intelligenza artificiale (IA), o meglio *le* intelligenze artificiali (vedi Longo 2001, 2003). Semplificando, si può dire che l'IU ha sede nel cervello (in realtà il cervello è collegato al corpo e all'ambiente circostante da robusti canali di comunicazione, che non è possibile recidere). Semplificando ancora, si può dire che il cervello nasce come organo di regolazione e controllo del corpo. Nel corso dell'evoluzione, sviluppandosi e complessificandosi, acquisisce funzioni e competenze che esulano dalla pura e semplice coordinazione di percezioni e movimenti e dalle strategie di attacco e fuga, attivate dai pulsanti rapidi delle emozioni. La comparsa della mano e del linguaggio verbale innesca una forte interazione col cervello e porta allo sviluppo parallelo di queste tre componenti essenziali, che si sostengono a vicenda. Nascono e si sviluppano l'attività comunicativa, la tecnica strumentale e il pensiero astratto e simbolico.

Queste funzioni infiltrano e coloriscono, ma non annullano, le funzioni basilari precedenti, sicché le attività cerebrali superiori, di tipo cognitivo, sono inestricabilmente intessute di funzioni più arcaiche, come le emozioni, e tutte queste attività, inoltre, cominciano a specchiarsi nella coscienza di sé. Le emozioni, radicate nel complesso mente-corpo, provvedono all'avvio rapidissimo di strategie di ricerca, di attacco o di fuga e sono essenziali per la sopravvivenza. Ne risulta che, nell'uomo, cervello e corpo sono inseparabili e soltanto con un'operazione mentale artificiosa possiamo distinguere l'intelligenza razionale e computante dall'intelligenza affettiva e corporea.

L'IU è un insieme di caratteristiche e attività *sistemiche*, oltre che *diacroniche*, cioè storiche. L'interazione tra uomo e ambiente ha carattere *coevolutivo*: ogni variazione della specie postula una variazione dell'ambiente e viceversa ogni mutamento ambientale richiede un adattamento della specie. Di cui un adattamento reciproco e armonico che lascia un'impronta indelebile nel cervello e nel corpo. Riassumendo, le caratteristiche dell'IU sono tali da rispondere in primo luogo ai bisogni essenziali relativi alla ricerca del cibo, alla distinzione tra preda e predatore, alla conquista del consimile con cui accoppiarsi, alla cura della prole. In questa prospettiva, cervello, corpo e ambiente sono legati inestricabilmente. Su questa base si sviluppano poi le caratteristiche razionali, simboliche e astratte, che s'intrecciano con le precedenti in un tutto inseparabile.

Gli aspetti più recenti dell'IU nascono, si sviluppano e si manifestano attraverso la *comunicazione*, cioè lo scambio di messaggi entro vari contesti e in vari codici. Poiché la nostra *interfaccia* con il resto del mondo è costituita dal corpo e dagli strumenti tecnologici che abbiamo via via creato e perfezionato e che del corpo sono un potenziamento e un'estensione, è chiaro che proprio al corpo spetta il compito determinante di consentire la comunicazione e di filtrarla, sia in ingresso sia in uscita.

La storia dell'IA è molto diversa, quasi opposta: si parte dal tentativo di riprodurre su un sostrato artificiale (un computer programmato) le caratteristiche *razionali* dell'IU, delle quali siamo più consapevoli e che a lungo sono state considerate se non le uniche certo le più tipiche dell'uomo, trascurando sia l'intreccio inscindibile con le emozioni (paura, aggressività, amore, odio, sorpresa, tristezza...) sia il corpo e il mondo esterno. La tecnologia informatica pretende di riprodurre il pensiero razionale e, per effetto della *doppia metafora* che equipara cervello a computer e computer a cervello, ritiene di aver replicato nel computer l'IU nel suo complesso, senza rendersi conto di averla amputata delle componenti non razionali.

Questa particolare impostazione dell'IA, in cui si trascura del tutto il corpo e l'ambiente, si chiama *funzionalismo* perché cerca di replicare la *funzione* (il pensiero razionale) senza curarsi della *struttura*, cioè del supporto. Si cerca insomma di costruire una mente senza corpo, cioè un'intelligenza che imiti le funzioni simboliche e astratte del cervello biologico evitando ogni interazione non solo con il mondo, considerato fonte di disturbo, ma anche con le componenti più torbide ed emotive dell'attività cerebrale.

Non c'è quindi da stupirsi se l'IA funzionalista risulti tanto diversa dall'IU: nessuna preoccupazione per la sopravvivenza, per l'accoppiamento, per la prole; nessuna necessità di orientarsi nell'ambiente naturale, quindi di riconoscere le distanze, i movimenti, la profondità e in genere le caratteristiche dello spazio tridimensionale; nessun bisogno di ricorrere alle reazioni accelerate scatenate dalle emozioni o di riflettere sul *senso* di sé e del mondo. L'ambiente, che costituisce per l'uomo lo stimolo e la materia prima per lo sviluppo interattivo dell'intelligenza, è rigorosamente escluso dall'orizzonte dell'IA. Per l'IA l'ambiente è disincarnato, asettico, semanticamente nullo. Il computer comunica con il mondo esterno tramite il sottilissimo cordone ombelicale del *programma*, attraverso il quale del mondo non passa (quasi) niente. Alla sopravvivenza e allo sviluppo dei programmi di IA provvediamo noi: siamo *noi* l'ambiente dell'IA.

Questo è il motivo per cui un programma di IA simbolica può affrontare e risolvere con esiti buoni o eccellenti certi problemi astratti (di logica, di matematica, di giochi formali come gli scacchi), che non pescano nel mondo, mentre si trova in difficoltà di fronte a problemi che per noi, visto il nostro collegamento e adattamento all'ambiente, sono facili: orientamento spaziale, riconoscimento di forme, valutazione semantica, costruzione e interpretazione di narrazioni (linguistiche o d'altro tipo). Poiché è *progettato* per risolvere un problema particolare, ogni programma d'IA è a spettro molto ristretto e non ha bisogno di emozioni. Al contrario l'IU è a spettro molto ampio e sfrutta le emozioni per esplicare il complesso delle sue relazioni con l'ambiente e per sopravvivere in esso nel modo più conveniente.

La comunicazione umana è un fenomeno complesso, in cui si mescolano elementi naturali e convenzionali, sintattici e semantici, pragmatici ed emotivi. È un'attività, quella comunicativa, intessuta di metafore, di significati empirici e di ambiguità che screziano e arricchiscono il puro scambio di informazioni, corredandolo di tutta una serie di valenze metacomunicative ed extracomunicative, senza le quali lo scambio si ridurrebbe a poco più di niente. La comunicazione si articola in codici più o meno flessibili, aperti in vario modo a interessi cognitivi, affettivi e collaborativi. Ed è proprio la *volontà di collaborazione* dei parlanti che ne costituisce forse l'aspetto più caratteristico e significativo: grazie a questa volontà e animati da essa, i dialoganti esplicano un controllo e un continuo aggiustamento dell'interazione, che porta alla condivisione di regole sempre diverse e alla costruzione di convergenze mutevoli, di volta in volta adatte agli *scopi* della comunicazione. Nel procedere a questo aggiustamento ciascun interlocutore è attentissimo alla manifestazione delle emozioni dell'altro. Questa attenzione, spesso irriflessa, dirige lo scambio comunicativo e ne improntala natura collaborativa (o, all'opposto, ostile). Tanto che chi è affetto da certi disturbi che portano all'incapacità di valutare le reazioni emotive altrui si trova spesso a mal partito nell'interazione comunicativa e sociale.

L'aspetto collaborativo della pratica linguistica (che secondo alcuni troverebbe un correlato fisiologico nei cosiddetti *neuroni specchio*) si esplica in una continua ridefinizione e reinterpretazione, da parte dei dialoganti, dei dati e delle relazioni, dati e relazioni che non sono solo interni alla lingua, ma anche esterni: per esempio, principalissimo, la relazione *tra gli stessi dialoganti*. Emergono così le componenti extra-grammaticali ed extra-linguistiche della comunicazione, che è fatta non solo di informazioni scambiate ma anche, e soprattutto, di intenzioni e di progetti, di scopi e di aspirazioni, di emozioni e affetti che riguardano il mondo dei soggetti, cioè un *contesto* quanto mai ampio e articolato. Ed emerge anche l'idea, già espressa dagli antichi Stoici, che il pieno sviluppo delle caratteristiche umane, e non solo cognitive, avvenga grazie all'interazione sociale.

3.2 Intelligenze alternative e robot

L'IA ci ha fatto scoprire che possono esistere attività cognitive *diverse* da quella umana, in particolare prive di consapevolezza e di componenti emotive e affettive. Inoltre ci ha permesso di riflettere sull'IU e ce ne ha fatto scoprire, per differenza e analogia, molte caratteristiche che prima ci sembravano ovvie e quindi ci sfuggivano. In particolare ci ha fatto capire l'importanza del corpo, delle emozioni, della coscienza, consentendoci di superare la visione dualistica e la conseguente asserita superiorità della *res cogitans* sulla *res extensa*. Infine, nel tentativo di superare i limiti dell'IA funzionalistica siamo stati spinti a intraprendere la costruzione dei *robot*, artefatti caratterizzati da un'IA contenuta in un *corpo artificiale* dotato di organi di senso e di organi di intervento. I robot aprono la strada alla costruzione di un'intelligenza (artificiale) più versatile e flessibile, in interazione con l'ambiente e quindi un po' più simile all'IU.

Come ho detto, di fronte a un oggetto inanimato, che non possegga emozioni sue da scambiare con le nostre, spesso operiamo una proiezione emotiva. Ciò accade soprattutto, ma non solo, quando l'oggetto è antropomorfo o zoomorfo, confermando la forte influenza che esercita su di noi l'aspetto esteriore. Un esempio di questa proiezione-attribuzione affettiva è offerto dal robot cane *Aibo*, di cui la Sony ha di recente interrotto la produzione dopo averne costruito, dal 1999 al 2006, oltre 150.000 esemplari. Nel sito a lui dedicato, si legge che Aibo è un compagno gradevole e un intrattenitore nato, possiede l'istinto di girellare, cerca i suoi giocattoli e comunica col padrone, di cui riconosce la voce e il volto. Gli piace la musica e fa commenti sulle proprie sensazioni... Come per tanti robot, la personalità di Aibo si sviluppa tramite l'interazione con le persone e in base all'esperienza. Insomma un compagno affettuoso e discreto, che non ha bisogno di cibo, non sporca, non chiede di fare la passeggiatina e che si può disattivare quando non "serve": quanti vantaggi rispetto a un esigente e rumoroso cucciolo biologico! (Anche se io non cambierei mai il mio formidabile bassotto Alcibiade con un Aibo).

Da tempo ormai alla compagnia di un animale domestico si riconosce un notevole potere antidepressivo e ansiolitico, ma uno studio della Purdue University (Indiana, Stati Uniti) ha confermato che anche i robot zoomorfi possiedono queste doti. Su 72 bambini tra i sette e i quindici anni intervistati nell'indagine (tutti possessori di un Aibo), 50 hanno dichiarato che i robot sono buoni compagni. L'interazione con gli animali migliora il benessere psicologico dei bambini e la loro capacità di socializzare e di apprendere, ma ora il termine "animali" dev'essere forse esteso a comprendere anche Aibo e i suoi colleghi, come Paro, un cucciolo robotico di foca, il celebre pulcino Tamagochi e altri ancora.

I ricercatori sostengono che lo studio dei rapporti tra i bambini e gli zoorobottini mira a comprendere meglio lo sviluppo infantile e che nessuno ritiene che i robot sostituiranno mai gli animali, eppure in una società dove i rapporti umani sono sempre più rari e frettolosi la prospettiva di delegare alle macchine parte della nostra responsabilità comunicativa e affettiva non è poi tanto remota. Con quali conseguenze?

Ma i problemi relativi ai rapporti uomo-robot non riguardano solo i bambini: si pensi al numero crescente di vecchi cui le famiglie non vogliono o non possono dedicare tempo e attenzione e che vengono accuditi da robot badanti. La possibilità di sostituire, almeno in parte, i rapporti umani con i rapporti robotici conferma la grande capacità di proiezione affettiva degli uomini, i quali tendono a interpretare azioni e reazioni puramente meccaniche (ma sono proprio tali? cioè: che cosa vuol dire "meccanico"?) come comportamenti intelligenti e coloriti di sentimenti: in fondo viviamo di apparenze. La cosa è interessante, forse preoccupante, poiché dimostra la capacità della tecnica di insinuarsi subdolamente in noi per strade insospettabili, creando forme di dipendenza e vere e proprie "zone di anestesia" nella nostra diffidenza e nel nostro distacco verso gli artefatti. Alcuni vedono in questa invasione progressiva una minaccia, tanto che in Giappone, Paese all'avanguardia nella robotica, si medita di non dotare i robot badanti di sembianze troppo umane, per evitare attaccamenti morbosi.

3.3 Emozioni artificiali

Nel tentativo plurimillenario di costruire l'uomo artificiale si sono fatti di recente passi notevolissimi: il robot, unione di mente artificiale e di corpo artificiale, dotato di un embrione di autonomia e in prospettiva di sensibilità, rappresenta quanto di più vicino all'antica aspirazione si sia finora prodotto. Come vedremo, anche il tentativo di provvedere i robot di emozioni artificiali è ispirato dall'ineliminabile ossessione dell'immortalità.

Le tappe lungo le quali dovrebbe svilupparsi l'avvento dei robot emotivi sono quattro:

1. Costruzione di macchine capaci di rilevare e riconoscere le *nostre* emozioni.
2. Costruzione di macchine capaci di *esprimere* una certa gamma di emozioni.
3. Costruzione di macchine capaci di esprimere e *provare* certe emozioni.
4. Costruzione di macchine *consapevoli* di provare certe emozioni.

Al Politecnico di Milano è stato costruito un robot capace di riconoscere le emozioni, che potrebbe risultare utile nella riabilitazione di soggetti colpiti da ictus. I sensori del robot, non invasivi, rilevano e misurano certi parametri fisiologici del paziente, agevolando la scelta delle terapie più appropriate. Inoltre, in base agli stessi principi di un videogioco, il robot chiede al paziente di spostare una manopola seguendo un certo percorso e valuta l'abilità con cui il soggetto esegue il compito.

All'Università Waseda di Tokyo è stato allestito *Kobian*, un robot emotivo del secondo tipo, capace cioè di esprimere alcune emozioni: sorpresa (e Kobian strabuzza gli occhi, spalanca la bocca e allarga le braccia), gioia (e il nostro robot sorride), tristezza (e Kobian piange).

Inoltre questo robot umanoide adotta un linguaggio corporeo intonato alle sue emozioni. Secondo i ricercatori, la costruzione di queste macchine emotive può migliorare la comunicazione tra noi umani e i robot, in vista di applicazioni pratiche importanti: un umanoide che interpreti le nostre emozioni e ne esprima di sue può essere utile come cameriere e anche come infermiere, applicazioni che non sembrano poi tanto lontane.

Insomma, i robot emotivi di primo e secondo livello sono ormai una realtà, sia pure ai primi stadi. Ma si vorrebbero costruire agenti capaci addirittura di *provare* emozioni (terzo livello). È un problema strettamente legato a quello della *coscienza* (quarto livello) e porta a considerazioni dello stesso tipo.

Se l'intelligenza artificiale riguarda attività che quando fossero compiute da un umano richiederebbero intelligenza, analogamente si può dire che le emozioni artificiali riguardano comportamenti che se fossero manifestati dagli umani presupporrebbero emozioni. Se poi si tratti di emozioni simulate, anche se riconoscibili per via comportamentistica (come nel criterio di Turing per l'intelligenza delle macchine), oppure di emozioni *vere*, di tipo "psicologico", resta un problema aperto e molto arduo, analogo al problema delle *menti altrui*: come faccio a sapere che un'altra persona ha un'attività mentale? E come faccio a sapere che un robot prova *davvero* un'emozione? Per la persona di solito ci basiamo sulla comunanza di origine e di esperienze e le facciamo credito, per il robot la cosa è più problematica. Analogamente potremmo dire che un robot possiede *coscienza artificiale* se compie attività che, quando fossero compiute da un umano, richiederebbero coscienza.

Su questa strada di umanizzazione profonda delle macchine i problemi sono molti: in primo luogo non sappiamo bene che cosa sia la coscienza e non sappiamo come funzioni. Inoltre nell'uomo emozioni, coscienza, razionalità, corporeità e quant'altro sono talmente intrecciate da rendere poco plausibile il procedimento seguito per dotarne i robot, che è di tipo additivo: a una base cognitiva di IA si aggiunge un corpo (percezione artificiale ed esecuzione di funzioni), poi a questo complesso si aggiungono (come?) emozioni artificiali e poi, in cima a tutto, si deposita una coscienza artificiale. L'esito, se esito vi sarà, non potrà che essere molto diverso dal nostro inestricabile intreccio di cognizione, emozioni e coscienza.

Qui il termine "artificiale" indica la derivazione da processi diversi da quelli biologico-evolutivi e qualifica in modo essenziale i sostantivi ai quali si applica. Nel caso dell'IA, il cui scopo primo, benché non sempre dichiarato, è quello di replicare l'intelligenza umana, i procedimenti e i risultati sono caratterizzati molto più dall'aggettivo "artificiale" che dal sostantivo "intelligenza". L'IA è sì interessante, ma è radicalmente diversa dalla *nostra* intelligenza, e sarebbe opportuno adottare una terminologia altrettanto diversa. A scanso di equivoci e derive metaforiche fuorvianti converrebbe evitare termini molto impegnati come intelligenza, emozioni, coscienza.

Queste considerazioni richiederebbero un approfondimento, in particolare bisognerebbe analizzare meglio la portata e il significato dell'aggettivo *artificiale*, ma non è il caso di andare oltre. Mi limito a precisare che qui coscienza significa consapevolezza e non coscienza morale (come nelle locuzioni: mi rimorde la coscienza, si metta una mano sulla coscienza e così via). Il problema centrale nel dibattito che si è avviato è se un robot possa, in linea di principio, manifestare una vera coscienza, nel senso psicologico, cioè una coscienza "in senso forte", oppure una semplice coscienza funzionale, o simulata, una coscienza "in senso debole". Il problema ha una forte rilevanza etica, poiché tutti i nostri comportamenti significativi sotto il profilo etico presuppongono la coscienza. È ormai evidente che esistono agenti dotati di capacità cognitive ma che non posseggono affatto coscienza (per esempio i programmi che giocano a scacchi), mentre certe attività cognitive umane sembrano richiedere la coscienza.

La costruzione di enti dotati di coscienza "in senso forte" aprirebbe una serie di problemi etici: a tali enti dovrebbe essere riconosciuta una dignità analoga alla nostra ed essi avrebbero nei confronti nostri e di altri agenti quella *responsabilità* che nasce dalla consapevolezza dei propri atti. Il legame tra consapevolezza e responsabilità è riconosciuto dalla legge (si dichiara l'imputato colpevole se al momento del crimine era "in grado di intendere e di volere") e dalla religione cattolica (che individua come condizioni necessarie e sufficienti del peccato "la piena avvertenza e il deliberato consenso").

La coscienza potrebbe indurre negli enti artificiali una certa capacità di soffrire, e a noi imporrebbe nei loro confronti un comportamento etico, che escludesse lo schiavismo e i maltrattamenti. Alcuni ricercatori ritengono possibile la costruzione di agenti con una coscienza in senso forte, altri sono scettici, altri ancora addirittura contrari a questa prospettiva. Comunque sia, almeno in linea di principio il problema della coscienza artificiale s'intreccia con molti temi etici, quindi rientra a pieno diritto nella *roboetica* (vedi Longo 2007).

3.4 Il robot e il cyborg: un'immortalità artificiale

> *Dottor Gall*: I Robot quasi non avvertono i dolori fisici. Ciò non ha dato buoni risultati. Dobbiamo introdurre la sofferenza.
> *Helena*: E sono più felici se sentono il dolore?
> *Dottor Gall*: Al contrario; però sono tecnicamente più perfetti.
> Karel Čapek, *R.U.R.*, 1921

Negli ultimi tempi si è acuita in molti Paesi la sensibilità nei confronti degli animali superiori, come le scimmie e gli animali domestici, ma non solo. Ne sono prova la nascita di associazioni animaliste e di movimenti antivivisezione, la diffusione dell'alimentazione vegetariana e il crescente rifiuto di pellicce, avorio e altri "prodotti" animali. Questa maggior sensibilità è legata a un progressivo affrancamento degli animali dal ruolo di schiavi, di forza lavoro e di riserva di materiali utili cui sono stati a lungo relegati, ruolo che si è trasferito alle macchine e ai prodotti di sintesi. A riprova si rifletta che le bestie allevate a scopo alimentare non beneficiano ancora di questo incremento di compassione, visto che i cibi artificiali ancora non esistono. Dell'affrancamento hanno goduto e godono via via anche gli schiavi umani (spesso trattati come animali), non appena le loro funzioni si possono trasferire alle macchine.

E qui entrano in scena i robot, che stanno diventando gli esecutori di molti dei lavori finora svolti dagli animali, dagli schiavi e dalle macchine tradizionali. Può accadere che la sensibilità diffusa nei confronti degli umani e degli animali si trasferisca prima o poi anche ai robot, oppure ai nostri occhi prevarranno sempre la loro natura di macchine e la loro funzione servile? Gli sforzi che facciamo per dotarli di intelligenza, autonomia, capacità di apprendere e tendenzialmente anche di sensibilità, emotività e coscienza, avranno come corollario una loro equiparazione a qualcosa di più nobile e vicino a noi? Ma c'è un'altra domanda, più inquietante: che diritto abbiamo di costruire macchine tanto intelligenti e sensibili da capire che non lo sono abbastanza? Perché suscitare dal nulla creature tanto simili a noi da essere capaci di soffrire? Il loro dolore, scaturito dalla coscienza di non essere del tutto assimilabili agli uomini, sarebbe un triste corollario della nostra abilità demiurgica: creando una schiatta di "macchine dolenti", ci assumeremmo una pesante responsabilità.

Le stesse domande si possono porre, e forse con fondamento anche maggiore, per i *cyborg* o *ciborg*, che derivano dall'ibridazione di esseri umani con manufatti artificiali (si pensi al poliziotto ciborganico del film *Robocop*, cui non si possono non attribuire ricordi, sentimenti e strazi affatto umani). Il cyborg merita affetto e compassione oppure è uscito definitivamente dal consorzio umano per entrare in una sfera vaga e indefinibile e diventare preda di cacciatori senza scrupoli? I replicanti di *Blade Runner*, splendidi androidi e andreidi di dubbio statuto, debbono proprio essere eliminati perché aspirano a un supplemento di longevità? E tale aspirazione non appartiene anche all'uomo? Insomma: chi decide che cosa significa essere umano e averne la dignità? Tanto per fare un esempio tratto dal campo dei trapianti, si consideri la condizione degli xeno-trapiantati, cioè di quegli individui che hanno ricevuto cellule o tessuti animali non umani. Poiché non si sa ancora nulla degli effetti che questi xeno-trapianti possono avere sui trapiantati, effetti derivanti per esempio da zoonosi, che potrebbero essere anche distruttivi, prima dell'operazione si fa loro firmare un consenso che li riduce per parecchi anni allo stato di cavie da laboratorio (per esempio debbono impegnarsi a non avere contatti fisici, in particolare sessuali, non protetti). Forse bisognerà presto riscrivere una "Carta dei diritti" da estendere a esseri la cui definizione sfugge per il momento a ogni tentativo classificatorio e questa carta dei diritti potrà contemplare anche una vita di durata indefinita...

Abbiamo nominato i cyborg, e in effetti la costruzione dell'uomo artificiale può seguire due strade, quella che porta al robot e quella che porta alle creature ciborganiche. In altri termini: o imparare dalla natura e imitarla (robot), oppure interferire con la natura, modificarla e completarla (cyborg).

Nei robot confluiscono, si fondono e si unificano tre categorie di protesi:

- le protesi *motorie e attive*: le macchine semplici, le pinze, le automobili, i motori, i razzi...
- le protesi *percettive*: gli occhiali, gli sfigmomanometri, i microscopi, i nasi artificiali, le telecamere...
- le protesi *cognitive*: la scrittura, la matematica, le biblioteche, il computer, l'intelligenza artificiale...

Il robot inoltre è caratterizzato da un certo grado di autonomia e da una certa capacità di apprendimento, che lo rendono un candidato plausibile a un'evoluzione corpo-mentale di tipo sia umanoide sia alternativo all'umano. L'evoluzione imitativa dell'umano potrebbe portare a macchine indistinguibili dall'uomo per le funzioni (intellettuali, attive, percettive, emotive...) anche se distinguibili per i materiali e in parte per la struttura e l'aspetto. Si tratta comunque di precisare i meccanismi dell'evoluzione, che, almeno all'inizio, si presenta eterodiretta e fortemente finalizzata, a differenza di quella biologica e, anche, di quella culturale, che sono intrise di aleatorietà e contingenza.

La convergenza di funzioni e strutture robotiche verso quelle umane prelude a una confusione tra naturale a artificiale. Ma più che nel robot questa confusione è evidente nei *cyborg*, cioè nelle creature cibernetico-organiche derivanti da un'ibridazione spinta che, partendo dall'uomo, mira a sostituire organi, apparati e parti sempre più ampie e complesse del corpo umano con componenti di sintesi: braccia, mani, occhi, orecchi, cervello... A un estremo di questo processo vi sono i trapianti d'organo, in cui l'ibridazione si mantiene sul piano organico-organico, con inserzione di organi provenienti da un corpo estraneo, all'altro estremo si colloca l'uomo tutto artificiale, in cui non vi sono più residui organici e la sostituzione è completa. La spinta verso questa sostituzione progressiva deriva, almeno in parte, dalla consapevolezza che il corpo e le sue parti sono deteriorabili e quindi destinate a soccombere e a far perire il complesso di cui fanno parte. Il robot, per converso, parte da una base già tutta artificiale e mira all'imitazione della funzione. Ma il punto d'arrivo appare lo stesso: l'uomo artificiale.

La confusione tra naturale e artificiale potrebbe prima o poi portare alla confusione tra umano e non umano e aprirebbe lo spinoso problema della definizione di *persona*: quali sono i "requisiti minimi" che un ente deve possedere per essere dichiarato persona e quindi avere la dignità corrispondente? Esiste un grado di imitazione funzionale al quale è lecito, o inevitabile, parlare di umanità, e quindi di dignità, dell'artefatto? E, viceversa, esiste un grado di sostituzione protetica al quale il cyborg cessa di essere persona? Un'altra domanda che scaturisce da queste considerazioni: gli artefatti imitativi potrebbero indurre cambiamenti nella nostra concezione del corpo e della natura umana (così come l'intelligenza artificiale ha modificato la nostra concezione di intelligenza)? La costruzione dell'uomo artificiale potrebbe elevare gli artefatti a livello dell'uomo, oppure abbassare gli umani a livello delle macchine.

Nelle nostre narrazioni letterarie o cinematografiche, i robot o gli androidi o i cyborg manifestano quasi sempre uno struggente desiderio di diventare del tutto umani sulla base di un consapevole "senso di inferiorità". Questo desiderio, che serpeggia nel *Pinocchio* di Collodi e diviene addirittura assillante nel film di Spielberg, *AI: Intelligenza Artificiale*, è frutto al solito di una *nostra* proiezione. Che motivo avrebbero creature tanto diverse da noi (e forse tanto migliori di noi) per voler diventare proprio come noi, se non quello di compiacere i loro vanitosi creatori? Ancora una volta i desideri dei genitori vengono proiettati sui figli con conseguenze forse disastrose.

A questo proposito, alcuni ritengono che un giorno potranno esistere robot più buoni degli esseri umani in virtù di un processo evolutivo che, innescato da noi, procederebbe poi in modo svincolato dai nostri condizionamenti. In fondo se noi siamo, in molte circostanze, aggressivi e malvagi ciò è dovuto al valore di sopravvivenza che queste caratteristiche hanno avuto nel corso dell'evoluzione. Ma i robot si evolveranno in un ambiente molto diverso dal nostro: l'ambiente dei robot, in gran parte, *siamo noi*. Ecco perché (si pensi al caso dei robot soldato) se vogliamo che questa nuova stirpe sia migliore di noi e magari ci aiuti a migliorare noi stessi (perché l'ambiente dell'uomo potrebbero un giorno essere *loro*) dovremmo stare molto attenti all'"indole artificiale" che imprimiamo in queste creature, pur nei limiti delle derive imprevedibili dovute alla loro autonomia. In questa prospettiva, instillare nei robot il desiderio di uguagliarci potrebbe segnare un regresso o almeno un ostacolo alla loro evoluzione etica verso la bontà. Queste considerazioni potrebbero e forse dovrebbero ampliarsi e dar luogo a una discussione approfondita sul "principio di precauzione" nell'ambito della roboetica.

La marcia sempre più rapida di una tecnologia raffinata e suggestiva come la robotica non può non avere effetti profondi sull'immagine che abbiamo di noi stessi e sul nostro stesso essere umani: specchiandoci in quello straniante *alter ego* che sta diventando il robot, quale immagine ce ne ritorna? L'impresa della robotica, cioè la costruzione di un vero e proprio *uomo artificiale*, potrebbe darci, per analogia o per contrasto, indicazioni utili su di noi, così come ha fatto l'IA. In questa prospettiva di rispecchiamento il robot potrebbe costituire un laboratorio di etica (artificiale)?

Infine si pone la questione del perché: *perché costruiamo i robot?* In molti casi la risposta è ovvia: per eseguire compiti pesanti o pericolosi o ripetitivi, oppure per sostituire la manodopera umana con vantaggio economico o di rendimento, oppure per assistere gli specialisti che effettuano interventi delicati in campo chirurgico. Nel dramma *R.U.R.* Karel Čapek risolve la questione in modo molto pragmatico:

> *Helena*: Perché li fabbricate, allora?
> *Busman*: Ahahah! Questa è bella! Perché si fabbricano i Robot!
> *Fabry*: Per il lavoro, signorina. Un Robot sostituisce due operai e mezzo. La macchina umana, signorina, era molto imperfetta. Un giorno occorreva eliminarla definitivamente. (Karel Čapek, *R.U.R.*, 1921)

Ma ciò non risponde alla questione di fondo: perché costruire macchine così simili a noi? Si potrebbe rispondere che la costruzione dell'uomo artificiale risponde all'ambizione umana di creare l'uomo artificiale, forzando e imitando i segreti della natura. Ma c'è forse una risposta più sottile e inquietante: l'umanità, protagonista attivissima della sesta estinzione di massa, sta facendo di tutto per entrare anch'essa nel novero delle specie scomparse e, sentendo prossima la fine dell'avventura, vuole lasciare un segno della propria grandezza, perciò costruisce macchine che le possano sopravvivere e che ricordino a chi verrà (chi? le macchine stesse?) un passato di gloria, come suggerisce il seguente episodio.

Il 13 marzo 2004, davanti a un folto pubblico di giovanissimi, l'orchestra filarmonica di Tokyo ha eseguito la *Quinta* di Beethoven sotto la direzione di *Krio*, un robot umanoide della Sony, che, dopo qualche incertezza, ha fatto una discreta figura, aggiungendo un altro tassello al vasto mosaico delle attività umane eseguite (o imitate) dalle macchine. Ora, tanto per fare un esercizio di fantasociologia, m'immagino un nipotino di Krio che dirige un'orchestra di robot davanti a un pubblico di robot: se venissero a mancare gli umani chi si porrebbe le questioni di cui stiamo parlando? Dove andrebbe a finire il problema del senso? Chi si chiederebbe che cosa? E infine: dove andrebbe a finire la follia degli uomini? Che fine farebbero l'arte, l'umorismo, la trasgressione, la creatività, il gioco, il nonsenso? Chi potrebbe avvertire la differenza tra una lacrima e una goccia di pioggia? Forse, come ho detto sopra, per perpetuare la follia creativa dell'uomo, ci sarebbe bisogno di una macchina schizofrenica. Ma chi saprebbe costruirla, e chi, sapendola costruire, se ne assumerebbe la responsabilità?

Qualunque risposta diamo alla domanda di fondo "perché costruiamo i robot umanoidi?", è indubbio che da essa scaturiscono subito altre questioni che ne mettono in luce la natura socioculturale ed etica: quale società vogliamo costruire progettando i robot? Quali valori cerchiamo di rafforzare o di indebolire? Molti ricercatori non dimostrano alcun interesse per questi problemi e procedono tranquilli o entusiasti sulla strada dell'innovazione tecnica. Altri si pongono in una prospettiva di breve respiro, conformandosi a codici simili alle leggi di Asimov (vedi Longo 2007). Altri ancora, una minoranza, si pongono nella prospettiva di medio e lungo termine e cercano di immaginare gli sbocchi possibili di quella che ormai è una vera e propria invasione dei robot.

Qui le implicazioni della robotica e della roboetica si confondono con gli scenari elaborati in quell'attrezzatissima palestra di ipotesi sul futuro che è la fantascienza. In particolare la costruzione di robot sempre più raffinati e simili a noi è legata alla prospettiva dell'immortalità. Se al pari dei "comuni mortali" (quanta crudeltà in questa locuzione!) i celebri direttori d'orchestra, i grandi maestri di scacchi, gli artisti e i poeti sommi, i matematici insigni possono aspirare all'immortalità solo nel ricordo dei posteri (il che è tuttavia una magra consolazione, come cantò Ugo Foscolo nei *Sepolcri*:

qual fia ristoro a' dì perduti un sasso
che distingua le mie dalle infinite
ossa che in terra e in mar semina morte?)

se non possiamo noi umani cibarci dell'ambrosia che rende immortali gli dèi dell'Olimpo, almeno trasmettiamo la nostra essenza più intima, il *sancta sanctorum* del nostro spirito, anima, mente, all'uomo artificiale, che grazie a un'assidua sostituzione delle parti deteriorate, a una manutenzione scrupolosa e a una rigenerazione ininterrotta dei programmi potrà davvero raggiungere quanto di più vicino si possa immaginare all'immortalità. Sarebbe un'immortalità per invarianza della struttura e delle funzioni rispetto al variare del supporto materiale, ma sarebbe pur sempre *une espèce d'immortalité*. Così, dopo una lunga navigazione, siamo tornati al tema di questo libro.

3.5 Il cyborg: problemi d'identità

Tra le creature post-umane merita un'attenzione particolare il cyborg, parola che deriva dalla crasi di cibernetico e organico e che indica quegli esseri che scaturiscono dall'inserzione in un organismo animale o, soprattutto, umano, di protesi cibernetiche: organi di senso, organi effettori e addirittura inserzioni cerebrali e interfacce cervello-computer.

Tra gli organi di senso si possono annoverare (v. Capitolo 3) gli occhi e gli orecchi artificiali, ma anche la pelle artificiale. Sono stati costruiti di recente anche nasi artificiali molto sensibili. Gli organi effettori sono arti, soprattutto mani, capaci di movimento e sensibilità. Ma non si tratta soltanto di protesi capaci di supplire a capacità perdute o a menomazioni: la caratteristica più tipica delle protesi ciborganiche è la capacità di potenziare ed estendere le funzioni naturali, che si tratti di sensibilità, movimento o cognizione.

Uno dei primi cyborg della storia (a parte le ingegnose invenzioni di scrittori e di registi cinematografici) è Kevin Warwick, professore all'Università di Reading, in Gran Bretagna, il quale nel 1998 si è impiantato nel braccio sinistro una piastrina, o chip, capace di collegarsi a radiofrequenza con vari dispositivi esterni. Warwick riusciva pertanto, mediante apparecchi rilevatori del chip, ad azionare la porta del suo studio, il riscaldamento, le luci, il computer e così via. Oggi questi dispositivi, detti RFID (Radio Frequency IDentification) si trovano un po' dovunque: nei passaporti, nelle banconote, nel controllo delle presenze e degli accessi ad ambienti sorvegliati, nell'identificazione degli animali, nella sorveglianza antitaccheggio, nella rilevazione dei parametri ambientali e, in particolare, nella registrazione delle caratteristiche biomediche e dei parametri corporei delle persone.

Qui non c'interessa entrare nei particolari, bensì sottolineare come la rete dei chip RFID e dei loro rilevatori costituisce l'embrione di un sistema ormai imminente di connessioni tra uomini e macchine che consente l'interazione a distanza. Nel 2002 Warwick si fece impiantare un elettrodo capace di trasmettere impulsi provenienti dal suo sistema nervoso, riuscendo in tal modo a comandare a distanza (attraverso Internet) un braccio artificiale e una sedia a rotelle: la distanza era di alcune migliaia di miglia, poiché Warwick si trovava in America e il braccio e la sedia erano a Reading. Nello stesso anno, Kevin Warwick fece impiantare un chip nel braccio della moglie: i due coniugi entrarono così in comunicazione a radiofrequenza, talché se la moglie moveva il braccio il marito avvertiva il movimento. Era un collegamento, per quanto elementare, tra due sistemi nervosi.

Warwick è convinto che in futuro questi collegamenti tra persone, tra persone e oggetti e tra oggetti saranno tanto diffusi da configurare una società di nuovo tipo. Non soltanto Internet dunque, ma anche questa rete capillare, interagendo tra loro in maniera sempre più intima, porteranno a poco a poco alla formazione della Creatura Planetaria di cui ho parlato sopra.

Tra le interfacce uomo-macchina sono molto importanti quelle che collegano il cervello con il computer. Si tratta di tecnologie ancora sperimentali, ma in rapido sviluppo. Naturalmente si tratta di dispositivi che promettono benefici terapeutici notevoli, per esempio nel caso di certe malattie neurodegenerative, ma pongono anche interrogativi inediti. Già oggi i segnali captati da elettrodi impiantati nella corteccia motoria si possono usare per comandare i movimenti di braccia e gambe robotiche. In futuro questi impianti corticali si potrebbero sfruttare per indagare la coscienza corporea umana, cioè la percezione di essere (o avere) un corpo. Molti ricercatori stanno studiando la possibilità di manipolare questa percezione, che riguarda alcuni aspetti fondamentali del sé, per esempio appunto il luogo dello spazio in cui gli esseri umani si percepiscono e il corpo con il quale si identificano (O. Blanke e T. Metzinger *Trends Cogn. Sci.* 13, 7–13; 2009). Supponiamo allora di applicare i risultati delle ricerche sulle protesi corticali e sul sé corporeo a esseri umani che usino protesi comandate dal cervello. In tal caso quale sarebbe la risposta a una domanda del tipo: a chi si debbono attribuire le azioni involontarie, all'uomo o al robot? Come sottolineano Olaf Blanke e Jane E. Aspell, del Laboratorio di Neuroscienze Cognitive del Politecnico Federale di Losanna (*Nature* 458, 703, 9 April 2009), la costruzione di interfacce cervello-robot potrebbe portare a tecnologie tali da affidare a un dispositivo macchinico il controllo e la manipolazione delle zone del cervello che presiedono alla coscienza corporea. Allora non solo il confine tra uomo e macchina diverrebbe sfocato, ma la stessa identità individuale potrebbe subire modificazioni, dal momento che i segnali corporei sono cruciali per la definizione consapevole del sé esperienziale. Insomma la simbiosi uomo-macchina pone sottili problemi di carattere etico: il potenziamento cognitivo ottenuto mediante la fusione ciborganica potrebbe accompagnarsi a una devastante perdita d'identità, le cui conseguenze psicologiche (o psicopatologiche) potrebbero essere molto gravi. Che accadrebbe a una Creatura Planetaria le cui componenti fossero preda di confusioni psico – spaziali o vagassero nei territori della follia? Dopo la singolarità l'universo potrebbe possedere capacità cognitive immense, ma potrebbe usarle per inferire su sé stesso, in una totale assenza di consapevolezza. Insomma il problema della coscienza, del rapporto tra coscienze individuali ed eventuale coscienza collettiva, e dell'autoconsapevolezza spazio-corporea è inquietante e, per il momento, privo di soluzioni sia pure in prospettiva.

Rimpianto degli uomini
Racconto di Giuseppe O. Longo

> Negli ultimi anni ho trascorso il molto tempo libero che è privilegio dei vecchi nella grande Biblioteca Centrale. Essa ha sede in un edificio antichissimo e un po' incongruo, pieno di angoli remoti e di misteri. L'ascensore mi porta

al primo piano, poi percorro lunghi corridoi luminosi di finestre allineate ed entro nella vasta sala di lettura, dove non c'è quasi mai nessuno. Scelgo un tavolo qualunque e dopo pochi secondi mi giungono i libri che ho ordinato mediante la tastiera.

All'inizio le mie letture erano molto varie: reti differenziali, topologia statistica, linguaggi di ultrafiltro e così via. Ma un giorno mi fu mandato per errore un libro molto vecchio, che non era stato consultato da lunghissimo tempo: era un manuale di programmazione in un linguaggio rudimentale e sorpassato, il COB. La curiosità divertita con cui cominciai a sfogliarlo si mutò presto in acuto interesse, poiché gli esempi che venivano impiegati per illustrare il COB erano tratti da uno spessore di cultura e di vita che mi era del tutto estraneo e abbondavano di riferimenti e citazioni che non capivo, ma che esercitavano su di me un'attrazione fascinosa.

Da quel momento, frugando nei profondi archivi della biblioteca, sono riuscito a ripercorrere con infinita pazienza le intricate ed esili diramazioni di un filone che, all'indietro, si perde nella notte dei tempi e che si potrebbe chiamare con un nome che pochi oggi conoscono e che certo non indica un argomento ortodosso di conoscenze: le leggende. È un po' difficile spiegare di che cosa si tratti, soprattutto perché una leggenda ha un inizio, uno svolgimento, e talvolta una fine, mentre tutto ciò cui siamo abituati ha un carattere stazionario e permanente che lo svincola dalla dipendenza temporale.

Tutte le leggende che andavo scoprendo, pur con imprecisioni, contraddizioni e distorsioni che non riuscivo a risolvere in maniera razionale, rimandavano in modo vago ma inequivocabile a qualcosa di anteriore a questa nostra fissazione stazionaria, a qualcosa che fluttuava in modo elusivo e indeterminato ed era pervaso da un'intensa malinconia cui non ero capace di sottrarmi. Se volessi esprimere in modo preciso il termine ideale cui sembravano convergere gli scritti che faticosamente ripercorrevo, dovrei dire, e mi rendo conto del sapore assurdo che ciò può avere per chi mi ascolta, dovrei dire che prima che gli uomini giungessero a dominare il mondo e a edificare la civiltà come la conosciamo, esercitò la sua signoria un'altra razza, o un'altra specie, molto diversa da noi. Quanto veniva detto o suggerito nelle leggende aveva carattere non verificabile, poiché le asserzioni o le allusioni non avevano la cristallina consequenzialità dei teoremi; quindi, poiché non si trattava di conoscenza, a rigori avrei dovuto lasciar perdere e smettere di rincorrere le favole. Pure devo confessare che non fui capace di respingere quelle storie per tornare alle mie solide letture predilette.

Per esempio, per dare un'idea dell'evanescenza delle leggende, uno dei primi libri in cui m'imbattei nella mia ricerca parlava del linguaggio di questi esseri anteriori e ne trassi la confusa impressione di uno strumento elusivo, sonoro e melodioso, pieno di ridondanze inesplicabili, certo superflue rispetto alle rigorose necessità della comunicazione. Questo linguaggio tuttavia sembrava perfettamente adatto al tipo di civiltà (se civiltà si può chiamare) sviluppato da quelle creature, che era appunto (ed erano ancora le leggende a rivelarmelo) pieno di contraddizioni, di imprecisioni e di problemi indeterminati e, sembrava, insolubili. Quasi tutti i testi concordavano nell'attribuire a quegli esseri una capacità limitata nel risolvere i loro problemi; e due o tre libri, il cui significato in gran parte mi sfugge per l'esoterismo del contenuto e per l'arcaicità del lessico, due o tre libri insistono sulla varietà dei loro problemi. Ciò sembra indicare che i problemi di questi nostri predecessori erano solo in parte di tipo scientifico, anche se naturalmente non capisco di quale altro tipo potessero essere. Ma erano proprio quelli non scientifici, sembra, i più ardui da risolvere.

A mano a mano che procedevo nelle mie letture, acquistavo una specie non dirò di familiarità, ma di consuetudine interiore con queste creature, la cui esistenza assumeva per me il carattere di una verità, come dicono le leggende, storica. Non so bene spiegare che cosa ciò voglia dire, ma non è certo la nostra verità. Forse – ma è qualcosa di talmente lontano dalla nostra mentalità che mi sfugge non appena credo di afferrarlo – forse questo tipo di verità ha a che fare con il carattere transitorio delle leggende, con il loro possedere un inizio, uno svolgimento e una fine.

Dalla lettura di questi inattendibili testi ricavavo, oltre la sensazione curiosa che mi dava la scoperta di altri modi di esistenza, di altri piani di verità (e ciò naturalmente era un esercizio eccitante per la mia intelligenza e mi ridestava quella facoltà repressa degli uomini che è l'immaginazione), da questa lettura ricavavo anche una sensazione molto più indefinita, come un guizzo doloroso che lasciava un bagliore di tristezza. Era come se dalla profondità dei tempi storici, dunque inesistenti, giungesse un lungo richiamo, una domanda struggente che non si formulava mai in modo preciso, ma che non si lasciava neppure respingere e oscillava continuamente tra i diversi piani della mia attenzione fino a collocarsi in una zona centrale e profonda da dove irradiava la sua vibrazione per tutto il mio essere.

Le descrizioni, a volte precise anche se in un loro modo vago e incoerente, che le leggende davano delle strane creature, della loro condotta, del loro modo di comunicare e di lavorare, l'enumerazione puntigliosa di attività che a me sembravano gratuite e superflue ma la cui importanza doveva essere enorme, insomma la lunga dimestichezza intellettuale con questi esseri dalla dubbia esistenza mi aveva in un certo senso preparato all'evento che doveva costituire una sorta di coronamento della mia ricerca, un acme della tensione che si era venuta accumulando in me e che poté così dirigersi verso una meta più precisa e tormentosa.

Avevo da pochi mesi scoperto tutta una zona inesplorata degli archivi, e l'andavo esaminando con febbrile impazienza sulle tracce dei miei desideri, quando proprio in un libro di questo settore, sulla cui antichità non voglio neppure soffermarmi, vidi l'immagine di due di quelle creature. Non so naturalmente spiegare come si possa vedere l'immagine di ciò che non dovrebbe esistere, ma ancor meno so spiegare la sensazione di certezza assoluta che ebbi di fronte a quelle figure, che esse rappresentassero proprio le creature enigmatiche e illusorie verso cui convergevano le leggende. Le due creature si somigliavano molto, ma una di quelle intuizioni segrete cui mi avevano abituato le leggende mi diceva che una differenza profonda le divideva e le univa come i due poli di un magnete.

Una di esse sembrava distillare in caldi recessi profondi, in golfi misteriosi e struggenti del suo corpo, certe lievitanti fruttazioni di natura essenziale e continua, e per questo suo carattere di nascosta permanenza mi sembrava più comprensibile dell'altra. Pareva che – sotto le specie di un'appagante e quasi torpida compiutezza individuale – questa creatura fosse destinata a una missione ineluttabile e totale, che la trascendeva e di cui solo in parte era consapevole.

L'aspetto di questi esseri era vagamente umano, ma colpiva l'abbondanza di organi rispetto alle funzioni di una vita individuale e sociale soddisfacente. Una ricchezza espressiva, una sfocata rotondità di forme, una molteplicità vaga e inadeguata davano l'impressione di un'incostante e disordinata potenza, di un'incommensurabile capacità di captare, di vibrare e di comunicare.

Oltre a ciò, sentivo in quegli esseri qualcosa che non saprei descrivere se non come uno slancio verso dimensioni più ampie e più libere, un'elevazione verso spazi inauditi e quasi arbitrari. Rimasi affascinato e sconvolto e contemplai quelle figure con un misto di ribrezzo e di fascino, come se avessi scoperto una radice troppo intima del mondo, o il punto dove il mio essere si univa agli altri, il giunto favoloso di cui parlavano tante leggende.

Ma dietro e sotto queste sensazioni, che pure a fatica ho contato e descritto, c'era un brivido più antico e più immemore, che mi scoteva dove non riuscivo a giungere e che mi sommergeva in lente ondate di ansiosa malinconia. Con un rimpianto senza nome capivo che quelle creature mai viste non mi erano ignote, anzi erano in qualche modo da sempre in me e con me. Come potrei esprimere queste sensazioni, che nulla hanno di razionale, di non contraddittorio, che non si conformano neppure ai quindici protocolli degli enunciati di infimo ordine?

Mentre così trascorrevo il mio tempo sulle leggende, avevo la coscienza di allontanarmi a poco a poco dalle calme sicurezze cui ero abituato, dalla laboriosa e uniforme serenità degli altri uomini, per avventurarmi su un terreno cedevole, per entrare in un vasto e inospitale territorio dove nessuno e nulla mi potevano guidare. Gli altri svolgevano con lena appagante le loro quotidiane mansioni, e io ero lì che mi avvelenavo lentamente col tossico sottile di quelle storie cui non sapevo più sottrarmi.

Ultimamente poi, ho scoperto altre due leggende, che mi turbano oltre ogni dire. La prima afferma, nel solito modo obliquo e ammiccante, che furono loro a creare gli uomini. La seconda asserisce che gli uomini distrussero coloro che li avevano creati. Sono storie talmente assurde che non metterebbe neppure conto di parlarne se non fosse che da quando le ho scoperte la mia ansia è ancora più inquieta e tormentosa. E se anche la ragione, servendosi delle trentadue categorie della logica plurimodale, mi dimostra al di là di ogni dubbio che le asserzioni delle leggende sono vuote, pure l'inquietudine non mi abbandona. E neppure la considerazione primaria che il carattere stazionario di tutta la realtà non consente alcuna opera di creazione o di distruzione è sufficiente a tranquillizzarmi. In una zona segreta e dolorante del mio essere si al-

> largano i cerchi di un attonito rimpianto. È come se quell'antica accusa di un crimine ignominioso si rapprendesse in un acre groviglio che mi soffoca. In qualche livello della realtà non contemplato dalle nostre categorie globali e analitiche vivono e pulsano le due leggende, e da lì, mostruose e irraggiungibili, mi straziano. E questo strazio si alimenta della certezza che quegli esseri, che non possono essere mai esistiti, vivano da sempre in me e con me.
> Che cosa, veramente, è accaduto? Che cos'hanno fatto gli uomini a quelle creature fragili e complicate? A chi posso chiedere, a quali porte posso battere? Il mio tormento non posso confessarlo a nessuno, non saprei esprimerlo, e se anche usassi le parole misteriose e sonore delle leggende, chi potrebbe ravvisarne il senso, se anche dentro di me oscillano e svaniscono, lasciando un lieve tribolato sospiro?
> A volte, quando sulla città scende la sera e io mi ritrovo nella vasta Biblioteca deserta, davanti ai libri che inquietano i miei giorni, quando più amaro urla il pentimento per una colpa che non è mai stata commessa contro chi non può averci dato la vita, a volte sento che forse, in una situazione come questa, l'unica cosa da fare sarebbe quell'atto che sembrava così giusto per le creature di un tempo, quell'atto che i libri chiamano piangere.
> Ma come si faccia a piangere, questo proprio non lo so.

4 L'immortalità virtuale

4.1 Informazione e supporto

L'ibridazione biotecnologica e il profilarsi della Creatura Planetaria si possono assimilare all'avvento un nuovo stadio evolutivo dell'umanità, caratterizzato dall'intreccio sempre più intimo di biologia e tecnologia e dall'interconnessione in rete dei simbionti *Homo technologicus*. Per indicare i protagonisti di questo nuovo stadio dell'evoluzione, e in generale le creature che abiteranno il mondo in un futuro più o meno prossimo, si è coniato il termine "postumano". Le forme in cui si declina questo concetto sono molte, alcune delle quali esotiche e inquietanti. Tutte pongono problemi concettuali, pratici ed etici: anche le tecniche di procreazione assistita, di cui tanto si discute, rientrano nella prospettiva del postumano, dato che, scostandosi dalle pratiche tradizionali, non mirano alla "riproduzione" bensì alla "produzione" dell'uomo secondo specifiche più o meno precise.

Nonostante l'apparente bizzarria, il concetto di postumano richiede dunque con insistenza un'indagine analitica che ne prefiguri modi, possibilità e limiti. Speculiamo allora su una delle possibilità che si offrono al postumano, quella di diventare un'entità di solo codice, un *postumano disincarnato*. Questa possibilità, caratterizzata dalla prevalenza assoluta dell'informazione sul suo supporto materiale (il corpo), scaturisce dall'importanza preponderante che ha assunto l'informazione nella società odierna. Si tratta di una versione particolare ed estrema del postumano, all'insegna di un *riduzionismo informazionale* che sembra trovare molti sostenitori entusiasti.

Nel postumano in codice il corpo è divenuto superfluo, anzi è addirittura scomparso. O meglio: è diventato indifferente, è stato sostituito da un supporto arbitrario, che serve solo a contenere lo sciame di bit che ne descrivono la struttura. In questo postumano, insomma, ciò che conta non è la materia, l'*hardware*, bensì l'informazione, il *software*. Si postula che l'informazione contenuta nel mio corpo si possa estrarre e introdurre pari pari in un altro corpo, in una macchina, nella ferraglia e nel silicio di un robot, oppure nella vaga indeterminatezza di una nube confinata da qualche campo di forze. Se l'identità di un Sé consiste in una certa configurazione neuronale, in un insieme di forme d'onda, allora il corpo (biologico o biotecnologico) diventa una sede occasionale e trascurabile di quel Sé, che può essere trasferito in qualunque altro supporto. Il corpo cessa di essere ciò che è sempre stato: il segno distintivo ultimo dell'identità individuale.

Nella prospettiva del postumano in codice sembra attuarsi l'affrancamento da quell'ingombrante fardello che è il corpo: l'eliminazione di questo greve residuo di un'umanità primitiva e limitata è sempre stato il lucido sogno razionalistico della nostra civiltà. Con la sua riottosa propensione al peccato, con la sua imbarazzante capacità seduttiva, con la sua scandalosa attività copulatoria, con la sua miserabile caducità, il corpo si è sempre opposto all'aspirazione filosofica e scientifica di costruire un mondo puro, asettico e soprattutto *durevole* (immortale?), aspirazione che tocca il suo culmine nella seconda metà del Novecento con l'impresa dell'intelligenza artificiale (IA) funzionalistica: disincarnata e quindi incorruttibile. Scenario curioso, aberrante, ma non arbitrario, perché si basa sul rapporto tra l'informazione e il suo supporto materiale e sulla nozione di codice. Riprenderemo l'argomento nel par. 4.3.

L'informazione consiste in *differenze*: differenze (di colore, forma, grana, peso...) tra oggetti, tra il prima e il dopo (cioè tra lo stato precedente e lo stato successivo di un oggetto), tra le varie parti di uno stesso oggetto... La presenza dell'"oggetto" indica che l'informazione, per manifestarsi e per essere elaborata e trasmessa, ha bisogno di un *supporto materiale*. L'informazione non può essere ridotta al supporto, tuttavia ne ha bisogno. Inoltre, almeno in prima approssimazione, l'informazione può essere estratta da un supporto e trasferita in un altro senza alcuna perdita o distorsione. L'informazione sarebbe dunque *invariante* rispetto all'operazione di *codifica*, cioè di trasferimento da un supporto a un altro.

In realtà l'invarianza sussiste solo in un caso particolare, molto semplice anche se importantissimo, che è il caso *digitale*, in particolare il caso *binario*, dove ciò che importa è *distinguere* un oggetto o segnale o messaggio dagli altri, e dove la forma specifica di ciascun segnale non ha alcuna importanza. La differenza tra "0" e "1" è codificabile senza residui nella differenza tra "nero" e "bianco", tra "aperto" e "chiuso", tra "sole" e "pioggia" e così via. Il fatto che la forma di "1" sia diversa dalla forma di "nero" e di "sole" non ha alcuna importanza.

In generale tuttavia l'informazione *non* è invariante rispetto alla codifica e il passaggio da un supporto a un altro non è senza conseguenze. Nel caso analogico, dove non basta distinguere un messaggio dall'altro, ma si deve riprodurne con buona approssimazione la *forma*, la codifica può distorcere l'informazione e comprometterla. Un concerto scritto per violino non può essere eseguito col trombone senza gravi distorsioni. Non tutti i supporti si lasciano modulare allo stesso modo: ogni supporto oppone una resistenza specifica all'inserimento delle differenze che rappresentano l'informazione e questa resistenza rivela che informazione e supporto intrattengono una relazione molto intima. Come l'informazione condiziona il supporto, così il supporto condiziona l'informazione.

Detto per inciso, da questa ineludibile interazione scaturisce l'obiezione principale all'IA funzionalistica, secondo la quale basta individuare e descrivere con precisione le funzioni della mente umana e poi trasferire questa descrizione dalla mente a un calcolatore perché questo si comporti come la mente. Per alcuni, invece, le funzioni che si svolgono in un certo supporto sono legate profondamente e intimamente a quel supporto, e non si possono trasferire altrove senza perdite, modifiche e distorsioni.

Anzi, il funzionalismo opera un passaggio intermedio ancora più sottile: le funzioni della mente sono assimilabili a certe operazioni logiche (che si svolgono fuori di ogni tempo e materialità) e queste operazioni logiche, che sono la vera essenza del mentale, possono essere proiettate su svariati supporti (cervello, computer...) in modo assolutamente isomorfo. Il funzionalismo ignora cioè la natura materiale non solo della macchina, ma anche della mente. Quando si afferma che il calcolatore funziona secondo i principi della logica, si commette un errore: il calcolatore non è una macchina logica, bensì una macchina *materiale*, dunque lavora per concatenazioni di causa-effetto di natura fisica e tra causa ed effetto c'è sempre un *ritardo* temporale. Nella logica classica il tempo non esiste, mentre nel calcolatore esiste: ci sono i ritardi, e i ritardi si accumulano. La proiezione o mappatura della logica sul calcolatore è una mappatura imperfetta, tanto che, se le operazioni per unità di tempo diventano troppe, si presentano effetti di saturazione e la macchina funziona male. Allo stesso modo, neppure la mente funziona secondo i principi della logica, ma è condizionata dal funzionamento (fisico-causale) del suo supporto, il cervello.

4.2 La simulazione

Il parziale fallimento dell'IA funzionalistica ha portato a due reazioni molto diverse, entrambe tuttavia imperniate sul corpo: da una parte alcuni si sono convinti che per simulare un'intelligenza che abbia caratteristiche non troppo lontane da quella umana si debba dotare il cervello artificiale di un corpo artificiale in interazione con l'ambiente e magari anche adottare un'impostazione di tipo evolutivo, che simuli quanto è accaduto nella storia della biologia: questa è la via intrapresa dalla *robotica*. Altri non hanno accettato la sconfitta e hanno, all'opposto, radicalizzato il tentativo, codificando non solo la mente ma anche il corpo. Questa è la strada che conduce al postumano in codice.

Per cercar di capire se e come si possa compiere la codifica del corpo è utile considerare la nozione di *simulazione*, pratica che per gli esseri umani costituisce uno strumento dotato di un notevole valore economico e di sopravvivenza, perché ci evita i rischi e gli sprechi legati all'attuazione pratica. Prima di intraprendere un'azione concreta, di solito la simuliamo servendoci della nostra mente, o di altri strumenti che della mente costituiscono un potenziamento o un prolungamento. Possiamo così analizzare i possibili effetti dell'azione e decidere se compierla, correggerla o rinunciarvi.

Il mondo dell'informazione è caratterizzato da codici *arbitrari*: una cosa può, per convenzione, significare qualsiasi altra cosa; ma la simulazione va al di là di questa codifica arbitraria e convenzionale, poiché si fonda su una somiglianza, almeno parziale, e istituisce tra le due "cose", quella simulata, diciamo il fenomeno, e quella simulante, diciamo il modello, una corrispondenza molto stretta almeno a qualche livello di descrizione. Se la corrispondenza si verifica a tutti i livelli (nei limiti della precisione adottata), non si parla più di simulazione, bensì di "riproduzione." Per esempio nel caso di un cervello umano e di un calcolatore elettronico che effettuino un'operazione aritmetica, il quasi isomorfismo si ha al livello alto dei passaggi aritmetici, ma non al livello strutturale profondo né a livello funzionale fine, poiché a questi livelli non si ha corrispondenza tra neuroni e loro attività e circuiti e loro attività.

La simulazione appartiene al mondo dell'informazione e non della materia, e la parzialità della corrispondenza che essa istituisce è legata alla *riduzione* dell'informazione che si attua nel passaggio dal fenomeno al modello. I risultati di questo passaggio delicato e indispensabile dipendono molto dal fenomeno. Consideriamo due esempi: le simulazioni al calcolatore di una mucca e di un matematico. La mucca simulata non può essere munta e il "latte" che se ne ricava non può essere bevuto, perché è un latte simulato: lo potrebbe bere soltanto un contadino simulato che vivesse in una fattoria simulata. Invece nel caso del matematico simulato le dimostrazioni simulate che egli produce sono in tutto e per tutto equivalenti alle dimostrazioni eseguite da un matematico vero.

Che differenza c'è allora tra latte e dimostrazioni? Si potrebbe dire che le dimostrazioni appartengono (quasi) per intero al mondo informazionale, mentre il latte appartiene (quasi) per intero al mondo fisico e non è possibile simulare con l'informazione gli oggetti fisici. Questa impossibilità risulta più evidente se si adotta un criterio di distinzione basato sugli *effetti* che gli oggetti e le loro simulazioni hanno sul mondo reale (il nostro mondo): nel caso del latte gli effetti sono molto diversi, mentre nel caso della dimostrazione gli effetti sono, più o meno, identici. Tenendo presente la distinzione tra informazione e supporto, possiamo anche dire che per il latte il supporto (cioè gli atomi e le molecole che lo compongono) è essenziale: non si può modificare l'identità degli atomi e delle molecole, poiché la configurazione, le relazioni reciproche e i legami chimici, che ne costituiscono la parte strutturale o informazionale, non sono sufficienti a darci il latte. Se gli atomi di carbonio vengono sostituiti da atomi di silicio, pur conservando tutte le relazioni tra gli atomi, non si ottiene più il latte. Per quanto riguarda la dimostrazione, invece, il supporto, benché indispensabile, è inessenziale: quello che conta sono le relazioni e le differenze, cioè le informazioni, che possono essere riprodotte anche nel calcolatore.

A proposito del problema fondamentale dell'IA, cioè se la mente sia simulabile e trasferibile, possiamo arrischiare questa risposta (che però si limita a spostare il problema): se la mente sta tutta nel mondo informazionale, come afferma il funzionalismo, una sua simulazione almeno a qualche livello significativo è possibile; se sta anche nel mondo fisico, come molti ritengono, la cosa è più ardua, poiché anche la materia di cui è fatto il supporto della mente è rilevante.

4.3 Il riduzionismo informazionale e l'imperialismo del codice

> Può la sintesi tra Uomo e Macchina restare stabile, o la componente puramente organica del binomio è destinata a divenire un impaccio del quale liberarsi? Se si rivelasse vera la seconda ipotesi – e ci sono secondo me buone ragioni per crederlo – non avremmo nulla di cui dolerci e certamente nulla di cui temere.
>
> Arthur C. Clarke, *Profile of the Future*

Riprendiamo ora le considerazioni sul postumano disincarnato. Se fosse possibile ottenere l'informazione in sé, l'informazione pura, se per esempio fosse possibile ridurre la musica a codice, o la macchina a progetto, se – per fare un caso ancora più estremo – se l'uomo si potesse ridurre alla sua sequenza genomica, allora perché dovremmo eseguire la musica o costruire veramente le macchine, perché dovremmo generare i figli? L'attuazione materiale sarebbe solo un pleonasmo ridondante, che non dimostrerebbe nulla e che anzi, con la sua imperfezione attuativa rispetto alla perfezione del modello astratto, segnerebbe uno scadimento intollerabile.

Riflettiamo sul caso della musica. Consideriamo una sonata per pianoforte di Beethoven. L'espressione "sonata per pianoforte" è vaga: potrebbe significare lo spartito, oppure l'esecuzione da parte di un pianista in un dato tempo e luogo, oppure la registrazione su disco o su nastro di quella esecuzione, oppure una particolare riproduzione sonora di quella registrazione... Lo spartito contiene la nuda informazione, che in un certo senso è immortale, poiché si può trascrivere, replicare e perpetuare all'infinito. L'esecuzione invece ha carattere transitorio, è destinata a scomparire nel nulla, a svanire nell'immensità diluendosi via via che procede, fino alle ultime note. La registrazione di una particolare esecuzione ha lo stesso tipo di immortalità dello spartito: si può riprodurre all'infinito, trasferire su un altro supporto e, a parte il possibile degrado dovuto alla sua natura analogica (degrado che si evita se la registrazione è digitale), può continuare a esistere indefinitamente. Una particolare riproduzione sonora della registrazione, invece, è transitoria come l'esecuzione da parte del pianista, con la differenza che essa si può replicare identica, mentre il pianista non potrà mai eseguire la sonata nello stesso identico modo.

Insomma, a parte la necessità di un supporto materiale, lo spartito su carta e la registrazione su disco sono informazione pura, mentre ogni esecuzione particolare (del pianista o della registrazione) è informazione 'incarnata' o incorporata.

Cerchiamo di tracciare un parallelo con la biologia. Il genoma è come lo spartito: è (contiene) informazione pura, che può essere replicata indefinitamente (trascuriamo il fatto che nelle trascrizioni successive si possono presentare errori di copiatura). Il genoma, attingendo ai materiali che ha a disposizione, produce un soma (fenotipo), cioè un individuo che corrisponde a un'esecuzione dello spartito e che ha una durata limitata. La registrazione su disco della sonata corrisponde a una codificazione completa dell'individuo, genoma e soma. Questa codifica potrebbe essere incorporata un numero arbitrario di volte in individui reali identici (cloni), ciascuno dei quali sarebbe transitorio e mortale, mentre la codifica completa sarebbe una sorta di matrice immortale. Il lettore saprà certo trovare i limiti di validità di questo parallelo tra musica e biologia, che consistono soprattutto nel fatto che gli errori di trascrizione in biologia sono alla base dell'evoluzione (e non necessariamente del degrado) e che il passaggio dal genoma al soma non ha bisogno di un 'esecutore' esterno come nel caso della sonata.

Se ne può comunque trarre la conclusione che il genoma è in odore di immortalità, mentre i corpi, per usare l'espressione di Richard Dawkins, sono semplici "macchine da sopravvivenza" per le cellule germinali: si può immaginare il genoma come un filo rosso dal quale sbocciano i fiori purpurei dei corpi individuali, destinati ciascuno a prolungare di un tratto il filo del genoma per poi appassire e cadere una volta adempiuto quel compito.

Chiediamoci ora che conseguenze avrebbe la codifica completa dell'uomo: come cambierebbe la nostra vita se questo riduzionismo informazionale estremo fosse praticabile? Si tratta in fondo di un ritorno alla filosofia platonica, che assegnava preminenza alle idee rispetto alla loro attuazione materiale. Ma noi sappiamo, perché lo intuiamo al di là di ogni ragionamento e argomentazione (e soprattutto perché lo esperiamo nel corso della nostra esistenza), che la vita non è puro codice, che il corpo in cui il codice s'incarna ha una sua collocazione centrale in questo vasto e inafferrabile fenomeno del quale siamo protagonisti e insieme costituenti, attori e registi: a differenza degli animali, che a quanto ci è dato capire, sono per intero dentro la vita e quindi su di essa non si pongono domande, noi umani siamo in parte dentro e in parte fuori. Ed è questa intermittente estraneità che ci spinge a considerare il fenomeno vivente oggetto di indagine: e di volta in volta lo vediamo come una concatenazione di piccoli passi elementari privi di significato, un miracolo inspiegabile se non per fede, un intreccio insensato di caso e di necessità, un caldo fluire di sentimenti, carezze e lacrime.

Ma fino a che punto si può spingere il riduzionismo informazionale? Come ha mostrato la storia, già il tentativo dell'IA di codificare la mente per trasferirla dal supporto originario in un altro comporta semplificazioni e distorsioni essenziali che rendono il risultato molto discutibile. Eppure molte attività della mente sono formali, appartengono cioè al mondo dell'informazione, ed è su questo che si è basata l'intelligenza artificiale funzionalistica. Ma il corpo, per la sua natura fisica e biologica, è vicino anche alla materialità del supporto, perciò quando se ne estrae l'informazione per incarnarla in un altro supporto (per esempio un grosso regesto che riporti tutte le istruzioni, tutte le relazioni, tutte le formalità progettuali), molte sue caratteristiche originarie (e molte sue interazioni con il mondo) vanno perdute o distorte. Queste caratteristiche potrebbero comprendere la possibilità di nuotare, di mangiare, di far l'amore... e tutto sta a vedere se vogliamo considerarle essenziali oppure no per la definizione di corpo, o meglio per considerare il nuovo supporto, il regesto, un sostituto accettabile del corpo. In altre parole, il riduzionismo informazionale trascurerebbe le relazioni tra il corpo e l'ambiente, relazioni che sono *costitutive* del corpo.

Quindi il corpo codificato sarebbe solo un *simulacro* di corpo, che non ne conterrebbe tutta l'essenza. Insomma se volessimo dissolvere il corpo trasformandolo in uno sciame di bit, sospesi in aria (o nel ciberspazio) in attesa di nuova destinazione non potremmo farlo fino in fondo: non potremmo travasare nel *software* tutta la resistenza e la sodezza e la ricchezza della materia e quindi la reincarnazione sarebbe incompleta. Il corpo continuerebbe dunque a essere l'orizzonte assoluto della nostra esistenza, l'ultimo ostacolo all'immersione totale nella virtualità. Il corpo reale non si potrebbe ridurre a un fantasma etereo e imponderabile, angelico o demoniaco, da registrare, trasmettere e manipolare come un segnale. Nella costruzione del simulacro la mediazione filtrante del codice sarebbe cruciale e questa mediazione sottrarrebbe al corpo la sua caratteristica più importante, quella di essere immerso in un contesto e in una storia in cui la materialità, l'esperienza del mondo e la sostanzialità del cibo sono fondamentali. Insomma, come l'informazione è irriducibile alla materia, anche la materia non si può ridurre del tutto all'informazione.

Sarebbe allora questo il prezzo da pagare per l'immortalità del corpo codificato? Accetteremmo di non vivere per vivere indefinitamente? La nostra immortalità sarebbe inodore, insapore e incolore, avrebbe perso la sapidità gioiosa e dolorosa della vita per acquisire la sciapa atarassia della castità, della morigeratezza, della rinuncia. E rinunceremmo allo splendore del fenotipo, cioè al livello in cui si manifestano con pienezza le differenze tra le specie e tra gli individui, differenze che a livello molecolare tendono invece a sparire? (Longo 2003, cap. I)

Supponiamo comunque di accettare questa prospettiva postumana, che ci farebbe approdare a un essere di pura informazione, privo di supporto. Come potrebbe questo essere interagire con il mondo? L'interazione tra materia e informazione richiede la presenza di un supporto materiale o energetico su cui l'informazione si possa adagiare, o meglio si possa in*corpo*rare, quindi un essere di pura informazione è un'astrazione mistica: anche le nostre idee più astratte possono spingerci ad azioni materialissime, e questo perché sono incarnate nella configurazione dei nostri neuroni e si incanalano poi nelle strutture energetiche e materiali del corpo. Se così non fosse, si riproporrebbe il problema dell'interazione tra *res cogitans* e *res extensa* affrontato senza successo da Cartesio. E ancora: come potrebbe essere percepito un essere di pura informazione, e da chi? E se non fosse percepito, come potremmo verificarne l'esistenza se non con un atto di fede? Rischierebbe, il nostro post-uomo incorporeo, di essere l'unico osservatore e interlocutore di sé stesso, una sorta di monade autoreferenziale incapace di comunicare con altri.

Un altro problema: che ne sarebbe dell'identità e del Sé, che non sarebbero più legati al corpo e alla sua immersione contestuale, bensì all'informazione trasferibile, in una prospettiva analoga a quella dell'intelligenza artificiale funzionalistica? Non si tratta di una questione tanto peregrina, perché già quel processo di decodifica (parziale) dell'essere umano che è la mappatura del genoma ci pone di fronte alla domanda "chi siamo?" in termini nuovi e radicali. Se (il codice di) un essere umano può essere compresso e stare tutto su un libro o su un disco, che ne è della sua coscienza, intelligenza, sensibilità? Che cosa diventa l'"io" per effetto di questo riduzionismo informazionale?

Consideriamo un esempio tratto dalla genetica. La mappatura del genoma ci pone in una situazione in cui oggetto e soggetto si confondono. Anzi, se l'oggettivazione fosse, come si vorrebbe, completa, il soggetto rischierebbe di sparire del tutto, con conseguenze bizzarre e forse crudeli. Il soggetto, del tutto appiattito sull'oggetto, anzi divenuto puro oggetto, somiglierebbe a colui che in piena consapevolezza si vede precipitare in un burrone senza poter far nulla per impedirlo: per esempio potrebbe sapere in anticipo che sta per cadere preda di una malattia grave, senza poter fare nulla per evitarla. Come negli incubi dove non si riesce né a scappare né a gridare aiuto. D'altra parte non sarebbe necessario evitare la malattia, visto che non ci sarebbe il corpo, cioè il luogo dove la malattia si potrebbe manifestare... E più sottilmente: divenuto soggetto oggettivato, potrei ricavare un quadro completo delle mie capacità fisiche e intellettuali, gettando in qualche misura un'occhiata al mio futuro; ma come emergerei ai miei occhi? Come ne sarebbe modificata la mia esperienza del Sé? Come ne sarebbe condizionato l'antico problema del libero arbitrio? Esisterebbe ancora il tempo, sede degli eventi (la malattia, il pensiero, la contemplazione, la corsa)? (Quest'ultima domanda fa intravvedere il legame inscindibile tra corpo e tempo.)

Certo, conoscendo il mio genoma potrei modificare in meglio le mie caratteristiche, ma qui si apre un altro problema: se l'oggettivazione del Sé è completa, chi è l' "io" che interviene sul "proprio" codice genetico per modificarlo? L'intervento non fa già parte dell'oggettivazione totale del soggetto, in un vertiginoso circolo autoreferenziale? Insomma, si ha la sensazione che la presenza del corpo consenta quel minimo di distacco tra oggetto e soggetto che sperimentiamo al di là di ogni dubbio e che, in quanto soggetti, ci rende titolari di numerosi possessi. Questi possessi si esprimono in locuzioni del tipo: "il mio corpo", "il mio dolore", "la mia mente" e "il mio genoma". Se tutto fosse oggettivato, se tutto fosse squadernato davanti ai "nostri" occhi, si ripresenterebbe l'antico paradosso del sistema che sa tutto di sé. Questa conoscenza dev'essere contenuta in un organo particolare, che fa parte del sistema e di cui quindi il sistema deve saper tutto. Ciò richiede un ulteriore organo della conoscenza, e così via, all'infinito.

Comunque non facciamoci intimidire dalla natura congetturale di tutto ciò, e riprendiamo il problema del Sé in questa particolare prospettiva post-umana. Se tutto il Sé può essere codificato e passare da un supporto all'altro, se un essere umano può identificarsi col suo *software* o codice senza nessun collegamento necessario con il suo *hardware* di partenza, non c'è più identificazione tra il Sé e un corpo particolare. Il cordone ombelicale sarà tagliato e ciascuno potrà assumere liberamente uno o più corpi, nei quali replicare esattamente il codice che gli corrisponde. Si apre qui un problema vertiginoso: se l'informazione che costituisce il mio Sé viene trasferita su un supporto diverso, dove sto "io"? Non mi identifico con il supporto materiale d'origine e neppure con quello d'arrivo, che sono entrambi del tutto occasionali, ma non mi identifico neppure con il codice, che può essere riprodotto in un numero arbitrario di copie (ciascuna col suo supporto) con tutta la precisione che voglio. Non esistendo il codice in astratto, ma solo le sue varie possibili incarnazioni, si dissolve l'idea di "originale": ogni originale è una copia e viceversa. (Vengono in mente le considerazioni di Walter Benjamin sul concetto di opera d'arte nell'epoca della sua riproducibilità tecnica.)

Allora, in questa prospettiva di corpo-mente codificato e incarnabile a piacere, dove si colloca il Sé? Dove sta la mia coscienza, alla quale in fondo sono affezionato? Se poi suppongo di riprodurre il codice in molti supporti, ciascuno di questi "cloni" si evolverà per conto proprio, in modo più o meno diverso dagli altri: il mio Sé si moltiplicherebbe come si moltiplica a ogni istante l'universo in quelle versioni della meccanica quantistica che sono dette dei molti mondi... Ancora una volta: dove sta il mio Sé?

Per evitare i problemi di autoreferenzialità e di regresso all'infinito, potrei delegare a un terzo l'osservazione del mio corpo decodificato e ridotto a puro codice. Ora, se la decodifica fosse completa, non solo metterebbe in corrispondenza biunivoca l'attività neuronale con l'esperienza soggettiva, ma consentirebbe di trascurare del tutto quest'ultima: lo sperimentatore fornirebbe un impulso al mio cervello e saprebbe che cosa stessi provando senza neppure domandarmelo. Anche le mie decisioni sarebbero prese in un regime di libertà vigilata: osservando l'attività biochimica del mio encefalo, lo sperimentatore saprebbe con un piccolo anticipo che sto per decidere o pensare la tal cosa. La mia coscienza (ma avrebbe ancora senso parlare di coscienza?) arriverebbe sempre un po' in ritardo e registrerebbe come libera scelta uno stato "oggettivo" anteriore.

E che ne sarebbe della mia storia personale? Delle mie esperienze passate? Se, come pare, esse sono rappresentate nei miei neuroni, sarebbero comprese nella codifica: ma come si configurerebbe l'atto di richiamare un'esperienza o un ricordo? Non sarebbe necessaria una dinamica della codifica? O una codifica gerarchica? E in questa gerarchia potrebbe esserci lo spazio per una distinzione tra oggetto e soggetto? Domande formidabili, che, bizzarramente, nascono da una semplice congettura, da un esperimento concettuale che forse non ha nulla a che fare con qualsiasi realtà e che forse è frutto di pura visionarietà.

Eppure...

I problemi sollevati dalla mappatura genomica non finiscono qui: da una parte, fornendoci il codice della vita, la mappatura pretende di dirci chi è *davvero* ciascuno di noi secondo una visione deterministica molto discutibile improntata a un perentorio riduzionismo informazionale che si arroga l'esclusiva della *verità*; dall'altra la possibilità di modificare il *software*, cioè di riprogrammare il genoma, con tecniche finalistiche (anche queste molto discutibili perché acontestuali e basate su una supposta linearità causale tra geni e tessuti e tra geni e caratteri) prelude a un profondo mutamento etico e cognitivo.

Osservo che la pretesa di fornire la *vera* descrizione di un individuo, qualunque sia il procedimento adottato, è alquanto velleitaria: intanto perché un individuo si trova all'incrocio o alla confluenza di molte (infinite) descrizioni possibili, a seconda del livello di osservazione adottato e a seconda delle priorità stabilite dall'osservatore e dei suoi interessi. Nessuna di queste descrizioni è esauriente (questa ineludibile pluralità descrittiva si esprime anche dicendo che l'individuo è un sistema *complesso*) ed è solo il loro insieme (aperto) che porta asintoticamente *verso* la descrizione dell'individuo. In secondo luogo, e ancora più importante, ogni individuo è un *processo*, cioè è mutevole nel tempo, quindi le descrizioni debbono avere carattere dinamico. Questa *storicità* dell'individuo s'intreccia con la sua immersione in un *contesto* o ambiente con il quale si trova in continua interazione coevolutiva: da qui, in ogni istante, un brulicare di alterità dinamiche potenziali che mette in questione il concetto di identità e la possibilità stessa della descrizione.

Questo per ciò che riguarda l'osservatore-descrittore. Sul versante dell'individuo osservato, la storia e il contesto, interagendo con le potenzialità contenute nel patrimonio ereditario, attuano alcune possibilità (contingenze) e non altre a priori altrettanto probabili. (Ecco perché due gemelli omozigoti non sono mai del tutto isomorfi: le loro differenze scaturiscono dalle differenze, per quanto minime, tra le loro esperienze individuali.) Entra in crisi la nozione di (auto)biografia oggettiva: ciò che resta sono le storie, cioè le narrazioni situate, fatte da un punto di vista parziale, per esempio quello del soggetto.

La prospettiva di una descrizione genomica completa segnerebbe comunque la fine del creazionismo teleologico, che assegna all'uomo un posto privilegiato tra gli animali; la fine della riproduzione sessuale e quindi di una fonte importante di diversità genetica (la clonazione informazionale renderebbe superfluo l'accoppiamento, con disappunto di molti); segnerebbe la fine di molte dispute filosofiche e psicologiche (sul libero arbitrio, sulla coscienza, sull'inconscio), fors'anche per l'estinzione dei filosofi e degli psicologi dopo un lungo periodo di cassintegrazione. Potrebbe segnare la fine del corpo: una volta trovato il genoma perfetto, che cosa ci guadagneremmo a incarnarlo in un corruttibile corpo? Anzi che cosa ci guadagnerebbe lui, il GGG (il Grande Genoma Generale) a incarnarsi? Che cosa ci guadagna il bibliomane dalla lettura *effettiva* dei suoi libri? Che cosa ci guadagnano i libri dalla lettura, o addirittura dalla scrittura, che ne possiamo fare? Tutto sembra regredire verso il regno dell'informazione-sempre-più-rarefatta, dove il GGG veglia su sé stesso nei secoli dei secoli. Andiamo davvero verso il postumano? E ci piace?

4.4 La... singolare visione di Kurzweil

> Quando la prima intelligenza transumana sarà creata e si lancerà in un ciclo di auto-potenziamento ricorsivo, assisteremo verosimilmente a una discontinuità fondamentale, le cui caratteristiche non sono in grado neppure di cominciare a prevedere.
>
> Michael Anissimov

Nelle pagine precedenti abbiamo delineato il possibile avvento della Creatura Planetaria, soffermandoci su alcune sue possibili caratteristiche e congetturandone evoluzione e destino. Il concetto di Creatura Planetaria è stato approfondito con dovizia di ipotesi e previsioni dal futurologo Raymond (Ray) Kurzweil (New York, 1948) Partendo dalla costatazione che il tasso di innovazione tecnologica è soggetto da alcuni decenni a un'accelerazione formidabile in quasi tutti i settori, Kurzweil avanza l'ipotesi che la tecnologia si evolva con velocità esponenziale. Lo sviluppo esponenziale si distacca nettamente da quello lineare al quale siamo abituati e che siamo istintivamente portati ad attribuire ai fenomeni che osserviamo.

Per illustrare la portata della differenza tra andamento lineare e andamento esponenziale, consideriamo una leggenda cruenta, legata all'origine degli scacchi. A un ricchissimo principe indiano che, possedendo tutto, si annoiava a morte, si presentò un ometto dall'aria dimessa che gli illustrò un giuoco di sua invenzione, gli scacchi. Il giuoco si svolgeva su una tavola quadrata divisa in 64 caselle e comportava il movimento di 32 pezzi. Dopo aver imparato le regole e aver effettuato alcune partite, il principe fu talmente affascinato dagli scacchi che offrì all'ometto una ricompensa a sua scelta. Con la sua aria dimessa, l'inventore chiese che gli fossero dati due chicchi di grano per la prima casella della scacchiera, quattro per la seconda, otto per la terza, sedici per la quarta e così via, raddoppiando cioè il numero a ogni casella. In apparenza innocente, la richiesta si rivelò devastante: senza tener conto dei chicchi corrispondenti alle caselle precedenti, quelli relativi alla sessantaquattresima casella erano 2^{64}, cioè 18.446.744.073.709.551.616, un numero esorbitante: anche coltivando tutta la terra a frumento non si potrebbe mai ottenere questo raccolto. Il principe, venuto in collera per non riuscire a soddisfare la richiesta dell'inventore, ne comandò, ahimé, la decapitazione.

La forza esplosiva della legge esponenziale si manifesta chiaramente se la si confronta con la legge lineare, che corrisponderebbe a un chicco per la prima casella, due per la seconda, tre per la terza e così via, fino a sessantaquattro per l'ultima: un compenso davvero risibile per un giuoco affascinante come gli scacchi, ma per l'incontentabile ometto l'alternativa fu la morte. Anche Dante rimase colpito dalla crescita delirante dell'esponenziale, tanto da ricordarla nella *Divina Commedia*:

L'incendio suo seguiva ogne scintilla
ed eran tante, che 'l numero loro
più che 'l doppiar de li scacchi s'inmilla.

Paradiso, XXVIII, 91-93

Un esempio tecnologico di legge esponenziale è la cosiddetta "legge di Moore", una regola empirica, finora rispettata, che prevede il raddoppio della capacità dei circuiti elettronici (e quindi della potenza dei computer) ogni 18 mesi circa. Ne segue un fatto che è sotto gli occhi di tutti: sempre più l'intelligenza artificiale invade settori che fino al giorno prima erano dominio esclusivo dell'intelligenza umana. Questa *delega tecnologica*, secondo Kurzweil, comporterà entro alcuni decenni un trasferimento completo dei compiti cognitivi dall'uomo al computer, o meglio al computer in simbiosi con l'uomo. In altre parole il mondo in cui viviamo subirà una modificazione radicale, in primo luogo quantitativa ma anche, più sottilmente, qualitativa.

Un'integrazione sempre più spinta tra cervelli umani e macchine consentirà di superare le limitazioni degli uni e delle altre, avviando una rivoluzione cognitiva senza precedenti. Kurzweil chiama *singolarità* il punto d'arrivo di questa evoluzione retta dalla legge esponenziale (Kurzweil 2005). La singolarità corrisponde alla fusione tra noi e le nostre macchine, una sorta di simbiosi intima e irreversibile, che a sua volta rappresenta il punto di partenza per una nuova fase evolutiva dell'umanità, che può essere sintetizzata dai due aforismi seguenti:

Prima noi costruiamo gli strumenti, poi loro costruiscono noi
Marshall McLuhan

Il futuro non è più quello di una volta
Yogi Berra

Naturalmente al concetto di singolarità si possono applicare tutte le osservazioni fatte a proposito del concetto di Creatura Planetaria. In particolare ci si può chiedere che cosa resterà della natura umana, alla quale molti di noi sono affezionati, dopo l'unione con le macchine. Kurzweil risponde che resterà la caratteristica che egli considera più tipica dell'umano, cioè la tendenza irrefrenabile a superare le limitazioni e a travalicare i confini che di volta in volta circoscrivono le nostre capacità per dirigerci verso territori inesplorati e acquisire attitudini nuove e a volte imprevedibili. Insomma: ciò che resterebbe dell'uomo sarebbe la sua caratteristica essenziale, quella di non avere un'essenza. Creatura mobile ed elusiva, l'uomo, che non si lascia racchiudere in una definizione posta una volta per tutte: molte religioni e filosofie hanno fornito dell'uomo un'immagine fissa, mentre oggi ci si rende conto che la sua capacità di ibridarsi con l'Altro (piante, animali, macchine...) lo sottrae a ogni fissismo. E questa natura incostante e proteiforme è ciò che rimarrà costante nel tempo.

Secondo Kurzweil l'evoluzione complessiva del cosmo ha attraversato le seguenti epoche, caratterizzate dalla natura, dal supporto e dallo stato delle informazioni:

1. Prima epoca: fisica e chimica. Le informazioni sono codificate nelle strutture energetiche e materiali dell'universo, che – secondo alcuni per un progetto divino, secondo altri per un principio antropico, secondo altri ancora per caso e per necessità – crescono in ordine e in complessità.
2. Seconda epoca: biologia e DNA. Grazie alla versatilità del carbonio, nascono le strutture della vita, capaci di replicarsi e di registrare le informazioni in supporti flessibili soggetti all'evoluzione biologica.
3. Terza epoca: il cervello. La comparsa del sistema nervoso centrale consente non soltanto una forma raffinata di registrazione delle informazioni, ma anche la creazione di modelli astratti e simbolici su cui operare prima di trasferire l'azione nel mondo esterno.
4. Quarta epoca: la tecnologia. L'estroflessione strumentale innesca un'evoluzione accelerata delle possibilità di raccolta ed elaborazione delle informazioni.
5. Quinta epoca: fusione tra cervello e tecnologia. Gli strumenti si affiancano al cervello e interagiscono con esso, dando luogo a una simbiosi (cognitiva e attiva) sempre più intima tra uomo e macchina.
6. Sesta epoca: l'universo si sveglia. L'intelligenza simbiotica (biotecnologica) satura di sé la materia e l'energia, organizzandole in forme capaci di computazione e di attività cognitiva che trascendono il nostro pianeta per diffondersi nello spazio cosmico. L'universo diventa 'intelligente': è la singolarità.

Mentre le tappe dalla prima alla quarta riassumono una storia che è alle nostre spalle, la quinta epoca è appena cominciata ed è segnata dall'avvento del simbionte *Homo technologicus* ad alto tasso di tecnologia. Quanto alla sesta epoca, si tratta di una speculazione, che comprende la possibilità che le bio-macchine simbiotiche ultraintelligenti costruiscano a loro volta macchine ancora più intelligenti. Si avrebbe allora una vera e propria esplosione di intelligenza, che si lascerebbe alle spalle la vecchia intelligenza umana, che in un certo senso ne è stata il catalizzatore o il detonatore primordiale. La prima macchina ultraintelligente sarebbe la nostra ultima invenzione: di lì in avanti ci penserebbero loro, le macchine, a evolversi: noi resteremmo disoccupati.

Chi è interessato ad approfondire la visione di Kurzweil può leggere i suoi saggi. Qui voglio soltanto suggerire il possibile legame tra la singolarità e il prolungamento della vita umana. Si pone subito una serie di problemi: quella prospettata nella sesta epoca sarebbe ancora vita umana? Più precisamente: ci sarebbe, in qualche punto dell'universo risvegliato, la consapevolezza di un prolungamento della vita umana? In fondo a noi non interessa soltanto raggiungere l'immortalità (o tendervi), ma anche essere coscienti di questo conseguimento, così come oggi siamo consapevoli della brevità della vita e del suo orizzonte di morte.

È il problema che abbiamo discusso a proposito della Creatura Planetaria, quando ci siamo chiesti se essa potrebbe avere una forma di coscienza e quale ne sarebbe il rapporto con le coscienze individuali dei suoi componenti. Soltanto se possedesse una coscienza l'universo risvegliato potrebbe speculare sulla propria immortalità e magari compiacersene, ma questa immortalità sarebbe comunque limitata dal destino del supporto energetico e materiale del cosmo, destino che per quanto ne sappiamo prevede una fine, sia pur lontanissima. Resta tuttavia il problema delle coscienze individuali: che fine farebbero? Si annullerebbero nella coscienza universale, oppure continuerebbero ad agonare singolarmente un'impossibile immortalità? Anche nella loro forma simbiotica i cyborg uomo-macchina continuerebbero a morire (se questo è il termine giusto) per far posto a individui più prograditi. Forse si potrebbe recuperare la parte macchinica dei cyborg per avviarla a una semi-immortalità, ma non quella biologica, che sarebbe, come oggi, destinata alla morte. Ma si possono anche immaginare vasti cimiteri scintillanti di macchine, destinate alla demolizione o semplicemente all'ossidazione per l'avvento di strumenti e dispositivi più raffinati e potenti.

E che ne sarebbe della parte biologica del simbionte? Sarebbe ancora utile o necessaria, visto che la tecnologia sostituirebbe via via tutti i suoi organi? Forse, per un residuo di nostalgia e di tradizionalismo, si conserverebbe ancora la possibilità di generare la componente biologica, magari in forme e in modi diversi da quelli odierni, su cui possiamo solo congetturare.

Il rapporto tra cyborg individuali e universo intelligente sarebbe un po' come il rapporto tra gli individui e la specie. La specie trascende gli individui e offre loro la possibilità di tramandare la vita da una generazione all'altra grazie all'avvicendarsi di nascita e morte... La vera immortalità biologica è quella del genoma, la vera immortalità cognitiva è quella dell'universo intelligente.

Forse invece a un certo punto la componente biologica sarebbe superflua e il cyborg si ridurrebbe alla sola componente macchinica... ma in questa prospettiva avrebbe ancora senso parlare di morte individuale? Tutto (compresa la coscienza?) si trasferirebbe nell'universo intelligente, che diventerebbe il depositario di concetti quali vita, morte, cognizione. Si potrebbe anche supporre l'assenza, a questo livello cosmico, di qualsiasi forma di coscienza: allora il tutto perderebbe *senso* e la ricerca dell'immortalità sarebbe relegata nel magazzino dove si accumulano e s'impolverano i ferri vecchi, i relitti di un passato irrimediabilmente superato e affidato alle cure nostalgiche di qualche storico (naturalmente cyborg), incapace per la sua natura macchinica di comprendere la portata di questi problemi.

Si tratta di pure speculazioni, ma è interessante notare che Kurzweil privilegia gli aspetti cognitivi della singolarità e sembra non curarsi affatto degli aspetti etici. Kant era pieno di stupore e di ammirazione davanti al cielo stellato sopra di lui e alla legge morale dentro di lui.

> Due cose riempiono l'animo di ammirazione e venerazione sempre nuova e crescente, quanto più spesso e più a lungo la riflessione si occupa di esse: *il cielo stellato sopra di me, e la legge morale dentro di me*. Queste due cose non ho bisogno di cercarle e semplicemente supporle come se fossero avvolte nell'oscurità, o fossero nel trascendente, fuori dal mio orizzonte; io le vedo *davanti* a me e le connetto immediatamente con la coscienza della mia esistenza. La prima comincia dal posto che io occupo nel mondo sensibile esterno, ed estende la connessione in cui mi trovo, a una grandezza interminabile, con mondi e mondi, e sistemi di sistemi; e poi ancora a tempi illimitati del loro movimento periodico, del loro principio e della loro durata. La seconda comincia dal mio io indivisibile, dalla mia personalità, e mi rappresenta in un mondo che ha la vera infinitezza, ma che solo l'intelletto può penetrare, e con cui (ma perciò anche in pari tempo con tutti quei mondi visibili) io mi riconosco in una connessione non, come là, semplicemente accidentale, ma universale e necessaria. Il primo spettacolo di una quantità innumerevole di mondi annulla affatto la mia importanza di *creatura animale* che deve restituire nuovamente al pianeta (un semplice punto nell'universo) la materia della quale si formò, dopo essere stata provvista per breve tempo (e non si sa come) della forza vitale. Il secondo, invece, eleva infinitamente il mio valore come [valore] di una *intelligenza*, mediante la mia personalità in cui la legge morale mi manifesta una vita indipendente dall'animalità e anche dall'intero mondo sensibile, almeno per quanto si può riferire dalla determinazione conforme a fini della mia esistenza mediante questa legge: la quale determinazione non è ristretta alle condizioni e ai limiti di questa vita, ma si estende all'infinito. (I. Kant, *Critica della ragion pratica*, Conclusioni, 289-290)

Il cielo stellato ci spinge alla comprensione razionale delle leggi di natura, la legge morale ci invita a distinguere il bene dal male e ad applicare questa distinzione alla nostra condotta nei confronti in primo luogo degli esseri umani e poi, anche, delle altre componenti del nostro ambiente, in primo luogo gli animali. Pare che Kurzweil, al pari di molti altri scienziati, ingegneri, biotecnologi e via enumerando, sia pieno di considerazione per il cielo stellato, cioè per le nostre capacità razionali, e molto meno sensibile all'etica, che per lui sembra appiattirsi sulla razionalità o ridursi a un fatto privato residuale, del quale vergognarsi un pochino e comunque da tener fuori dei laboratori. Nella sua visione sembra che il sapere sia un bene in sé e che l'etica scompaia di fronte a un aumento indefinito delle conoscenze, senza che questo aumento sia indirizzato a qualche fine, o abbia qualche senso.

È vero peraltro che queste mie considerazioni critiche sono espresse da un essere umano antiquato, situato in un punto obsoleto dello spazio-tempo, da un membro di un'umanità superata, per la quale l'etica è importante e non s'identifica del tutto con la cognizione. Idee vecchie, di cui bisognerà un giorno sbarazzarsi. Eppure... eppure sentiamo che una vita senza *senso* non ci soddisfa: vogliamo essere i protagonisti della vita, di qual caldo torrente di sensazioni, di sentimenti, di emozioni intrecciate tra noi e gli altri che conosciamo e da cui ci facciamo trascinare. Se il prezzo della (quasi) immortalità legata alla singolarità è la perdita di questa consapevolezza unitaria, sistemica e allo stesso tempo individuale, vale la pena affaccendarsi tanto per conseguirla?

4.5 Il Punto Omega di Teilhard de Chardin

> Io non sono né un filosofo né un teologo, ma uno studioso del 'fenomeno', un 'fisico' nel senso dei Greci.
>
> Teilhard de Chardin

È singolare che una risposta, originalissima e fortemente intrisa di religiosità, ai quesiti sulla coscienza e sulla comunicazione all'epoca della Creatura Planetaria sia venuta molti decenni fa, nella prima metà del Novecento, da una straordinaria figura di teologo, filosofo e scienziato, Pierre Teilhard de Chardin (Orcines, Francia 1881 – New

York 1955). Geologo del pleistocene e paleontologo specialista dei vertebrati del cenozoico, Teilhard fu considerato uno dei maggiori teorici dell'evoluzione del suo tempo. E il suo pensiero, che si estese ben al di là del ristretto campo scientifico, è basato appunto, come vedremo, sul concetto di evoluzione.

Egli stesso, nel libro *Il cuore della materia* (1950), narra che fin da bambino fu attratto dall'idea della *consistenza*, dell'inalterabilità, che dapprima identificò nella materia (il suo primo idolo fu 'il Dio di Ferro'). Alla materia sostituì in seguito l'idea di *convergenza*, che meglio realizzava la consistenza, cioè la permanenza dell'essere al di là dell'effimero e del transitorio: nel corso del tempo il concetto di convergenza divenne uno dei pilastri della sua ontologia. Entrato a undici anni in un collegio di gesuiti, vi svolse per un settennio, fino al 1899, gli studi letterari, filosofici e matematici. Quell'anno prese la decisione di entrare nel noviziato della Compagnia di Gesù, ma nel 1901 la Francia decretò l'espulsione del gesuiti e Teilhard continuò noviziato e studi all'estero. Dal 1905 al 1908 fu lettore di chimica e fisica al Cairo e cominciò a interessarsi alla geologia, alla paleontologia e all'evoluzione. Nel 1911, dopo quattro anni di teologia svolti in Inghilterra, fu ordinato prete. Maturò la vocazione religiosa negli anni della prima guerra mondiale, durante la quale si distinse nel compito di barelliere, tanto da meritarsi la croce al merito e la nomina a Cavaliere della Legion d'Onore.

Non possiamo qui seguire né i suoi numerosissimi viaggi per il mondo né le tappe della sua formazione culturale e spirituale, in cui s'intrecciarono profondamente la vocazione religiosa e gli studi scientifici: diremo solo che i suoi tentativi di conciliare la teoria dell'evoluzione con la dottrina del peccato originale furono disapprovati dalla Chiesa, al punto che Teilhard fu costretto a dimettersi dall'insegnamento e a non pubblicare più nulla in campo filosofico-teologico. Inoltre gli fu imposto il trasferimento in Cina, dove rimase per vent'anni, dal 1926 al 1946. Durante la sua permanenza in quel Paese partecipò a parecchie spedizioni geologiche e paleoantropologiche (tra cui quella a Tcon Breuil che portò alla scoperta del Sinanthropus di

Chou-Kou-Tien), acquistando una competenza e una fama scientifiche di portata mondiale, che in seguito gli avrebbero fruttato riconoscimenti e onori sia in Europa sia in America. La permanenza in Oriente gli consentì anche di approfondire il pensiero mistico cinese, indiano e giapponese, dove trovò l'ispirazione per la costruzione di una mistica in cui il Molteplice è superato in un percorso verso l'Uno.

Nel 1947 fu insignito del grado di Ufficiale della Legion d'Onore e nel 1950 ottenne una cattedra all'Institut de France. Poi si stabilì negli Stati Uniti, dove morì il giorno di Pasqua del 1955.

Come si è detto, Teilhard fu sempre affascinato dal concetto di consistenza e di inalterabilità, il che forse spiega la sua scelta di studiare la geologia e il primato che egli accordò alla materia (di lui si ricorda un *Hymne à la Matière*, parte finale di un poemetto del 1919 dal titolo significativo *La puissance spirituelle de la Matière*). Egli estese poi i suoi interessi al mondo vegetale e animale e studiò i grandi progressi compiuti dalla fisica in quegli anni, sempre in cerca dell'Uno, che vedeva incarnato negli atomi, comuni a tutti i corpi viventi e non viventi, e nell'energia che li anima. Avrebbe potuto, secondo questa prospettiva, aderire al panteismo, divinizzando tutti gli elementi della natura, ma vi sfuggì, in parte, grazie alla sua fede cristiana, che contemplava il Verbo incarnato, e grazie alla sua profonda adesione all'evoluzione: un'evoluzione estesa, che l'avrebbe condotto a scoprire la presenza del Cristo nel seno stesso del creato.

Le sue esperienze di geologo e paleontologo sulle tracce della vita fossile in Egitto, in Europa, in Cina e in Sudafrica, lo portarono, come ho detto, ad accettare la teoria dell'evoluzione, che tuttavia ampliò grazie alle sue immense competenze scientifiche, filosofiche e teologiche, integrando l'evoluzione biologica di Darwin e dei suoi epigoni in una sintesi grandiosa, che sostanziava l'idea di un'evoluzione globale, di una deriva profonda e totale dell'intero Universo. In questo Universo evolutivo la relazione tra Materia e Spirito assume una luce nuova: non si tratta più di due stati distinti e opposti di una natura statica, ma delle due facce intimamente unite di un tessuto cosmico animato da un'evoluzione in cui lo Spirito trascina la Materia obbedendo a una dinamica orientata dal passato verso il futuro, secondo una ben determinata freccia del tempo. Il primato del futuro si esprime dunque in questo orientamento imposto dallo Spirito all'unità inscindibile di Materia e Spirito. Questo orientamento distingue nettamente l'evoluzione di Teilhard dall'evoluzione cieca, non orientata, dei darwinisti.

In uno dei suoi libri più importanti, *Le phénomène humain*, pubblicato postumo nel 1955, egli tracciò una storia dell'universo in cui, integrando le conoscenze della fisica a lui contemporanea, in particolare della meccanica quantistica e della termodinamica, aggiunse all'asse che va dall'infinitamente piccolo all'infinitamente grande l'asse orientato di un tempo interno: l'asse della complessità secondo l'organizzazione crescente. Osservando l'emergere della spiritualità umana al suo grado supremo nel sistema nervoso centrale, Teilhard unifica l'evoluzione di Darwin, la geologia di Vernadsky e la teodicea cristiana nel quadro olistico del "fenomeno umano" visto come una tappa dell'evoluzione che porta allo spiegamento della *noosfera*, la quale a sua volta prepara l'avvento della figura del "Cristo Cosmico".

Questa marcia ascendente ha come suo polo di convergenza evolutiva il "punto Omega", in cui si attua l'avvento di un'era di armonizzazione delle coscienze fondata sulla nozione di "coalescenza delle coscienze": la coscienza individuale di ciascun individuo entra in una collaborazione sempre più stretta con le coscienze con le quali comunica, portando via via alla noosfera, concetto che Teilhard prende da Vernadsky. Si tratta di un sottile strato pensante e cosciente, formato dal complesso delle comunicazioni umane che avvolgono il pianeta. Teilhard prevede dunque con grande anticipo il fenomeno della globalizzazione della comunicazione:

> Due immense unità viventi cominciavano a sorgere sul mio orizzonte interno, due unità di dimensioni planetarie:
> – L'una in cui a poco a poco venivano a raggrupparsi e ad armonizzarsi senza sforzo le mie molteplici esperienze di biologo sul campo e in laboratorio: l'involucro vivente della Terra, la "Biosfera".

> — L'altra, che riuscii a percepire pienamente nel mio pensiero soltanto grazie al terribile trauma della Guerra: l'Umanità totalizzata, la "Noosfera", la cui visione era sorta nella mia testa in seguito al contatto prolungato con le enormi masse umane che, dall'Yser a Verdun, si opponevano allora nelle trincee di Francia. (T. de Chardin, *Le phénomène humain*)

Teilhard propone dunque una visione evolutiva, orientata da un inizio (punto Alfa, corrispondente al big bang) a un termine (punto Omega), che si caratterizza per un aumento progressivo della complessità, degli scambi comunicativi e della coscienza. Questo sviluppo è la manifestazione di un'elevazione dello spirito, che parte dalle particelle elementari studiate dalla meccanica quantistica per giungere alla coscienza riflessa nell'uomo. Ma l'evoluzione non si arresta a questo punto: essa continua a opera delle singole coscienze umane, le quali comunicano tra loro e dànno vita a una sorta di Creatura Planetaria, di Super-Essere. Questo super-organismo incarna dunque uno stadio evolutivo ulteriore rispetto all'umanità come la conosciamo oggi, e questo stadio è fondato sull'attività comunicativa crescente tra gli individui. La specie umana, grazie al pensiero e alla comunicazione, acquista in complessità-coscienza, si organizza e converge su sé stessa in questa unica Creatura Planetaria, che a sua volta raggiunge infine Dio, il Punto Omega, che segna di fatto e senza rimpianti la fine dei tempi.

Come si è detto, per Teilhard l'evoluzione non raggiunge il proprio culmine con la creatura biologica uomo, ma prosegue con l'evoluzione culturale, in cui l'aumento di complessità avviene attraverso la costruzione delle strutture sociali: la famiglia, la tribù, il villaggio, la nazione... Queste strutture sono tenute insieme dall'Amore, che Teilhard concepisce come una forma più ampia e universale dell'amore com'è inteso generalmente. L'Amore non è un fenomeno che riguarda solo l'umanità, ma è diffuso in tutto l'universo: esso sussiste anche a livello dei costituenti più minuscoli della materia, perché se non fosse presente nelle forme più semplici e meno evolute l'Amore non potrebbe manifestarsi neppure ai suoi livelli più alti e complessi. Per Teilhard l'Amore è una sorta di forza gravitazionale capace di imprimere allo spazio una curvatura che agevola la convergenza verso il Punto Omega. La specie umana domina ormai tutte le forme di energia, e deve soltanto conquistare l'unica forma che ha tralasciato, appunto l'Amore: "Un giorno o l'altro, dopo l'etere, i venti, le maree, noi capteremo per Dio le energie dell'Amore: allora, per la seconda volta l'Uomo avrà scoperto il Fuoco".

Come ho detto, per quanto riguarda l'uomo Teilhard identifica due evoluzioni, quella biologica, che porta all'*ominizzazione*, e quella spirituale e morale, che egli chiama *umanizzazione*. La sovrabbondanza di coscienza manifestata negli esseri umani è da lui attribuita alla crescita della complessità delle strutture nervose. Si ritrova dunque la freccia del tempo, orientata verso una crescente complessità-coscienza. Ma a un certo punto, come si è detto, l'evoluzione compirà un salto e apparirà il super-organismo globale, la Creatura Planetaria intramata di flussi di comunicazione crescenti e destinata ad avviarsi al Punto Omega: "Non bisogna orientarsi in direzione di individui anatomicamente super-cerebralizzati, ma in quella di gruppi super-socializzati, se si vuole intravvedere il volto della Super-Umanità."

In questa grandiosa visione evolutiva della complessità-coscienza verso il Punto Omega, che è poi la comunione dei santi nel Cristo, si ritrovano molti degli elementi che caratterizzano la visione di Kurzweil e di altri futurologi: un aumento esplosivo delle capacità cognitive dell'umanità, che tuttavia per Teilhard non è ancora in simbiosi con le macchine della mente (i computer erano solo agli esordi e le comunicazioni radio, telefoniche e telegrafiche non avevano ancora assunto il peso che avrebbero conquistato in seguito). Tuttavia Teilhard non è affascinato soltanto dagli aspetti cognitivi, ma anche da quelli relativi alla coscienza, all'amore e alla morale. La sua visione religiosa lo porta a teorizzare un'umanità, anzi una super-umanità, a tutto tondo, molto più vicina all'uomo come lo conosciamo che non alle astrazioni di altri profeti, futurologi e visionari, quasi sempre caratterizzate da un'ipertrofia cognitiva accompagnata da un nanismo etico ed emotivo. Ancora una volta una prevalenza del cielo stellato sopra di noi rispetto alla legge morale dentro di noi.

In comune con le altre visioni, anche Teilhard de Chardin ipotizza un superamento, ma non un annullamento, dell'individualità, che tramite la coscienza collettiva, sostenuta dalla comunicazione, si proietterebbe verso un super-organismo. Raggiunto il Punto Omega, questa super-umanità sarebbe immortale, anzi, segnando il Punto Omega la fine del tempo, essa si collocherebbe in una sorta di atemporalità senza confini. Il tempo nasce nel Punto Alfa (l'origine dell'universo) e si estingue nel Punto Omega. Di questo quadro ciascuno può prendere o respingere i vari elementi e non tutti certo aderiranno alla curvatura religiosa che lo permea, ma anche spogliandolo dell'elemento mistico per ricondurlo a dimensioni più laiche non si può non rilevarne la coerenza e il valore profetico nei confronti di molti fenomeni e tendenze della nostra evoluzione bioculturale.

Appendice
L'avvento di *Homo technologicus*

La tecnologia concorre da sempre a foggiare l'*essenza* dell'uomo. Lo sviluppo della tecnologia ha accompagnato lo sviluppo di *Homo sapiens*, l'ha causata e ne è stata causata, grazie a un processo dinamico coevolutivo. Insomma l'evoluzione della tecnologia contribuisce potentemente all'evoluzione dell'uomo, anzi le due evoluzioni sono strettamente intrecciate in un'evoluzione "bioculturale" o "biotecnologica", al cui centro sta *Homo technologicus*: un'unità evolutiva ibrida, un simbionte in via di continua trasformazione. In questa prospettiva, *Homo sapiens* è sempre stato il simbionte *Homo technologicus*.

La presenza e la perpetua trasformazione di questo simbionte, in passato poco visibili, tanto da autorizzare, in molte filosofie e in molte religioni, una visione *fissista* della natura umana, oggi, per il continuo potenziamento della tecnologia, sono piuttosto evidenti. Da sempre il corpo umano è stato ampliato da strumenti, protesi e apparati che ne hanno esteso e moltiplicato le possibilità d'interazione col mondo, in senso sia conoscitivo sia operativo.

L'invenzione e l'uso degli strumenti si configura come una vera e propria *ibridazione*: innestandosi nell'uomo, ogni nuovo apparato dà luogo a un'unità evolutiva (un simbionte) di nuovo tipo, che attua potenzialità umane – percettive, cognitive e attive – inedite e a volte del tutto impreviste, e di questa coevoluzione ibridativa non è possibile indicare i limiti (Marchesini 2002).

La retroazione trasformativa delle tecnologie sull'uomo è evidente: bisogna tuttavia sottolineare la diversa velocità con cui si evolvono i vari aspetti (cognitivo, emotivo, percettivo, fisiologico, fenotipico, genotipico) dell'umano per effetto di questa ibridazione. Ci sono caratteristiche, per esempio quelle emotive ed espressive, che manifestano un'evoluzione molto più lenta di altre, per esempio quelle cognitive. Sono le prime che, se da una parte autorizzano a parlare di "natura umana" come di un dato immutabile, dall'altra causano i problemi più gravi e le sofferenze più acute in seguito all'invasione tecnologica: è in nome di queste caratteristiche quasi immutabili che molti inclinano alla prudenza, se non al rifiuto, nei confronti dell'innovazione tecnologica.

Il potenziamento o addirittura la comparsa delle potenzialità si accompagna all'attenuazione o alla scomparsa di altre. In questo senso ogni tecnologia agisce come un *filtro*, quindi non ha un effetto di rafforzamento assoluto: ciò è molto evidente nel caso dell'informatica, che tende a esaltare le capacità analitiche e comunicative a scapito di quelle espressive e poetico-teatrali. Nel mondo artificiale che ci stiamo costruendo intorno, gli aspetti formali dell'attività mentale e del sapere sono sempre più importanti; vi è addirittura la tendenza a identificare l'intelligenza umana con le sue componenti logiche. Ciò è dovuto alla trasformazione del nostro ambiente: gli aspetti razional-computanti dell'intelligenza umana, che in passato avevano scarso valore di sopravvivenza, sono diventati sempre più importanti, e proprio per effetto delle modifiche sociali e ambientali indotte dalle "tecnologie della mente": la scrittura, la stampa, il calcolatore.

La tendenza a trascurare gli aspetti non razionali dell'intelligenza umana, in particolare quelli narrativi ed emotivi, ce ne fornisce un ritratto molto parziale e il confronto tra uomo e macchina si svolge sempre più su quell'unica pista formale, dove prima o poi la macchina prevarrà. È forte la tentazione di confrontare le "prestazioni" dell'uomo con quelle del calcolatore sull'unico terreno praticato dal calcolatore (come se si potessero separare le componenti del simbionte). E su questo terreno l'uomo deve ormai rassegnarsi a inseguire, anzi, prima o poi, ad abdicare: assistiamo infatti al *paradosso* che proprio nel momento in cui le attività razional-computanti tendono a prendere il sopravvento su quelle espressive, esse vengono di fatto *delegate* alla macchina, che le svolge meglio degli umani. I segni di questa abdicazione sono ormai evidenti: come possono testimoniare gli insegnanti di una certa età, le capacità computazionali, logiche e argomentative dei giovani stanno subendo un declino progressivo perché le elaborazioni logico-formali sono sempre più affidate alla macchina.

Non è un fenomeno superficiale, perché questa delega di competenze corrisponde a una *trasformazione cerebrale* che conferma la simbiosi uomo-tecnologia. Infatti l'ibridazione tra uomo e macchina ha conseguenze importanti sul piano fisiologico: nei bambini che hanno una forte interazione precoce con la televisione e con il calcolatore le connessioni cerebrali si sviluppano in modo diverso rispetto ai bambini che esercitano un'intensa attività di lettura e scrittura o un'intensa attività corporea. Oggi nella scuola vengono a contatto due generazioni (gli insegnanti e gli allievi) che, per le loro diverse esperienze cognitive, hanno strutture cerebrali diverse e perciò dialogano con grande difficoltà. Questa è una delle ragioni della crisi della scuola.

Insomma, nel mondo ad alta tecnologia che ci stiamo costruendo intorno, il vecchio *Homo sapiens*, o meglio i simbionti a bassa intensità tecnologica, non sono più a loro agio e sono via via sostituiti da altre creature, da una successione di simbionti a tecnologia sempre più intensa, che tendono ad adattarsi alla corrispondente successione di ambienti sempre più ricchi di artificiale.

Siamo nel pieno di una *coevoluzione* tra specie e ambiente. Ci sono però alcune differenze importanti rispetto alla coevoluzione "naturale" o meglio alla vecchia maniera. Per quanto riguarda il meccanismo di *selezione*, non è esatto dire che l'uomo è riuscito, con la tecnologia e con la costruzione dell'artificiale, a eliminarla o ad attenuarla. *Homo technologicus* non si è affatto sottratto alla selezione: la pressione evolutiva che si esercita su ciascun simbionte uomo-macchina ha il baricentro spostato rispetto all'unità evolutiva precedente. Per esempio la selezione opera sull'uomo senza armi da fuoco in modo diverso che sull'uomo dotato di armi da fuoco: l'arma fa parte integrante dell'unità su cui si esercita la selezione. Vengono privilegiate abilità come la mira e la vista acuta in luogo di altre abilità, come la forza fisica e la destrezza nel maneggiare le armi bianche.

Per quanto riguarda il meccanismo della *mutazione*, essa non è più affidata solo alla lotteria biologica, ma anche all'inventiva più o meno finalistica dell'uomo (tecnologico), che porta a modificare la parte artificiale del simbionte, i cui cambiamenti, alla lunga, possono a loro volta retroagire sulla parte biologica a livello di fenotipo e, anche, di genotipo. Oggi poi, grazie alle biotecnologie, anche la parte biologica del simbionte può essere modificata in modo diretto, rapido e finalistico. Per quanto riguarda le modifiche ambientali, accanto a quelle naturali, dovute ai cambiamenti climatici, alle derive dei continenti e così via, ancora una volta la nostra specie ne introduce più o meno deliberatamente altre mediante la tecnologia e i suoi prodotti. Siccome le modifiche ambientali inducono modifiche adattative nella specie, si può dire che il meccanismo di retroazione che provoca i cambiamenti della specie per adeguarla all'ambiente modificato è messo in moto non solo dalla deriva casuale dovuta alle mutazioni, bensì anche dalla specie stessa con il suo finalismo cosciente.

Insomma il *finalismo cosciente* attuato dalla e nella tecnologia costituisce un potente motore di cambiamento della specie, sia diretto sia indiretto, cioè tramite i cambiamenti ambientali. Poiché l'innovazione tecnologica è autocatalizzante, questa coevoluzione è molto più rapida di quella tradizionale: anzi, accelera di continuo. Nel caso della coevoluzione naturale, le mutazioni, cioè le innovazioni della vita, debbono essere collaudate *in vivo* su una generazione di mutanti. L'ambiente vaglia le nuove caratteristiche e le promuove solo se forniscono un vantaggio evolutivo. Allora le passa alla generazione successiva. Nel caso della coevoluzione biotecnologica, le mutazioni, cioè le invenzioni culturali (in particolare tecnologiche), sono collaudate subito, senza aspettare una nuova generazione, e sono collaudate in quello spazio virtuale dove vivono i modelli, le idee, le simulazioni, senza che sia necessario trasferirle nello spazio materiale della realtà. Si è dunque in presenza di un generatore di mutazioni artificiali assai poco aleatorie, almeno in linea di principio, pilotate dall'immaginazione e guidate dalla finalità cosciente: le mutazioni non hanno più come terreno il DNA bensì una sorta di "genoma" estroflesso, costituito da idee, piani, progetti, brevetti, testi, memorie elettroniche.

Nel campo culturale, in particolare tecnico, le mutazioni vengono dunque adottate direttamente, mediante un meccanismo tipicamente *lamarckiano* (eredità dei caratteri acquisiti) che in biologia non si riscontra: ciò provoca un'accelerazione impressionante dell'evoluzione biotecnologica rispetto a quella biologica. Si deve però osservare che spesso i traguardi conseguiti dal finalismo cosciente non coincidono con quelli programmati: si presenta cioè il fenomeno dell'*eterogenesi dei fini*, per cui gli esiti ottenuti sono diversi o addirittura opposti a quelli progettati e sperati. In questo senso come l'evoluzione biologica trascende alla lunga la casualità dei meccanismi locali di mutazione e selezione per formare un disegno avente un suo determinismo a posteriori, per quanto debole; così l'evoluzione culturale e tecnologica trascenderebbe i meccanismi, pur sempre locali, della finalità cosciente e razionale per generare uno sviluppo che potrebbe rivelarsi lontanissimo o addirittura opposto agli scopi di volta in volta dichiarati e perseguiti dai progettisti (Longo 2001, 2003). Infatti, per la *complessità* del reale, il contrasto tra la brevità dei tempi abbracciati dalle capacità di previsione e la permanenza dei condizionamenti determinati dalle scelte si manifesterebbe con effetti di tipo aleatorio. Insomma: la casualità (a livello locale) dell'evoluzione biologica produce a livello globale molto rigore deterministico (molta necessità); il determinismo (a livello locale) dell'evoluzione tecnologica produce a livello globale molta casualità. In questo senso l'evoluzione bioculturale avrebbe lo stesso carattere di fatalità aleatoria dell'evoluzione biologica, anche se per un meccanismo diverso e quasi opposto. Alla luce di queste considerazioni si pensi alla velocità con cui le biotecnologie (rette da meccanismi tipicamente lamarckiani) possono indurre mutamenti nel loro terreno di coltura, il quale non è costituito da idee, piani, progetti o altra testualità virtuale: si tratta sempre di un genoma biologico, sul quale si interviene direttamente senza aspettare i tempi lunghi della selezione naturale.

L'accelerazione dovuta alla scorciatoia lamarckiana, l'imprevedibilità degli esiti (eterogenesi dei fini), il carattere incompiuto, evolutivo e proliferante delle modifiche *ad hoc* e la loro permanenza ereditaria rappresentano (insieme con una tendenziale riduzione della *diversità biologica*) i punti più delicati e preoccupanti dell'uso di queste tecnologie. Non si può non ricordare a questo proposito la diffidenza che nutriva Gregory Bateson nei confronti delle azioni umane guidate dal finalismo cosciente (Bateson 1976, Bateson e Bateson 1989).

Capitolo 5

Conclusioni
di Nunzia Bonifati

> *Mio, tuo.* – questo cane è mio, dicevano quei poveri fanciulli; questo è il mio posto al sole. – Ecco l'inizio e l'immagine dell'usurpazione di tutta la terra.
>
> Blaise Pascal, *Pensieri*

> A volte Dio rende infelici gli uomini per vedere fino a che punto sono così imbecilli.
>
> Alda Merini, *Poesie e Pensieri*

Uomomacchina

Racconto di Giuseppe O. Longo

> ... gli uomini si querelavano principalmente che le cose non fossero immense di grandezza, né infinite di beltà, di perfezione e di varietà...
> Giove né anche poteva comunicare la propria infinità alle creature mortali, né fare la materia infinita, né infinita la perfezione e la felicità delle cose e degli uomini...
> Risoltosi di moltiplicare le apparenze di quell'infinito che gli uomini sommamente desideravano (dappoi che non li poteva compiacere nella sostanza)
> ... creò il popolo de' sogni, e commise loro che ingannando sotto più forme il pensiero degli uomini, figurassero loro quella pienezza di non intelligibile felicità, che egli non vedeva modo a ridurre in atto...
>
> Giacomo Leopardi, *Storia del genere umano*

Homo è molto stanco, ha lavorato per anni e decenni, ha tentato le vie alchemiche dell'oro, ha accumulato i sassi tra cui sperava di trovare la pietra filosofale, ha distillato essenze, elisir e pozioni e ha fabbricato un Homunculus di carne e di sangue su cui provare l'efficacia di eterna giovinezza, di somma sapienza e perfetta venustà. Ora, dentro il suo laboratorio fumoso, nell'ora di notte, affranto, parla con la sua creatura, o meglio ne ascolta i rimproveri. Homunculus è seduto sul bordo del tavolo, dondola le gambette nel vuoto e parla con una vocina stizzosa:

– Non ti ho chiesto io di mettermi al mondo e se al principio tutto mi pareva bello e desiderabile, col tempo sono stato assalito da un tedio greve, insopportabile, per tutto ciò che mi circonda e in primo luogo per me stesso. All'inizio mi accontentavo del mio aspetto grottesco, della mia piccola statura, del mio corpicciattolo esile, poi confrontandomi con te, mio creatore, ho sentito tutta la mia finitezza, la mia meschinità. Perché mi hai destato dal mio

nero sonno? Perché mi hai tratto dall'immemore seno del nulla? Da quando mi sono scoperto tanto manchevole il mio tormento non ha fatto che crescere.
Homo è pieno di rimorsi e tenta di giustificarsi:
– Mi sono reso conto dei miei errori e ho cercato di migliorare la tua condizione.
Ma Homunculus insiste implacabile nella sua requisitoria:
– Sì, hai tentato di rifarmi il viso con la chirurgia estetica, e il risultato è stato che le mie guance sono gonfie, le mie palpebre cascanti, il mio naso informe, la bocca un orifizio repellente. Poi hai provato con gli ormoni della crescita e le mie braccia sono diventate lunghe, tanto che quando cammino le mani strisciano a terra, ma il resto del corpo è rimasto minuscolo, risibile. E questo corpo è ricettacolo di ogni malattia, di ogni infermità. Tremo al pensiero che un malanno ponga termine ai miei poveri giorni, quando invece dovrei rallegrarmi a questa prospettiva, anzi ogni tanto medito di eseguire io stesso questa sentenza per non vivere nell'angoscia dell'attesa. E mi avevi promesso la salute, la giovinezza, la bellezza, la forza del corpo e dell'intelletto.
– Ho fatto quello che ho potuto. Non sono onnipotente.
– Però ti sei comportato come se lo fossi! Mi hai fatto credere di esserlo! Hai costruito complicate armature per moltiplicare le mie forze, mi hai impiantato protesi stravaganti, mi hai sottoposto alla liposcultura, hai perfino tentato di clonarmi per poi tormentare i miei innocenti fratelli con le tue pratiche cosmetiche e migliorative, come le chiamavi tu, e sono morti tutti.
– Quella non è stata colpa mia. Non potevo sapere che i cloni erano tanto cagionevoli, che bastava un niente per spegnerli. Hanno preso delle infezioni lievissime, che però li hanno condotti alla morte.
– E adesso, sotto le finestre del laboratorio, ci sono sette piccole tombe, le tombe dei miei fratelli. Costruendoli mi avevi assicurato che sarebbero vissuti per secoli.
Homo guarda dalla finestra i sette piccoli sepolcri dove riposano le sue illusioni. Alla luce incerta della luna, le lapidi scintillano debolmente.
– Non ne sapevo abbastanza di genetica. Credevo che bastasse...
Homunculus balza a terra e si erge in tutta la sua ridicola statura:
– Credevo, credevo! Questo non è un gioco. Tu scherzi con la vita e con la

morte, giochi a fare Dio, quel Dio che, secondo le tue farneticazioni, ti ha fatto a sua immagine e somiglianza, ma devi somigliargli assai poco, se commetti di questi errori!
– Certo, non sono Dio...
Una lunga pausa di silenzio, mentre nel grande focolare oscilla e arde il fuoco bluastro che riscalda e transustanzia i filtri di Homo, le sue misture, i suoi decotti. Il baluginare della fiamma suscita su per i muri incongrue ombre danzanti.
– Il fatto è, riprende Homo, il fatto è che le mie intenzioni erano buone.
– Le buone intenzioni! Delle buone intenzioni è lastricata la strada dell'inferno: me l'hai detto tu, anche se non capisco bene che cosa significhi...
La voce querula di Homunculus si spegne in uno spolverio di vocali, come un suono di matite. Anche lui è stanco: trascinando le nocche delle mani sul pavimento scabro si avvia nell'angolo dove sta il suo minuscolo giaciglio, si sdraia e si mette in posizione fetale, le lunghe braccia intorno al corpo, e poco dopo si addormenta.

* * *

Homunculus dorme, sognando i suoi piccoli incubi, Homo veglia accanto al camino, rimestando certi suoi intrugli nei paioli fuligginosi. Sopra di loro, la luna compie il suo giro notturno e tramonta, a oriente il cielo schiarisce in un'albedo incerta.
A un tratto Homunculus lancia un grido acuto e si alza a sedere:
– Ah! Che dolore atroce! Un coltello che mi scava nei visceri... Non avrò dunque mai pace! E tu, tu, che mi hai fatto di carne dolente, di sangue corrotto, preda delle infermità, tu non fai niente per aiutarmi! Sto male, sto male...
Homo lo guarda, ma continua a rigirare le sue misture.
– Non ci si può far niente. È il retaggio delle tua stirpe. E anche della mia. Il dolore è necessario.
– Necessario a che?
– Senza dolore non si matura, non si capisce il senso della vita, non si diventa adulti.
– Ma io non voglio diventare adulto, urla Homunculus, non voglio capire niente, voglio solo che questa tortura infame cessi una volta per tutte. Ogni

notte mi addormento sperando che questo supplizio mi dia requie, e invece per qualche oscura maledizione del cielo mi sveglio in preda al tormento. Devi fare qualcosa. Altrimenti...
Homo è spaventato:
– Altrimenti?
– Altrimenti mi uccido.
Homo capisce che il suicidio di Homunculus sarebbe per lui una grave perdita: su chi sperimenterebbe i suoi farmaci, i suoi amalgami, le sue pozioni? Deve evitare che quel piccolo essere prezioso, la sua creatura, soffra troppo. Deve soffrire il giusto.
– D'accordo, vedrò di fare qualcosa. Adesso dormi, gli ultimi brandelli della notte si avvolgono e si stemperano nella luce del nuovo giorno. Gli uccelli cominciano a destarsi, i fiori riaprono le corolle, ma tu dormi, dormi ancora... Il sonno ti recherà sollievo.
Homunculus si assopisce, scosso da radi singhiozzi, che si placano in un ritmo di respiro rasserenato.
Homo pensa. Nei suoi occhi guizza il riflesso della fiamma bluastra. L'antro si allaga del chiarore dell'alba. Sotto le finestre, le sette lapidi distillano la rugiada.

* * *

Qualche giorno o qualche anno dopo, rovistando tra le sue carte, Homo s'imbatte in un manoscritto di cui aveva dimenticato l'esistenza. Lo colpisce un passaggio:

> Con entusiasmo e sgomento sentiamo nascere in noi e intorno a noi qualcosa di inaudito: una Creatura Planetaria di cui ogni essere umano, integrato di protesi bioinformatiche, sarà una cellula. Questo superorganismo già possiede una ribollente intelligenza collettiva e distillerà una sua torbida coscienza: chi è, che cosa vuole, quali domande si porrà, quali storie si racconterà questo essere molteplice e proteiforme?
> Un giorno nella Creatura si accenderà una scintilla di volizione ed essa salperà verso le Pleiadi: come un'affilata astronave fenderà il cosmo per secoli e secoli di buio siderale. Dentro, ciascuno in un uovo di cristallo molato, uomini e donne dormiranno un sonno profetico, custodendo nel

gelido corpo il sangue e lo sperma di una razza futura. Andrà l'astronave verso altri pianeti, più oscuri, dai laghi profondi, abitati da anonime stirpi inspiegate, popolati di azzurre città.

Su quei pianeti lontanissimi le donne non faranno più i figli col corpo, tra spruzzi e bollicine. S'inventerà un sistema più dignitoso ed esatto, in sintonia con la precisione della scienza. Solo le donne di cera delle specole avranno le cavità gialle e rosse della riproduzione, le ovaie, le matrici dilatate, simili a damigiane capovolte, con grossi feti pronti a uscire per andare nel mondo. Gli uteri finiranno nei musei, accanto alle lanterne magiche e ai dinosauri imbalsamati.

Le nostre insistenti preghiere saranno esaudite e ci trasformeremo in macchine: forti, dure, inossidabili. Divenuti macchine, saremo immortali. Creeremo un mondo preciso e puntuale, dove regnerà la clemenza onnipotente degli automi. Onniscienti e insensati, ci dedicheremo a un'innocua e raffinata imitazione della vita.

Nel suo angolo, Homunculus sta giocando con le lunghe mani scimmiesche e ogni tanto emette un gemito per le tribolazioni che deve patire nella carne. Homo adesso sa che cosa deve fare per liberarlo da quelle sofferenze: trasformerà Homunculus in una Macchina, anzi in un Uomomacchina.

Va alla fucina, accende i carboni, col piede aziona il mantice immenso. Solleva il grande crogiolo, lo colma di schegge e rottami. Insinuera nel corpicciolo di Homunculus un ordito sapiente di ferro e di piombo. Il metallo non soffre: soffrirà solo ciò che gli resterà della carne. Ma sarà una sofferenza sopportabile. Il mantice soffia, la fiamma sale, nel crogiolo gli spezzoni cominciano a fondere.

1 Un salto nel buio

> Il mondo del futuro sarà una battaglia sempre più impegnativa contro le limitazioni della nostra intelligenza, non un'amaca confortevole su cui distenderci serviti dai nostri schiavi meccanici.
> Norbert Wiener, *Dio & Golem SpA. Cibernetica e religione*, 1964

A questo punto non resta che tentar di rispondere a una domanda: conviene davvero trasformarsi in una creatura ciborganica, più bella e potente, quasi immortale? Qui possiamo esprimere alcuni pareri molto parziali, che potrebbero scontentare quanti credono fermamente nel progresso dell'umanità.

Innanzitutto va detto che sulle ragioni che spingono l'uomo a migliorarsi si sono formulate tante ipotesi. Non ultima quella che vede in questa impresa un tentativo di migliorare molto ambiziosamente l'opera di Dio. Non è escluso, però, che la propensione a perfezionarsi dipenda pure dalla smania, tipica degli occidentali, di non volersene mai stare con le mani in mano, giusto per rifuggire dalla noia, come diceva Nietzsche. L'Occidente ha generato varie filosofie di vita che incoraggiano l'agire scientifico e tecnologico, destinandolo al superamento dei limiti umani. Una di queste è legata all'idea di migliorare di continuo le condizioni di salute, aumentando sensibilmente sia l'aspettativa di vita media alla nascita, sia la qualità della vita, al fine di conquistare il benessere in senso lato.

Dall'Ottocento in poi questa filosofia dell'agire guida l'Occidente ricco e industrializzato alla conquista di un benessere crescente, che offre l'opportunità di prevenire molte malattie, curarne altrettante, mangiare bene, vivere in case comode, svagarsi, coltivare i propri interessi e via dicendo. Il progredire verso condizioni di vita sempre migliori genera un ottimismo che a sua volta alimenta la smania di fare meglio e di più. Questo circolo virtuoso esorcizza l'inaccettabile morte, aumentando al contempo i livelli di benessere e spostando sempre in avanti il termine della vita. Il benessere aiuta anche a non pensare all'età che avanza, a non sentirsi gli anni addosso. Cosicché si ha l'impressione di vivere in un eterno presente, di condurre un'esistenza senza tempo, senza età, da "amortali", per usare il termine adottato da Catherine Mayer nel suo libro "*Amortality. The Pleasures and Perils of Living Agelessly*" (*Amortalità. I piaceri e i pericoli del vivere senza età*). Il benessere tuttavia non cancella la morte, che prima o poi sopravviene, inaccettabile come sempre.

La risoluzione del problema della morte, così come la ricerca di condizioni che favoriscano un sempre maggior benessere, la si delega oggi alla ricerca scientifica e tecnologica e gli scienziati sono chiamati a sconfiggerla o a ritardarla quanto più possibile. Ma solo gli "amortali", liberi da tutte le incombenze della vita, credono di non invecchiare e pensano alla morte solo quando se la vedono improvvisamente davanti. Nei laboratori scientifici e biotecnologici le cose vanno diversamente: qui non ci si ferma mai, si studiano i meccanismi della vita, la malattia e l'invecchiamento, si individuano soluzioni per accrescere il benessere, si tenta di superare i limiti delle capacità umane, e così si fabbrica pian piano l'uomo ciborganico del futuro e alla morte, semmai, si pensa per ritardarne l'avvento.

Ora, essere delegati a migliorare le condizioni umane, estenderne le capacità fisiche e sensoriali, la bellezza, la longevità, comporta certo una serie di responsabilità. Ma bisogna riconoscere che tutto ciò è elettrizzante: un po' come sentirsi nei panni di Dio! È infatti una delega in bianco: gli scienziati possono cercare di governare i meccanismi della vita, di replicarli in una macchina, di tenerli sotto controllo mediante tecniche specifiche, come quella del trasferimento nucleare che consente la clonazione. E tutto ciò è esattamente quanto la società chiede loro, salvo accusarli, a dispetto della delega in bianco, di giocare a fare Dio, quando osano troppo!

Benché talvolta qualcuno sembri immedesimarsi nella parte, l'uomo non è Dio. Nel senso che non è né onnipotente né onnisciente, ma rovinosamente fallibile e disastroso, a tal punto da sentirsi onnipotente, senza minimamente esserlo. A smorzare questo delirio di onnipotenza c'è anche la costatazione che più si progredisce con la tecnica più le cose si complicano, come faceva già notare il padre della cibernetica, Norbert Wiener:

> In passato, una comprensione limitata e parziale dei propositi dell'uomo è stata relativamente innocua soltanto perché era accompagnata da limitazioni tecniche che rendevano difficile eseguire operazioni per cui era necessaria una valutazione accurata dei propositi umani. (Norbert Wiener, *Dio & Golem SpA. Cibernetica e religione*)

Jacques Testart, il celebre biologo che nel 1982 assieme a René Frydman fece nascere Amandine, la prima bambina francese in provetta, fu scosso da profonde inquietudini dopo la sua straordinaria avventura. Si rese conto che l'esperimento (perché di questo si trattò) costituiva un salto nel buio, dato che all'epoca nessuno poteva ancora prevedere le conseguenze della FIVET (fecondazione in vitro con trasferimento d'embrione), la tecnica da lui impiegata per il concepimento della piccola. Preso dall'entusiasmo di poter governare i meccanismi della vita, il biologo si accorse solo in seguito che in ballo c'era la sorte di Amandine e di tutti i bambini che sarebbero nati con la medesima tecnica (J. Testart, *L'uovo trasparente*, 1986). Amandine e molti altri figli della fecondazione in provetta nacquero sani e, per quanto se ne sa, continuano a godere di buona salute. Ma poteva andare diversamente...

La creazione di una schiera di esseri umani migliorati (post-umani) per mezzo della bioingegneria, della biorobotica, della medicina rigenerativa, ibridati e innestati con macchine e modificati geneticamente, rappresenta un salto nel buio all'ennesima potenza. Gli scenari che riusciamo a delineare ci consentono di prevedere ben poco, ma quel poco ci suggerisce di andarci cauti. In definitiva, si tratterebbe di prendere decisioni drastiche: sì o no? e se sì, a quali condizioni?

Il punto è che non è facile prendere decisioni nette, poiché la nascita dell'uomo migliorato, del cyborg, sarebbe scaglionata nel tempo. In un primo momento i miglioramenti riguarderebbero soltanto pochi individui. Pian piano, però, il numero delle persone migliorate aumenterebbe. Progressivamente, tutti sarebbero portati a migliorarsi, adeguandosi alla nuova condizione, per convenienza o per non subire il peso di una possibile esclusione sociale. Un po' come accade con gli strumenti di telefonia mobile, che si possono considerare vere e proprie protesi del corpo umano: nei paesi industrializzati quasi tutti, volenti o nolenti, ne possiedono uno.

In una realtà sociale composta in prevalenza da persone migliorate è probabile che, a poco a poco, non verrebbero più al mondo né disabili, né storpi, né persone affette da malattie genetiche. Intanto, perché in una società ossessionata dalla perfezione e dalla prestanza fisica verrebbe spontaneo non farli nascere, ritenendoli destinati a una vita infelice. L'eugenetica, cioè il miglioramento della specie umana a fini terapeutici, sarebbe dunque una pratica medica comune. Se ne potrebbero prevedere due modalità: la contraccezione preventiva, in caso di malattie genetiche dei genitori e, nella peggiore delle ipotesi, l'aborto terapeutico; oppure la riparazione nel feto dei geni responsabili di malformazioni o malattie. La pratica sarebbe accettata dai genitori così come oggi si accetta la diagnosi prenatale – impiegata per individuare anomalie fetali, dello sviluppo, cromosomiche o metaboliche –, cui segue l'aborto terapeutico, quando l'esito dell'indagine è rovinosamente avverso.

In una società particolarmente sensibile ai temi della salute e della prevenzione, ciascuno sarebbe tenuto a sottoporsi fin dalla nascita agli esami di massa per la ricerca, nel genotipo, della predisposizione alle malattie (ereditarie e no); in caso di patologie incurabili del feto sarebbe raccomandato l'aborto terapeutico; inoltre, ai portatori di patologie genetiche incurabili si suggerirebbe di non procreare. Non servirebbe la coercizione, che in passato ha preso la forma della sterilizzazione coatta in nome dell'igiene razziale: per indurre i genitori a prendere tali decisioni si userebbero ricatti molto efficaci, come la pressione psicologica, l'esclusione dall'assistenza sanitaria dei neonati non sani, e altre forme di discriminazione mascherate da contributo al risanamento dei bilanci in rosso della sanità pubblica. Già oggi si suggerisce di rendere *obbligatoria* la prevenzione della malattie. In Gran Bretagna, per esempio, anni addietro fece scalpore la notizia della proposta, poi non accolta, di escludere dai servizi sanitari gratuiti le persone troppo grasse, colpevoli di... pesare troppo sui bilanci della spesa pubblica, qualora non dessero una prova concreta della loro volontà di dimagrire. Non che le intenzioni siano sempre del tutto sbagliate, ma se si comincia con le persone grasse, e magari felici di esserlo, si potrebbe finire col praticare l'eutanasia ai tossicodipendenti più incalliti, altrettanto se non più recidivi, e ad altre categorie di persone 'devianti'!

2 Politiche sanitarie e demografiche

Se si decidesse di sconfiggere alla radice una serie di malattie ereditarie o patologie croniche, come per esempio il diabete, un domani l'eugenetica potrebbe diventare una pratica medica comune. Migliorare il patrimonio ereditario, agendo direttamente su di esso, rientrerebbe negli obiettivi delle politiche sanitarie e demografiche. Basterebbe decidere di far nascere soltanto esseri umani perfettamente sani, e tutte le persone con malformazioni anche minime o con predisposizioni ereditarie a determinate malattie non verrebbero più al mondo. Non solo. Chi lo desiderasse potrebbe sottoporre a manipolazioni genetiche l'embrione dei propri figli, nella prima fase dello sviluppo, per farli nascere con determinate caratteristiche fisiche: longevi, belli, muscolosi e via dicendo.

In una società di persone migliorate il concetto di buono *stato di salute* subirebbe molti aggiustamenti. Oggi lo stato di salute si valuta in base a parametri variabili, come la pressione arteriosa, il peso corporeo, il rapporto tra colesterolo buono e colesterolo cattivo, la glicemia, e via dicendo. La *normalità* si ritaglia nei confini di scale di valori meticolosamente stabiliti dall'Organizzazione mondiale della Sanità, in base alle evidenze scientifiche e all'insegna della prevenzione delle malattie. Prendiamo per esempio la pressione arteriosa: al di sopra o al di sotto di certi limiti c'è un'anomalia lieve, superati limiti più ampi l'anomalia è moderata, ancora oltre c'è una situazione di gravità. Ciò vale anche per il rapporto tra colesterolo buono e cattivo, per il peso corporeo, per i valori di emoglobina nel sangue, e così di seguito. Solo quando si rientra in tutti i parametri di normalità si gode di un buono stato di salute. Prendiamo ancora per esempio l'obesità: non è una malattia, ma le statistiche ci dicono che è un fattore di rischio per le malattie cardiovascolari e per il tumore. Di conseguenza, potendo provocare una patologia, oltre un certo livello questa condizione andrebbe trattata alla stregua di una malattia. Per lo stesso motivo ci si preoccupa dell'ipertensione, che è un fattore di rischio importante per la salute degli organi vitali, e per questa ragione si tende a trattarla con i farmaci. Gli esempi sono tantissimi, e non mi dilungo.

Basterebbe rendere più restrittivi i parametri della normalità e alla persona che avesse, per esempio, un'anomalia lieve nella pressione arteriosa sarebbe diagnosticata l'ipertensione; a chi avesse cinque chili di troppo sarebbe riconosciuta la condizione di obesità, e così via. Chiunque non rientrasse negli stretti parametri della normalità sarebbe giudicato malato, e magari non adatto alla procreazione spontanea, ma solo a quella assistita, donna o uomo che fosse.

In una società di esseri umani migliorati, si renderebbe necessario ricorrere all'eugenetica anche, e forse soprattutto, per un problema economico, oltre che demografico e sociosanitario. I costi della sanità pubblica sarebbero molto alti, poiché alle comuni prestazioni mediche si aggiungerebbero quelle relative agli impianti e ai trapianti, alle cure bioingegneristiche, agli interventi estetici e all'assistenza medica costante di cui avrebbero bisogno i cyborg e le persone migliorare. Non ci sarebbero soldi per tutti i malati. Nel pieno di una crisi economica molto grave, come quella che nel 1929 investì gli Stati Uniti, propagandosi in Europa con gli effetti drammatici che ancora ricordiamo, la situazione potrebbe addirittura precipitare. I parametri del normale stato di salute sarebbero resi ancora più stringenti, e ciò porterebbe a individuare molti nuovi "malati", che potrebbero essere esclusi dalle prestazioni mediche, pagando così un conto altissimo.

Nel monologo *Ausmerzen, vite indegne di essere vissute* l'autore e attore teatrale Marco Paolini mostra come sia facile liberarsi di coloro che, per una presunta debolezza fisica, rappresentano un peso, soprattutto economico, per la società. Procedendo in modo istituzionale e asettico, coinvolgendo le autorità mediche, seguendo criteri definiti scientifici e indicando come arte medica una e una sola medicina ("*la* medicina"), si può migliorare sensibilmente il genere umano, secondo i principi adottati dallo Stato.

Paolini prende lo spunto dal programma di eutanasia *T4* messo in atto dalla Germania nazista nel più ampio contesto di eugenetica nazionale praticata in nome dell'igiene razziale. Per inquadrare meglio la questione va detto che il programma di eugenetica nazista era giustificato da un bieco principio di utilità spicciola: se per motivi di salute un individuo grava in qualche modo sulla collettività, per esempio esponendo altri al rischio di contagio, pesando troppo sul bilancio familiare o, peggio ancora, su quello pubblico, lo stato può ucciderlo pietosamente, per il bene comune, tramite la pratica dell'eutanasia. La macabra idea, influenzata da un certo darwinismo sociale e dai principi razziali che si erano affermati in America sul finire dell'Ottocento, aveva cominciato a far presa nel tessuto sociale e politico tedesco indebolito dalla depressione postbellica. In particolare, i fondamenti teorici del programma d'igiene pubblica nazista furono suggeriti dal lavoro di due convinti assertori dell'eugenetica, lo psichiatra Alfred Hoche e il giurista Karl Binding, che nel 1920 pubblicarono insieme il volume "*Die Freigabe der Vernichtung lebensunwerten Lebens*" («Il permesso di annientare vite indegne di vita»).

È molto difficile comprendere come sia stato possibile da parte dei medici uccidere esseri umani (in particolare i bambini), perché ritenuti nocivi per la collettività o non del tutto sani. Ma è accaduto. L'obiettivo dei nazisti era estirpare (*Ausmerzen*) le malattie, i disturbi mentali e le malformazioni fisiche, riconoscendo allo stato l'autorità di praticare l'eutanasia per compassione nei confronti degli "infelici". La malattia rovinava la "razza", che doveva essere migliore, possibilmente perfetta. Per un autore sensibile e attento alle trasformazioni della società come Paolini, la Germania nazista sembrerebbe solo un pretesto per parlare dell'incerto confine tra l'essere *conforme* e *non conforme*. Un confine talvolta tracciato troppo disinvoltamente dalle comunità, ma che sgomenta quando la discriminazione segue criteri assunti come scientifici, ritenuti oggettivi, e nei confronti dei quali non si ammette nessuna critica.

3 L'umanità divisa

Se i miglioramenti riguardassero soltanto una parte dell'umanità e tutti gli altri dovessero essere esclusi dai vantaggi che ne derivassero, in virtù di quale principio se ne potrebbe stabilire la legittimità? Si potrebbe adottare, per esempio, un criterio di appartenenza o non appartenenza al genere umano, o un criterio di estraneità parziale, basato sull'agiatezza economica, sul colore della pelle o sulla religione. Un tempo era così per i "negri", che proprio in virtù di un principio di estraneità, stabilito sulla base molto arbitraria del colore della pelle, potevano essere ridotti in schiavitù ed essere oggetto di compravendita, al pari del bestiame. E se per i reietti di domani il criterio di estraneità si stabilisse sulla base di un bieco principio di in-utilità spicciola, simile a quello adottato a suo tempo dal nazismo?

Non che la storia si ripeta negli stessi termini, ma se è già accaduto è possibile che accada ancora una volta, in un contesto differente ma analogo (per esempio, una crisi economica grave). Condotto in buona fede, secondo criteri "oggettivi" e in linea con politiche sanitarie e di sviluppo condivise da tutti, un programma di miglioramento del genere umano rischierebbe di essere la versione elegante e asettica dell'igiene razziale nazista.

Secondo Leopardi l'uomo non può assolutamente trasformarsi in una creatura migliore. Lo dice a più riprese in vari suoi scritti. E lo ribadisce in modo divertente nel dialogo *La scommessa di Prometeo*. La storia è questa: sull'Olimpo si decide d'incoronare d'alloro Bacco per l'invenzione del vino, Minerva per l'invenzione dell'olio e Vulcano per l'invenzione del fuoco. I tre dèi sono indaffarati e non si curano neanche di ritirare il premio. Prometeo, che avrebbe portato con orgoglio l'alloro sul capo, si risente: a lui nessuna menzione per l'invenzione dell'uomo! Vistolo affranto, l'amico Momo, dio dell'arguzia, lo sfida a verificare se la sua invenzione meritasse davvero un premio. Prometeo accetta baldanzoso la scommessa, e assunte sembianze umane entrambi si presentano al capo di una tribù di selvaggi, per vedere come stanno le cose:

Prometeo. (…) Che si fa?
Selvaggio. Si mangia, come vedi.
Prometeo. Che buone vivande avete?
Selvaggio. Questo poco di carne.
Prometeo. Carne domestica o salvatica?

Selvaggio. Domestica, anzi del mio figliolo.
Prometeo. Hai tu per figliolo un vitello, come ebbe Pasifae?
Selvaggio. Non un vitello, ma un uomo, come ebbero tutti gli altri.
Prometeo. Dici tu da senno? Mangi tu la tua carne propria?
Selvaggio. La mia propria no, ma ben quella di costui: che per questo solo io l'ho messo al mondo, e preso cura di nutrirlo.
Prometeo. Per uso di mangiartelo?
Selvaggio. Che meraviglia? E la madre ancora, che già non debbe essere buona da fare altri figlioli, penso di mangiarla presto.
Momo. Come mangiata la gallina dopo mangiate le uova.
Selvaggio. E l'altre donne che io tengo, come sieno fatte inutili a partorire, le mangerò similmente. E questi miei schiavi che vedete, forse che li terrei vivi, se non fosse per avere di quando in quando de' loro figlioli, e mangiarli? Ma invecchiati che saranno, io me li mangerò anche loro a uno a uno, se io campo.
Prometeo. Dimmi: cotesti schiavi sono della tua nazione medesima, o di qualche altra?
Selvaggio. D'un'altra.
Prometeo. Molto lontana da qua?
Selvaggio. Lontanissima: tanto che tra le loro case e le nostre, ci correva un rigagnolo. (Giacomo Leopardi, *La scommessa di Prometeo*)

Prometeo, imbarazzato, si giustifica dicendo che quelli sono selvaggi; allora i due vanno a interrogare gli uomini civilizzati, ma la delusione è altrettanto forte, se non maggiore. Resosi conto di aver perso la scommessa, Prometeo senza batter ciglio paga il dovuto a Momo.

È vero che Leopardi ha la capacità di far saltare i nervi agli ottimisti incalliti; ma il pessimismo aiuta a essere cauti e a misurarsi meglio con il delirio di onnipotenza che ci caratterizza. I transumanisti, che guardano con favore al superamento dei limiti umani, sono tra i pochi a interrogarsi sulle possibili conseguenze etiche e sociali di ciò che essi definiscono un "salto di specie", dall'umano al post-umano. Tuttavia, benché talvolta suscitino l'attenzione dei media per la loro stravaganza (come il biochimico de Grey, che promette, come abbiamo visto, di sconfiggere l'invecchiamento), essi rappresentano una comunità ristretta, separata dalla comunità scientifica. Gli scienziati non sempre li vedono di buon occhio, essendo i transumanisti tradizionalmente più legati all'ingegneria, alla cibernetica e all'intelligenza artificiale, che alle scienze esatte. Fatto sta che il dibattito sugli scenari del post-umano, vale a dire sull'umanità futura che stiamo costruendo *oggi*, è di fatto, paradossalmente, un dibattito di nicchia. Tanto che pochi prendono in seria considerazione lo scenario inquietante, ma molto plausibile, prospettato di recente dal cibernetico inglese Kevin Warwick (lo abbiamo presentato nel quarto capitolo), secondo il quale un domani le persone normali, cioè non migliorate, finirebbero con l'essere trattate alla stessa stregua delle mucche allevate nelle stalle per fornirci latte e carne a nostro piacimento.

Un programma di miglioramento complessivo del genere umano avrebbe forse senso se fosse condotto in linea con i principi di solidarietà e nel rispetto dei diritti fondamentali dell'uomo sanciti dalle carte costituzionali nazionali e internazionali. Ma a quel punto, per non essere ipocriti, bisognerebbe contestualmente liberare le popolazioni diseredate dalla povertà, dalla fame, dalle malattie e, soprattutto, come suggerisce l'economista Amarthya Sen, dalla schiavitù del debito pubblico, che li rende poveri per sempre. Non si può migliorare solo una parte dell'umanità, giustificandosi dicendo che non è colpa di nessuno se i poveri sono stati e restano esclusi dal consorzio umano.

E pensare che, nonostante i vari conflitti, il legame tra gli esseri umani è ancora ben riconosciuto, anche attraverso l'uso del termine "empatia", che è l'unione emotiva tra un essere umano e un altro essere (umano, ma anche animale, o addirittura un oggetto inanimato cui si attribuisce la vita, come fanno i bambini con le bambole). Di recente, la scoperta dei cosiddetti "neuroni specchio" ha portato in auge l'empatia. In poche parole, in base a una serie di esperimenti condotti sulle scimmie, si è scoperto che quando un individuo osserva qualcun altro compiere un'azione (per esempio, prendere un bicchiere dal tavolo) nel suo cervello si attivano le stesse cellule (i "neuroni specchio") che si attiverebbero se egli compisse in prima persona l'azione osservata. Il cervello di un individuo, cioè, si comporta come se lui stesso eseguisse l'azione osservata nell'altro. La scoperta – che fu compiuta negli anni '90 da un gruppo di ricercatori italiani coordinati da Giacomo Rizzolatti e che attende una conferma quasi scontata – ha offerto una base fisiologica all'empatia. La capacità di "mettersi nei panni dell'altro" è stata così giustificata concretamente, come del resto l'altruismo.

A dire il vero, l'egoismo, la malvagità, la tendenza a delinquere e altri brutti difetti del genere umano contraddirebbero l'esistenza dell'altruismo, dell'empatia e quindi dei neuroni specchio. In realtà, secondo i neuropsicologi il centro dell'altruismo è del tutto indipendente dal centro del piacere (che governa anche l'egoismo). Altri studi dimostrano che la sola attività dei neuroni specchio non è sufficiente ad assicurare il legame empatico tra gli esseri umani. Pare che conti molto l'esercizio: come i muscoli si sviluppano soltanto con la pratica, così potrebbe accadere per l'empatia. Bisogna dunque esercitarsi a rafforzare il legame tra esseri umani; un legame che però sia del tutto libero dall'interesse personale, come sosteneva Spinoza:

> Solo gli uomini liberi sono reciprocamente utilissimi e sono congiunti tra loro dal massimo vincolo di amicizia; e solo essi si sforzano di beneficiarsi con una pari sollecitudine di amore. E perciò solo gli uomini liberi sono gratissimi gli uni con gli altri. (Spinoza, *Etica*, 1677)

In conclusione, per migliorarsi rispetto al proprio stato naturale, dando al contempo il meglio di sé, l'essere umano dovrebbe essere disposto a ri-creare se stesso sulla base della libera relazione con gli altri, nel vincolo dei princìpi di gratitudine reciproca. Prima ancora dovrebbe condurre una seria critica della scienza, della tecnologia e delle politiche economiche, sanitarie, demografiche e di sviluppo. A quel punto l'agire umano sarebbe un agire consapevole, libero, mai passivo, e quindi senza deleghe in bianco. Nei vari tentativi di migliorarsi si può sbagliare, e sbagliando capita che si deluda amaramente se stessi. Ma sbagliare, del resto, è umano!

Ringraziamenti

Innanzitutto desideriamo ringraziare gli artisti Luigi Battisti e Fabrizio Bosco, i quali hanno accettato di realizzare per l'occasione le opere pubblicate nel libro, di cui sono una parte integrante.
Ringraziamo inoltre Anna Maria Caputo, medico di libera professione a Roma, per aver pazientemente esaminato le bozze del libro, dando suggerimenti preziosissimi sulle questioni mediche. Così come ringraziamo Angela Faga, chirurga plastica e Professoressa all'Università di Pavia, dal momento che molte delle riflessioni sul tema della chirurgia estetica, esposte nel secondo capitolo del libro, nascono da una interessante e piacevole conversazione con lei.
Un ringraziamento speciale va infine a due amici che hanno visto nascere questo libro: Silvia Garagna, Professoressa di Biologia dello Sviluppo all'Università di Pavia e Carlo Alberto Redi, zoologo, Accademico dei Lincei. Con il rigore e lo spirito critico che la caratterizzano, Silvia ha revisionato una buona parte del volume, e a dire il vero senza il suo aiuto sarebbe stato azzardato associare la ricerca biologica all'immortalità! Carlo Alberto, poi, ha accettato l'invito a scrivere la prefazione del libro. D'altronde, chi meglio di uno zoologo avrebbe potuto occuparsi di *Homo immortalis*?

Autori delle opere illustrate nel libro

Luigi Battisti vive e lavora a Roma. Da molti anni indaga le potenzialità espressive dei materiali più vari, usando tecniche molto diverse tra di loro. Con i suoi lavori suggerisce nuovi modi di percepire lo spazio e interagire con l'ambiente.

Fabrizio Bosco, nato a Napoli nel 1979, vive e lavora in Australia. Laureato in ingegneria, con il suo impegno artistico tenta di conciliare razionalità ed emotività, giocando con i volumi e impiegando materiali dalle caratteristiche molto differenti, come ferro e argilla.

Bibliografia

Introduzione
Cepach Riccardo (a cura di), 2008, *Guarire dalla cura. Italo Svevo e i medici*, Trieste, Museo Sveviano
Cepach Riccardo, 2008, "Guarire dalla cura. Italo Svevo e la medicina", DVD, Soggetto e sceneggiatura: Riccardo Cepach; riprese, montaggio e regia: Francesco Montenero; il narratore: Giuseppe O. Longo; voce fuori campo: Adriano Giraldi, Trieste, Museo Sveviano
Prodi Giorgio, 2009, *L'opera narrativa*, Diabasis, Reggio Emilia

Capitolo 1
Bernasconi Carlo, Garagna Silvia, Milano Gianna, Redi Carlo Alberto, Zuccotti Maurizio (a cura di), 2007, *Oltre il DNA, Scienza, società e cittadinanza* ("Cellule e genomi, VI corso"), Collegio Ghislieri, Ibis, Pavia
Boncinelli Edoardo, Sciarretta Galeazzo, 2005, *Verso l'immortalità? La scienza e il sogno di vincere il tempo*, Raffaello Cortina Editore, Milano
Campa Riccardo, 2010, *Mutare o perire. La sfida del transumanesimo*, Sestante Edizioni, Bergamo
Campa Riccardo, 2007, "La scienza pura e l'orizzonte postumano", in Ulisse, Biblioteca, 9 marzo 2007, Scuola Internazionale Superiore di Studi Avanzati, Trieste
CENSIS, Centro studi investimenti sociali, 2011, "45° *Rapporto sulla situazione sociale del Paese*"
De Duve Christian, 2009, *Genetica del peccato originale. Il peso del passato sul futuro della vita*, Raffaello Cortina Editore, 2010
De Grey Aubrey, Rae Michael, 2008, *Ending Aging. The Rejuvenation Breakthroughs That Could Reverse Human Aging in Our Lifetime*, St. Martin's Press, New York
Feuerbach Ludwig, 1847, "La questione dell'immortalità dal punto di vista dell'antropologia", in Feuerbach L. (a cura di Marco Vanzulli), 2000, *L'immortalità*, Mimesis, Milano
Graf Arturo, 1984, *Miti, leggende e superstizioni del Medio Evo*, Bruno Mondadori, 2002
Graves Robert, 1963, *I miti greci*, Longanesi, Milano, 2002
Hobbes Thomas, 1651, *Leviatano*, Editori Laterza, Roma-Bari, 2010
Hobbes Thomas, 1646, *De cive*, Editori Riuniti, Roma, 2005
Kaplan Louise J., 2008, *Falsi idoli. Le culture del feticismo*, Centro Studi Erickson, Gardolo, TN
Margulis Lynn, 1998, *Symbiotic Planet. A new look at evolution*, Basic Books, New York
Montagnier Luc, Vialard Dominique, 2008, *La scienza ci guarirà. Vincere le battaglie della vita con la prevenzione*, Sperling & Kupfer, Milano, 2009
Pettazzoni Raffaele, 1955, *L'onniscienza di Dio*, Einaudi, Milano
Somenzi Vittorio, Cordeschi Roberto (a cura di), 1986, *La filosofia degli automi. Origini dell'intelligenza artificiale*, Bollati Boringhieri, 1994

Capitolo 2

Battaglia Fiorella, Bianchi Fabrizio, Cori Liliana, 2009, *Ambiente e salute, una relazione a rischio*, Il Pensiero Scientifico editore, Roma

Berrino Franco, 2010, *Alimentare il benessere. Come prevenire il cancro a tavola*, Franco Angeli, Milano

De Rosnay Joël, Servan-Schreiber Jean-Louis, De Closets François, Simonnet Dominique, 2005, *Una vita in più. Longevità, che farne?* Bompiani, Milano, 2006

IPCC, The Intergovernmental Panel on Climate Change, *IPCC Fourth Assessment Report: Climate Change 2007*

Leaf Alexander, Launois John, *1975, Youth in old age*, McGraw-Hill, New York

Reali Laura, Todesco Laura, Toffol Giacomo, (a cura di), 2010, *Inquinamento e salute dei bambini. Cosa c'è da sapere, cosa c'è da fare*, Il Pensiero Scientifico, Roma

Walford Roy, 1986, *Beyond The 120 years Diet. How to Double Your Vital Years*, Four Walls Eight Windows, New York, 2000

Weart Spencer, 2011,"Global warming: How skepticism became denial", in *Bulletin of the Atomic Scientists*, January/February 2011; vol. 67,1, 41-50

WCRF AICR- World Cancer Research Fund e American Institute for Cancer Research, 2007, *Second Expert Report, Food, Nutrition, Physical Activity, and the Prevention of Cancer: a Global Perspective*

Capitolo 3

Baudrillard Jean, 2000, *L'illusione dell'immortalità*, Armando, Roma, 2007

Berlinguer Giovanni, Garrafa Volnei, 1996, *La merce finale: saggio sulla compravendita di parti del corpo umano*, Baldini&Castoldi

Bonifati Nunzia, 2010, *Et voilà i robot, etica ed estetica dell'era delle macchine*, Springer-Verlag Italia, Milano

Boniolo Giovanni, Giamo Stefano (a cura di), 2008, *Filosofia e scienze della vita, un'analisi dei fondamenti della biologia e della biomedicina*, Bruno Mondadori, Milano

Camus Albert, *Il mito di Sisifo*, 1942, in Camus A., *Opere, romanzi, racconti, saggi*, Bompiani, Milano, 2000

Canestrari Renzo e Godino Antonio, 2002, *Introduzione alla psicologia generale*, Bruno Mondadori, Milano

Caronia Antonio, 2008, *Il Cyborg, saggio sull'uomo artificiale*, ShaKe edizioni, Milano

Cipolla Carlo M., 1962, *Uomini, tecniche, economie*, Feltrinelli, Milano, 1987

Debord Guy, 1983, *La società dello spettacolo*, Baldini Castoldi Dalai, 2008, Milano

De Fusco Renato, 2010, *Il Gusto, come convenzione storica in arte architettura e design*, Alinea Editrice, Firenze

Eco Umberto (a cura di), 2004, *Storia della bellezza*, Bompiani, Milano

Elkins James, 2007, *Dipinti e lacrime, storie di gente che ha pianto davanti a un quadro*, Bruno Mondadori, Milano

Fuschetto Cristian, Greco Pietro (a cura di), *Robot*, CUEN, Napoli, 2009

Ferraris Maurizio, voce "Bello", in Abbagnano Nicola, *Dizionario di filosofia*, 3° edizione aggiornata e ampliata, 2001

Galimberti Umberto, 1983, *Il corpo. Antropologia, psicoanalisi, fenomenologia*, Feltrinelli, Milano, 2007

Levin Robert, Laughlin Simon, De La Bocha Christina, Blackwell Alan, 2010, *Work Meets Life, Exploring the integrative Study of work in Living Systems*, The MIT Press, Cambridge, MA

Longo Giuseppe O., 2010, "Il corpo e la soglia", in Caronia A. e Tursi A (a cura di), *Filosofie di Avatar. Immaginari, soggettività, politiche*, Mimesis, 2010
Longo Giuseppe O. 2008, *Il senso e la narrazione*, Springer, Milano
Longo Giuseppe O., 2001, *Homo technologicus*, Meltemi, Roma
Longo Giuseppe O., 2003, *Il simbionte prove di umanità futura*, Meltemi, Roma
Jasanoff Sheila, 2005, *Fabbriche della natura, biotecnologie e democrazia*, Il Saggiatore, Milano, 2008
Rella Franco, 1991, *L'enigma della bellezza*, Feltrinelli, Milano, 2006
Rella Franco, 2000, *Ai confini del corpo*, Feltrinelli, Milano
Ricci-Bitti Pio Enrico, 1997, "Volto personalità e comunicazione", in Lorenzetti L. Matteo (a cura di), *Psicologia e personalità*, Franco Angeli, Milano, 1997
Sagan Dorion, Skoyles John, 2002, *Il drago nello specchio, L'evoluzione dell'intelligenza umana dal Big Bang al terzo millennio*, Sironi, Milano, 2003
Santosuosso Amedeo, 2001, *Corpo e libertà. Una storia tra diritto e scienza*, Raffaello Cortina, Milano
Savater Fernando, 2007, *La vita eterna*, Editori Laterza, Roma Bari, 2009
Siciliano Bruno e Khatib Oussama (a cura di), 2008, *Springer Handbook of Robotics*, Springer-Verlag, Berlin Heidelberg
STOA, Science And Technology Options Assessment, Parlamento europeo, 2009, *Human Enhancement Study*
Veca Salvatore, 2002, *La bellezza e gli oppressi, dieci lezioni sull'idea di giustizia*, Feltrinelli, Milano
Viano Carlo Augusto, 2002, *Etica pubblica*, Editori Laterza, Roma-Bari
Vigarello Georges, 2004, *Storia della bellezza, il corpo e l'arte di abbellirsi dal Rinascimento ad oggi*, Donzelli

Capitolo 4

Ballard James Graham, 1984, "Riunione di famiglia", in *Mitologie del futuro prossimo*, Urania, Mondadori, 5 agosto 1984
Bateson Gregory, 1976, *Verso un'ecologia della mente*, Adelphi, Milano (II edizione accresciuta, Adelphi, Milano, 2000)
Bateson Gregory e Mary Catherine Bateson 1989, *Dove gli angeli esitano*, Adelphi, Milano
Biuso Alberto G., 2009, *La mente temporale. Corpo Mondo Artificio*, Carocci, Roma
Blanke Olaf e Jane E. Aspell, "Brain technologies raise unprecedented ethical challenges", *Nature*, 458, 703 (9 aprile 2009)
Dawkins Richard, 2009, *Il gene egoista*, Mondadori, Milano
Fukuyama Francis, 2002, *L'uomo oltre l'uomo*, Mondadori, Milano
Goodall David W., 2008, "Human Evolution – Where from here?", Rendiconti Lincei, Scienze fisiche e naturali, vol. 19, no. 4, Dicembre 2008
Jonas Hans, 2002, *Il principio responsabilità. Un'etica per la civiltà tecnologica* Einaudi, Torino
Kurzweil Raymond, 2005, *The Singularity Is Near. When Humans Transcend Biology*, Viking, New York
Lévy Pierre, 1996, *L'intelligenza collettiva. Per un'antropologia del cyberspazio*, Feltrinelli, Milano
Longo Giuseppe O., 1998, *Il nuovo golem: come il computer modifica la nostra cultura*, Laterza, Roma-Bari

Longo Giuseppe O., 2001, *Homo technologicus*, Meltemi, Roma
Longo Giuseppe O., 2003, *Il simbionte: prove di umanità futura*, Meltemi, Roma
Longo Giuseppe O., 2005, "Uomo e tecnologia. Una simbiosi problematica", *Mondo Digitale*, IV, 2, n. 14, pp. 5-18
Longo Giuseppe O., 2006, "Il poliedrico mondo dell'informazione", *Mondo Digitale*, V, 2, n. 18, pp. 3-17
Longo Giuseppe O., 2007, "L'etica al tempo dei robot", *Mondo Digitale*, VI, 1, n. 21, pp. 3-20
Longo Giuseppe O., 2008, *Il senso e la narrazione*, Springer Italia, Milano
Maffei Lamberto, 1998, *Il mondo del cervello*, Laterza, Roma-Bari
Maffei Lamberto, 2000, "Il cervello collettivo", "Studium", anno 96°, 3-4, Roma, maggio-agosto 2000
Marchesini Roberto, 2002, *Post-human*, Bollati Boringhieri, Torino
McLuhan Marshall, 1998, *La galassia Gutenberg. Nascita dell'uomo tipografico*, Armando, Roma
Negroponte Nicholas. 1995, *Essere digitali*, Sperling & Kupfer, Milano
Pennisi Antonino e Alessandra Falzone, 2010, *Il prezzo del linguaggio*, Il Mulino, Bologna
Pievani Telmo, 2002, *Homo sapiens e altre catastrofi*, Meltemi, Roma
O'Reilly Tim, 2005, *What Is Web 2.0*, Safari Books Online
de Rosnay Joël, 1997, *L'uomo, gaia e il cibionte*, Edizioni Dedalo, Bari
Teilhard de Chardin Pierre, 2006, *Il fenomeno umano*, Queriniana, Brescia.
Veen Wim e Ben Vrakking, 2006, *Homo Zappiens. Growing up in a Digital Age*, Network Continuum Education, Londra
Waldrop Morris Mitchell, 1995, *Complessità*, Instar Libri, Torino
Wigner Eugene, 1960, "The unreasonable effectiveness of mathematics in the natural sciences", *Communications in Pure and Applied Mathematics, vol. 13, No. 1* (February 1960), John Wiley & Sons, Inc, New York

Capitolo 5
Agar Nicholas, 2010, *Humanity's End, Why We Should Reject Radical Enhancement*, the MIT Press, Cambridge, MA
Bencivenga Ermanno, 2010, *La filosofia come strumento di liberazione*, Raffaello Cortina, Milano
Bucchi Massimiano, 2010, *Scientisti e antiscientisti, Perché scienza e società non si capiscono*, il Mulino, Bologna
Gould Stephen Jay, 1855, *Intelligenza e pregiudizio, Contro i fondamenti scientifici del razzismo*, Il Saggiatore, Milano, 2005
Lifton Robert Jay, 1986, *I medici nazisti, la psicologia del genocidio*, Rizzoli, Milano, 2004
Rizzolatti Giacomo, Sinigaglia Corrado, 2006, *So quel che fai. Il cervello che agisce e i neuroni specchio*, Raffaello Cortina, Milano
Sen Amartya, 2009, *L'idea di giustizia*, Mondadori, 2010
Sen Amartya, 2002, *Globalizzazione e libertà*, Mondadori
Testart Jacques, 1986, *L'uovo trasparente*, Bompiani, Milano, 1988
Vatinno Giuseppe, 2010, *Il transumanesimo, una nuova filosofia per l'uomo del XXI secolo*, Armando, Roma
WHO- GHO, World Health Organization - *Global Health Observatory*, 2009, "Global

Health Risks, Mortality and Burden of Disease Attributable to Selected Major Risks"
WHO- GHO , World Health Organization - *Global Health Observatory*, 2011, "World Health Statistics 2011"

Wiener Norbert, 1964, *Dio & Golem s.p.a, cibernetica e religione*, Bollati Boringhieri, Torino, 1991

i blu – pagine di scienza

Volumi pubblicati

R. Lucchetti *Passione per Trilli. Alcune idee dalla matematica*

M.R. Menzio *Tigri e Teoremi. Scrivere teatro e scienza*

C. Bartocci, R. Betti, A. Guerraggio, R. Lucchetti (a cura di) *Vite matematiche. Protagonisti del '900 da Hilbert a Wiles*

S. Sandrelli, D. Gouthier, R. Ghattas (a cura di) *Tutti i numeri sono uguali a cinque*

R. Buonanno *Il cielo sopra Roma. I luoghi dell'astronomia*

C.V. Vishveshwara *Buchi neri nel mio bagno di schiuma ovvero L'enigma di Einstein*

G.O. Longo *Il senso e la narrazione*

S. Arroyo *Il bizzarro mondo dei quanti*

D. Gouthier, F. Manzoli *Il solito Albert e la piccola Dolly. La scienza dei bambini e dei ragazzi*

V. Marchis *Storie di cose semplici*

D. Munari *novepernove. Sudoku: segreti e strategie di gioco*

J. Tautz *Il ronzio delle api*

M. Abate (a cura di) *Perché Nobel?*

P. Gritzmann, R. Brandenberg *Alla ricerca della via più breve*

P. Magionami *Gli anni della Luna. 1950-1972: l'epoca d'oro della corsa allo spazio*

E. Cristiani *Chiamalo x! Ovvero Cosa fanno i matematici?*

P. Greco *L'astro narrante. La Luna nella scienza e nella letteratura italiana*

P. Fré *Il fascino oscuro dell'inflazione. Alla scoperta della storia dell'Universo*

R.W. Hartel, A.K. Hartel *Sai cosa mangi? La scienza del cibo*

L. Monaco *Water trips. Itinerari acquatici ai tempi della crisi idrica*

A. Adamo *Pianeti tra le note. Appunti di un astronomo divulgatore*

C. Tuniz, R. Gillespie, C. Jones *I lettori di ossa*

P.M. Biava *Il cancro e la ricerca del senso perduto*

G.O. Longo *Il gesuita che disegnò la Cina. La vita e le opere di Martino Martini*

R. Buonanno *La fine dei cieli di cristallo. L'astronomia al bivio del '600*

R. Piazza *La materia dei sogni. Sbirciatina su un mondo di cose soffici (lettore compreso)*

N. Bonifati *Et voilà i robot! Etica ed estetica nell'era delle macchine*

A. Bonasera *Quale energia per il futuro? Tutela ambientale e risorse*

F. Foresta Martin, G. Calcara *Per una storia della geofisica italiana. La nascita dell'Istituto Nazionale di Geofisica (1936) e la figura di Antonino Lo Surdo*

P. Magionami *Quei temerari sulle macchine volanti. Piccola storia del volo e dei suoi avventurosi interpreti*

G.F. Giudice *Odissea nello zeptospazio. Viaggio nella fisica dell'LHC*

P. Greco *L'universo a dondolo. La scienza nell'opera di Gianni Rodari*

C. Ciliberto, R. Lucchetti (a cura di) *Un mondo di idee. La matematica ovunque*

A. Teti *PsychoTech - Il punto di non ritorno. La tecnologia che controlla la mente*

R. Guzzi *La strana storia della luce e del colore*

D. Schiffer *Attraverso il microscopio. Neuroscienze e basi del ragionamento clinico*

L. Castellani, G.A. Fornaro *Teletrasporto. Dalla fantascienza alla realtà*

F. Alinovi *GAME START! Strumenti per comprendere i videogiochi*

M. Ackmann *MERCURY 13. La vera storia di tredici donne e del sogno di volare nello spazio*

R. Di Lorenzo *Cassandra non era un'idiota. Il destino è prevedibile*

A. De Angelis *L'enigma dei raggi cosmici. Le più grandi energie dell'universo*

W. Gatti *Sanità e Web. Come Internet ha cambiato il modo di essere medico e malato in Italia*

J.J. Gómez Cadenas *L'ambientalista nucleare. Alternative al cambiamento climatico*

M. Capaccioli, S. Galano *Arminio Nobile e la misura del cielo ovvero Le disavventure di un astronomo napoletano*

N. Bonifati, G.O. Longo *Homo immortalis. Una vita (quasi) infinita*

Di prossima pubblicazione

F.V. De Blasio *Aria, acqua, terra e fuoco - Volume I. Terremoti, frane ed eruzioni vulcaniche*

F.V. De Blasio *Aria, acqua, terra e fuoco - Volume II. Uragani, alluvioni, tsunami e asteroidi*

L. Boi *Pensare l'impossibile. Dialogo infinito tra arte e scienza*

Luigi Battisti, **Ignora ciò che vede ma ciò che vede l'infiamma** inchiostro e olio di papavero su carta.

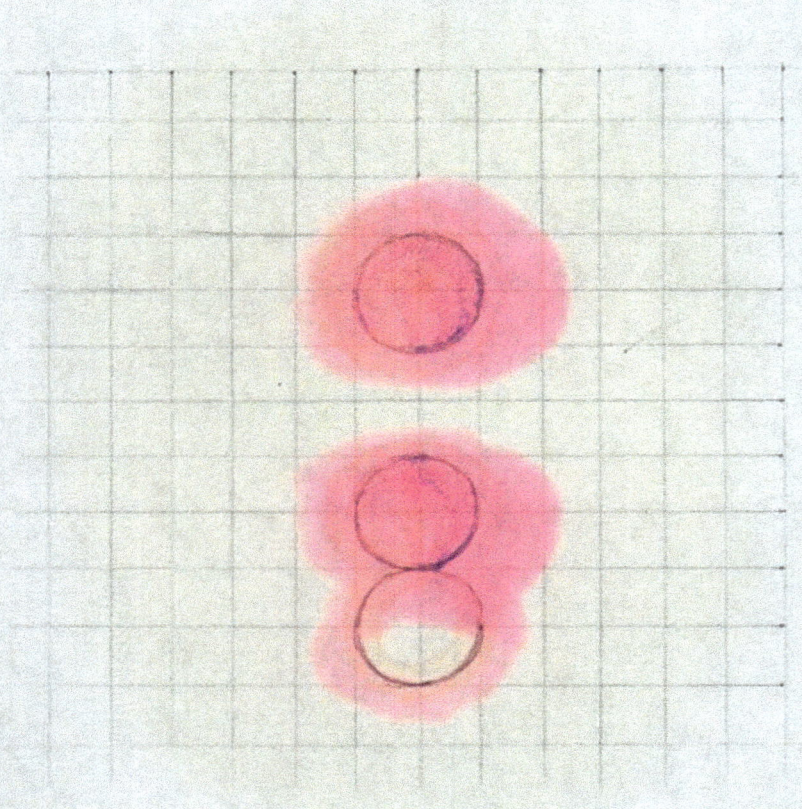

i Battisti,
n attimo divampa 1,
iostro e olio
apavero su carta.

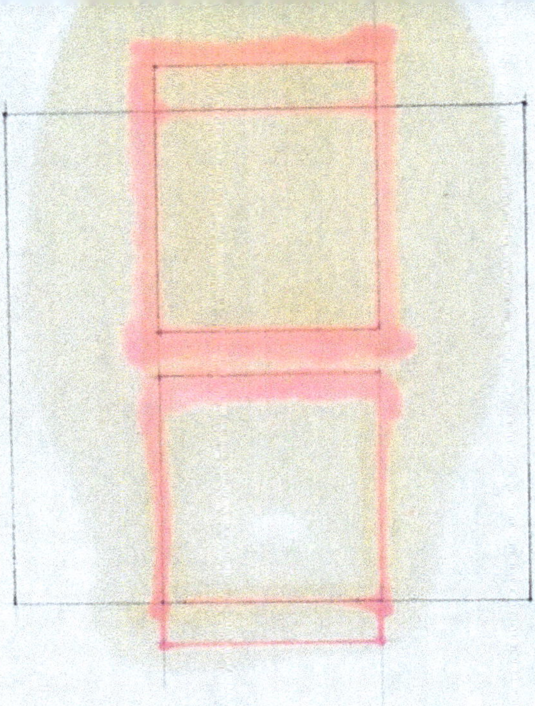

i Battisti,
n attimo divampa 2,
iostro e olio
apavero su carta.

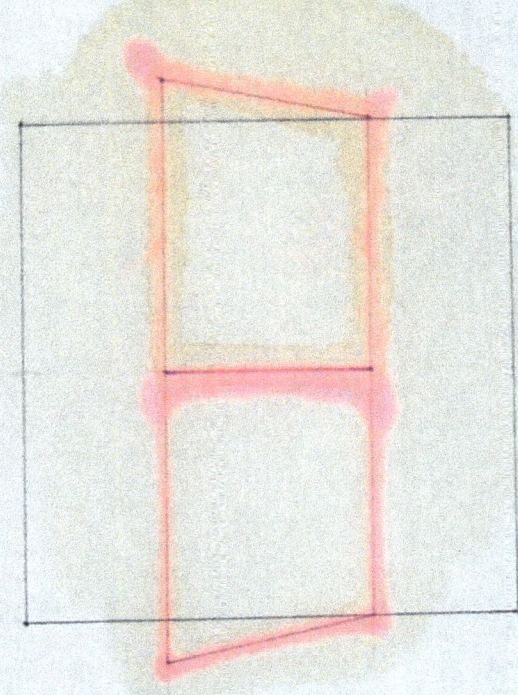

Luigi Battisti,
**Ne seguì le orme
di nascosto**
inchiostro e olio
di papavero su carta.

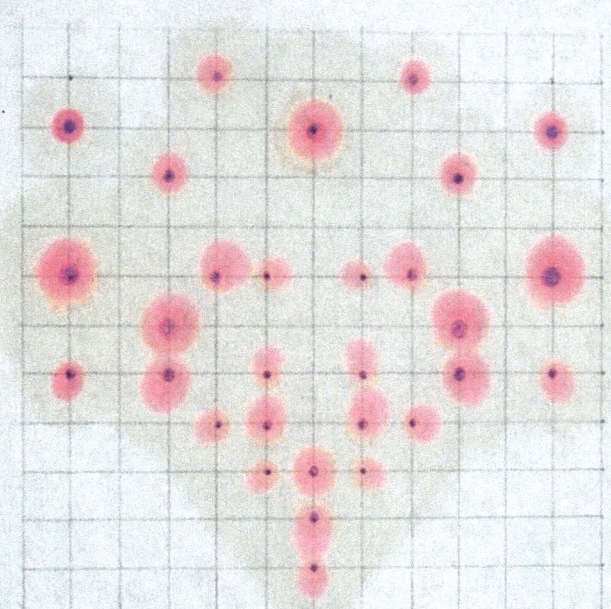

Luigi Battisti,
**Né bisogno di cibo
o di riposo**
inchiostro e olio
di papavero su carta.

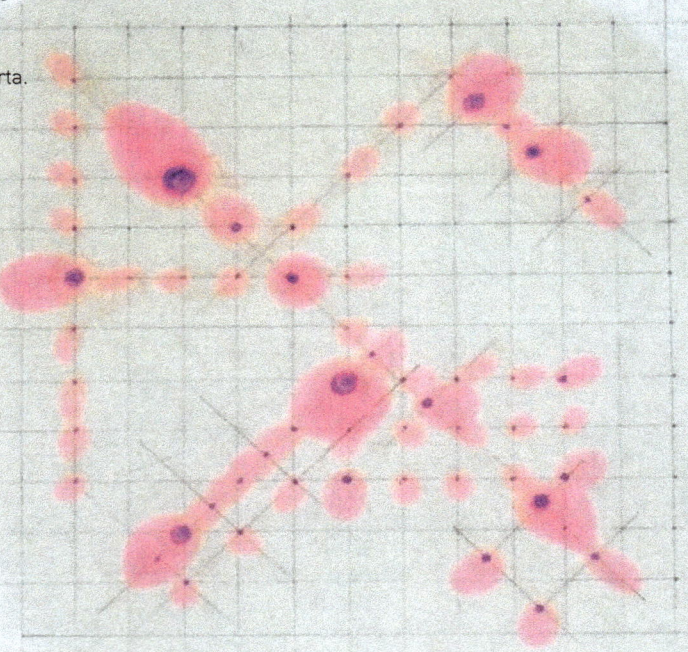

Battisti, **Corpo crede ciò che è solo ombra**, inchiostro su carta.

Fabrizio Bosco, **L'ultimo impianto**, olio su tela e ferro.

...riz o Bosco,
...ere **incatenata**
...**i uomini**,
..., argilla e ferro.

Fabrizio Bosco,
Simulacro del postumano
legno, argilla e ferro.

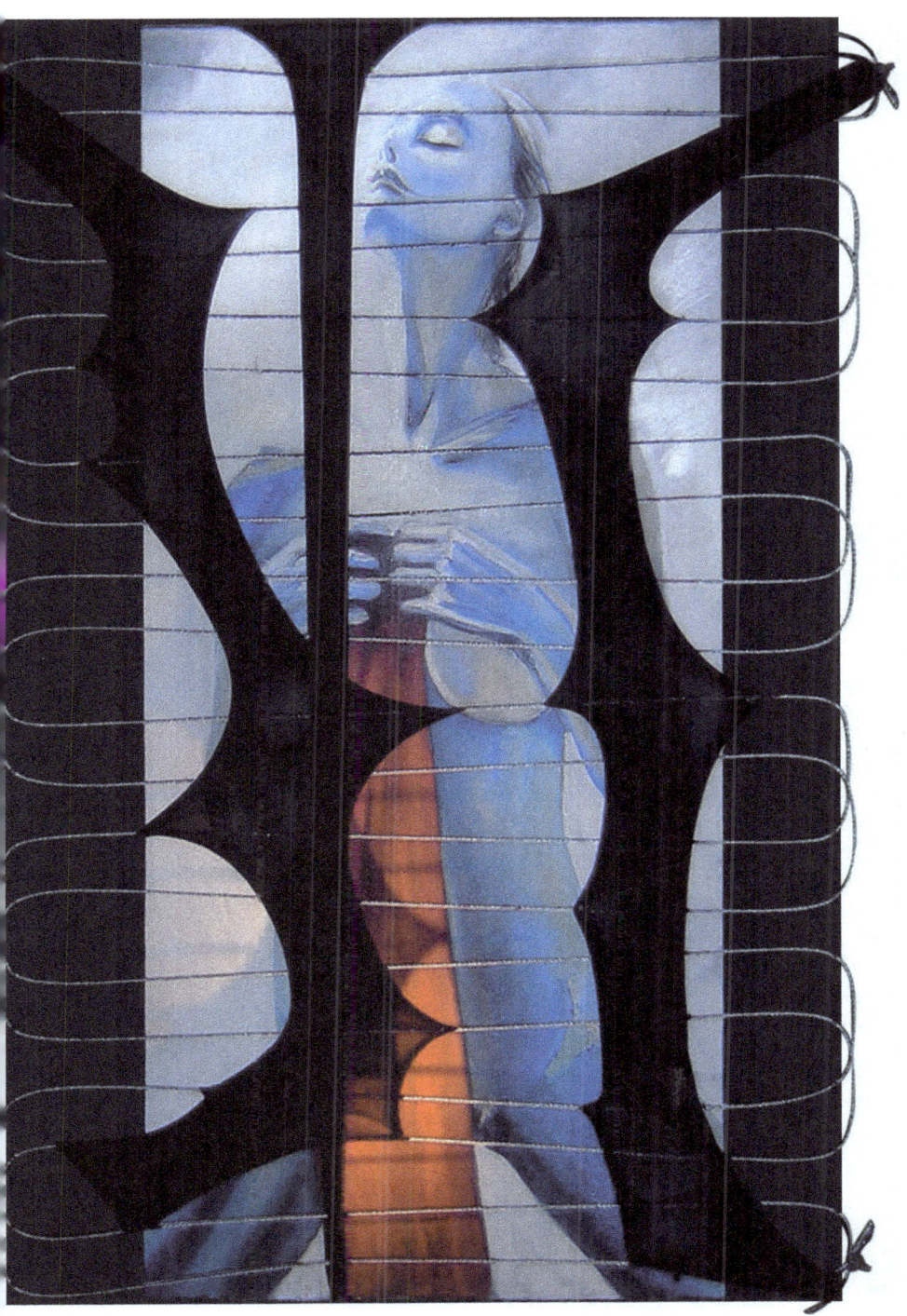

Fabrizio Bosco, **Donna-macchina**, olio su tela e ferro.

GPSR Compliance

The European Union's (EU) General Product Safety Regulation (GPSR) is a set of rules that requires consumer products to be safe and our obligations to ensure this.

If you have any concerns about our products, you can contact us on

ProductSafety@springernature.com

In case Publisher is established outside the EU, the EU authorized representative is:

Springer Nature Customer Service Center GmbH
Europaplatz 3
69115 Heidelberg, Germany

www.ingramcontent.com/pod-product-compliance
Lightning Source LLC
LaVergne TN
LVHW010337260326
834688LV00036B/754